高级生物化学实验技术

高英杰　郝林琳　主编

科学出版社
北京

内 容 简 介

本书按实验技术系统编写，以蛋白质、核酸等生物大分子的分离、制备、定性和定量为主要内容，共分11个部分，包括生物化学样品制备、沉淀、膜分离、色谱、分光光度、离心、电泳、印迹、酶联免疫吸附测定、放射免疫测定、蛋白质结构分析等技术。每一部分均系统阐述相关技术的理论知识，并精选科研中常用的生物化学实验技术，同时辅以具体实验为例，使读者能够理论联系实际。

本书适合对研究生的教学之用，还可供广大科研工作者参考。

图书在版编目(CIP)数据

高级生物化学实验技术/高英杰，郝林琳主编. —北京：科学出版社，2011.8

ISBN 978-7-03-032360-6

Ⅰ.①高… Ⅱ.①高…②郝… Ⅲ.①生物化学-化学实验-研究生-教材 Ⅳ.①Q5-33

中国版本图书馆CIP数据核字（2011）第188334号

责任编辑：刘 丹 / 责任校对：陈玉凤
责任印制：吴兆东 / 封面设计：陈 敬

科学出版社出版
北京东黄城根北街16号
邮政编码：100717
http://www.sciencep.com
北京凌奇印刷有限责任公司印刷
科学出版社发行 各地新华书店经销
*
2011年8月第 一 版 开本：787×1092 1/16
2024年6月第六次印刷 印张：15 1/4
字数：361 000

定价：55.00元

（如有印装质量问题，我社负责调换）

编写人员名单

主　编　高英杰　郝林琳

副主编　李　鹏　张国才　李明堂　于　浩

编　者　（按姓氏汉语拼音排序）

艾永兴　范旭红　房希碧　高英杰
郝林琳　胡　薇　焦虎平　李常红
李　莉　李明堂　李　鹏　刘松财
刘一诺　马　馨　欧阳红生　潘风光
逄大欣　任林柱　宋　宇　唐小春
王大成　王　佳　王铁东　杨美英
于　浩　张国才　张丽颖　张明军
张　英

主　审　刘松财

前　言

生物化学既是现代生命科学最重要的一门基础学科，同时又是现代生物学中高速发展的一门前沿学科。其理论与技术的应用已渗透到许多与生命科学、环境科学、海洋科学等相关的其他学科。生物化学实验技术已成为生命科学的基石与主要技术，同时也是其他相关学科深入研究的必备技术。本书参编人员广泛收集资料，结合教学实践进行深入细致的研究，力图在教材的结构形式、内容选材和参考资料的收录等方面做较合理的布局。目的在于加强对学生基本实验技术和基本操作技能的训练，提高学生分析问题和解决问题的实际工作能力；培养学生深化理论知识，拓宽实验范围，理论联系实际主动获取知识的学习能力。

本书按实验技术系统编写，便于读者全面、系统地掌握生物化学实验技术的基本理论和基本操作。全书共分 11 个部分，包括 36 个实验，以蛋白质和核酸等生物大分子的分离、制备、定性和定量检测为主要内容。选用的方法主要是科研中经常采用的生物化学技术，如电泳技术、层析技术、分光光度技术、膜分离技术、大分子印迹技术等。既有经典常规的实验方法，又有近年来国内外发展起来或广泛应用的一些新方法、新技术。内容比较全面，方法切实可行，重复性高。在每项技术的具体实验前冠以较为系统的理论知识，在侧重基本技能和基本技术训练的同时，注重培养学生在理论方面比较深入地学习。使学生在学习期间能够理论指导实践，从而培养其掌握科学的分析方法，训练理论联系实际的工作能力。在实验的理论阐述上，力求系统、简明、易于理解；在操作步骤上，做到具体、详尽、可操作性强。许多实验既能单独进行，又可相互组合，形成综合性较强和难度较大的大型实验（如沉淀技术、层析技术和电泳技术）。这样可进一步提高学生独立分析问题和解决问题的能力。本书可作为生物化学实验教材或供从事生物化学科研工作者参考。

本书虽数易其稿，但由于生物化学实验技术日新月异，加之作者水平有限，仍可能有疏漏或不足之处，敬请读者批评指正，使其日臻完善，作者不胜感谢。

编　者

2011 年 6 月

目录

常用生物化学实验词汇及缩写

中文名词	英文名称	英文缩写
丙烯酰胺	acrylamide	Acr
甲叉双丙烯酰胺	bis-acrylamide	Bis
四甲基乙二胺	tetramethylethylenediamine	TEMED
过硫酸铵	ammonium persulfate	APS
核黄素	Vitamin B2	VB2
十二烷基硫酸钠	sodium dodecyl sulfate	SDS
牛血清白蛋白	bovine serum albumin	BSA
人血清白蛋白	human serum albumin	HAS
兔血清白蛋白	rabbit serum albumin	RSA
醇脱氧酶	alcohol dehydrogenase	ADH
异柠檬酸脱氢酶	isocitrate dehydrogenase	IDH
乳酸脱氢酶	lactate dehydrogenase	LDH
苹果酸脱氢酶	malate dehydrogenase	MDH
谷氨酸脱氢酶	glutamate dehydrogenase	GDH
考马斯亮蓝 G-250	Coomassie brilliant blue G-250	CBB-G-250
考马斯亮蓝 R-250	Coomassie brilliant blue R-250	CBB-R-250
环磷酸腺苷	cyclic adenosine monophosphate	cAMP
2,5-二苯基 唑	2,5 - diphenyl-oxazole	PPO
1,4-2,2（5-苯基 唑基-2）-苯	1,4-bis（phenylphospino）propane	POPOP
抗体	antibody	Ab
抗原	antigen	Ag
免疫球蛋白	immunoglobulin	Ig
酶联免疫吸附测定（酶标免疫吸附测定）	enzyme-linked immunosorbent assay	ELISA
放射免疫测定技术	radioimmunoassay	RIA
酶免疫测定技术	enzyme immunoassay	EIA
荧光抗体定位技术	fluorescent antibody positioning technology	FIA
邻苯二胺	*o*-phenylenediamine	OPD
聚乙烯吡咯烷酮	polyvinylpyrrolidone	PVP
芥酸	erucic acid	EA
人绒毛膜促性腺激素	human chorionic gonadotropin	ECG
前列腺素	prostaglandin	PG
酪氨酸甲酯	tyrosine methyl ester	TME
胃泌素	gastrin	SHGI
聚乙二醇	polyethylene Glycol	PEG
脱氧核糖核酸	deoxyribonucleic acid	DNA
核糖核酸	ribonucleic acid	RNA
脱氧核糖核蛋白	deoxyribose nucleoprotein	DNP

核糖核蛋白	ribonucleoprotein	RNP
沉降系数	sedimentation coefficient	S
透光度	transmittance	T
光密度	optical density	O. D 或 D
吸光度	absorbance	A
羧甲基纤维素	carboxymethyl cellulose	CMC
等电点	isoelectric point	*pI*
磷钼蓝	phosphorus molybdenum blue	PMB
溴化乙锭	ethidium bromide	EB
乙二胺四乙酸二钠	ethylenediaminetetraacetic acid disodium salt	EDTA-Na_2
等电聚焦电泳	isoelectric focusing electrophoresis	IFE
分离度（分辨率）	resolution	Rs
高效液相层析	high-performance liquid chromatography	HPLC
辣根过氧化酶	horseradish peroxidase	HRP
限制性内切核酸酶	restriction endonuclease	RE
联大茴香胺	*o*-dianisidine	OD
5-氨基水杨酸	5-aminosalicylic acid	5-ASA
邻联甲苯胺	*O*-tolidine	OT
抑制性消减杂交	suppression subtractive hybridization	SSH
蛋白酪氨酸磷酸酶	protein tyrosine phosphatase	PTP
凝胶渗透层析	gel permeation chromatography	GPC
快速蛋白液相层析	fast protein liquid chromatography	FPLC
邻苯二甲醛	O-phthaladehyde	OPT
超氧化物歧化酶	superoxide dismutase	SOD
移界电泳法	moving boundary electrophoresis	EP
聚丙烯酰胺凝胶电泳	polyacrylamide gel electrophoresis	PAGE
SDS-聚丙烯酰胺凝胶电泳	SDS- polyacrylamide gel electrophoresis	SDS-PAGE
毛细管电泳	capillary electrophoresis	CE
自由溶液毛细管电泳	free solution capillary electrophoresis	PSCE
毛细管等电聚焦	capillary isoelectric focusing	CIEF
毛细管凝胶电泳	capillary gel electrophoresis	CGE
微团电动毛细管色	micelle electrokinetic capillary chromatography	MECC

第一部分　生物化学样品制备技术

生物分子制备是研究生物分子特别是生物大分子的前提。从生物材料中获得某一组分的方法称为生物化学制备技术。它是生化工程、生化制药及生化分析的基础。

生物化学样品的制备包括特殊细胞器或细胞组分（如膜、线粒体、叶绿体、核糖体或高尔基体），或4种主要类型生物分子（蛋白质、糖类、核酸和脂类）的分离和纯化。采用的实验技术主要有细胞溶解、组织匀浆化、过滤、离心、层析、盐析、有机溶剂沉淀或浓缩等。

本部分介绍、描述可被分离纯化的不同细胞组分和生物化学物质的制备，以及所使用的不同方法及其原理。

一、生物化学样品制备特点

生物大分子通常是指动物、植物和微生物在进行新陈代谢时所产生的蛋白质（包括酶）和核酸等有机化合物的总称。它不仅是生物科学工作者研究的主要对象，而且与化学、医学和食品学科有密切关系。在科研方面，随着人类基因组的30亿个碱基对测序工作的完成，生命科学进入了后基因组时代。为鉴定大量未知蛋白质的结构和功能，蛋白质的研究也进入了一个空前活跃的时期，因此分离纯化和测试分析蛋白质技术显得十分重要。

与化学产品的分离制备相比较，生物大分子的制备有以下主要特点。

1）生物材料的组成极其复杂，常常包含有数百种乃至几千种化合物。

2）许多生物大分子在生物材料中的含量极微，分离纯化的步骤繁多、流程长。

3）许多生物大分子一旦离开生物体内的环境就极易失活，因此在分离过程中如何防止其失活就是生物大分子提取制备最困难之处。

4）生物大分子的制备几乎都是在溶液中进行的，温度、pH、离子强度等各种参数对溶液中各种组成的综合影响，很难准确估计和判断。

5）为保护所提取物质的生理活性及结构上的完整性，生化分离方法多采取温和的“多阶式”进行（常说逐层剥皮式）。通常少至几个多至几十个步骤，并不断变换各种分离方法，才能达到纯化目的。

6）生化分离方法的最后均一性的证明与化学上纯度的概念并不完全相同，其均一性的评定常常是有条件的或只能通过不同角度测定，最后才能给出相对的“均一性”结论。

二、生化分离制备实验设计

生命物质提取的材料千变万化，所用的方法通用性差，尤其是提取分离蛋白质的方法，这也给制备工作带来了麻烦。尽管如此，在实践中确实需要一定纯度的生命大分子物质，制备这些物质的程序也存在一些共同点。生物大分子的制备通常可按以下步骤进行。

1）确定要制备的生物大分子的目的和要求，是进行科研、产品开发还是要发现新的物质。

2）建立相应的可靠的分析测定方法，这是制备生物大分子的关键。

3）通过文献调研并进行预备性实验，掌握生物大分子目的产物的物理化学性质。

4）生物材料的破碎和预处理。

5）分离纯化方案的选择和探索，这是最关键的步骤。

6）生物大分子制备物均一性（即纯度）的鉴定，要求达到一维电泳一条带、二维电泳一个点，或 HPLC 和毛细管电泳都是一个峰。

7）产物的浓缩、干燥和保存。

生物大分子的分析测定方法有两类：生物学测定方法和物理、化学测定方法。

生物学测定法主要有：酶的各种测活方法、蛋白质含量的各种测定法、免疫化学方法、放射性同位素示踪法等；

物理、化学测定方法主要有：比色法、气相色谱和液相色谱法、光谱法（紫外/可见、红外和荧光等分光光度法）、电泳法及核磁共振等。

实际操作中尽可能多用仪器分析方法，以使分析测定更加快速、简便。掌握生物分子的物理、化学性质，了解生物大分子的物理、化学性质，主要涵盖以下几个方面。

1）在水和各种有机溶剂中的溶解性。

2）在不同温度、pH 和各种缓冲液中生物大分子的稳定性。

3）固态时对温度、含水量和冻干时的稳定性。

4）各种物理性质，如分子的大小、穿膜的能力、带电的情况、在电场中的行为、离心沉降的表现，以及在各种凝胶、树脂等填料中的分配系数。

5）其他化学性质，如对各种蛋白酶、水解酶的稳定性和对各种化学试剂的稳定性。

6）对其他生物分子的特殊亲和力。

利用性质差异设计纯化方法制备生物大分子的分离纯化方法多种多样，主要是利用它们之间特异性的差异，如分子的大小、形状、酸碱性、溶解性、溶解度、极性、电荷及与其他分子的亲和性等。

各种方法的基本原理可以归纳为两个方面。

1）利用混合物中几个组分分配系数的差异，把它们分配到两个或几个相中，如盐析、有机溶剂沉淀、层析和结晶等。

2）将混合物置于某一物相（大多数是液相）中，通过物理力场的作用，使各组分分配于不同的区域，从而达到分离的目的，如电泳、离心、超滤等。

目前纯化蛋白质等生物大分子的关键技术是电泳、层析和高速与超速离心。

三、生物大分子的提取

1. 选择材料及预处理

起始材料可来自微生物、动物组织和植物组织。如何选择起始材料取决于研究目标。例如，具有某种特殊作用的、确定的酶可由确定种类的细菌来生产。为了获得大量酶，则要大规模培养细菌。对于分泌到培养液中的胞外酶来说，需要的是不含细胞的培养清液；相反，对胞内酶来说，需要的是细胞本身。上述两种情况都要求用离心或过滤分离细胞。

所需要的组分或分子可以来自某种动物或植物的某些部分。例如，实验研究可能涉及兔的骨骼肌、鼠肝、牛心或猪心、胰、脑或人血或唾液，或者涉及个别植物的叶、茎、花、根块茎或种子。器官的种属和类型决定使用方法的类型。

材料选择应遵循的原则是，有效成分含量多、稳定性好；来源丰富、保持新鲜；提取工艺简单、有综合利用价值等。

选择到合适的材料后，应及时应用。否则所需要的成分会部分甚至全部被破坏，从而影响收得率。例如，从猪肠黏膜提取肝素时，如果用新鲜材料，每千克小肠可得肝素钠5万～6万单位，如将材料置25℃以上的室温存放约1 h，肝素钠的含量会显著降低。其原因是，猪小肠内的大量微生物（2.5×10^8～3.0×10^8个/g）不停地繁殖（如大肠杆菌约20 min繁殖一次），有的会产生降解肝素的酶系。若选择的材料难于立即使用时，一般采用冰冻或干燥等处理方法，同时还应将易于去除的非需物质（如脂类）除去。因常用的动物、植物和微生物材料的特点各异，故处理方法也不尽相同。

(1) 动物组织

选材：必须选择有效成分含量丰富且易分离的脏器组织为原材料。例如，磷酸单酯酶，从含量看，虽然其在胰脏、肝脏和脾脏中较丰富，但因其与磷酸二酯酶共存，进行提纯时，这两种酶很难分开。所以实践中常选用含磷酸单酯酶少，但几乎不含磷酸二酯酶的前列腺作材料。

脱脂：脏器中含量较高的脂肪，容易氧化酸败，导致原料变质影响纯度操作和制品得率。常用的脱脂方法有：人工剥去脏器外的脂肪组织；浸泡在脂溶性的有机溶剂（丙酮、乙醚）中脱脂；采用快速加热（50℃左右）、快速冷却的方法，使溶化的油滴冷却后凝聚成油块而被除去。

保存：对预处理好的材料，若不立即进行实验，应冷冻或干燥保存。

1）冰冻：剥去脂肪和筋皮等结缔组织，短期保存时置于－10℃的冰箱内；长期保存时置于－70℃低温冰箱内。

冰箱的除霜循环可能对细胞造成伤害，要特别小心。解冻时要越快越好，但避免局部过热。

2）干燥：对于像脑垂体一类小组织，可置丙酮液中脱水，干燥后磨粉储存备用；对于含耐高温有效成分（如肝素）的肠黏膜，可用沸水蒸煮处理，烘干后能长期保存。

(2) 植物材料

选材：注意植物品种和生长发育状况不同，其中所含生物大分子的量变化很大，并与季节性关系密切。种子需泡胀或粉碎才可使用。含油脂较多的植物材料也要进行脱脂处理。

1）提取核DNA：选用黄化苗（生长7～10 d的小麦、水稻），以防止叶绿体DNA的干扰。

2）提取RNA：根据实验目的选用生长幼嫩组织为好。

保存：冷冻采样后尽快置于－20～－4℃冰箱内。

DNA、RNA采样后，液氮速冻后置于－70℃冰箱。对RNA样品，如不立即使用，冷冻保存尤为重要。

（3）微生物

选材：应注意微生物的生长期，在微生物的对数生长期，酶和核酸的含量较高，可以获得高产量，以微生物为材料时有两种情况：

1）利用微生物菌体分泌到培养基中的代谢产物和胞外酶等，一般用离心法收集上清液，上清液只能在低温下短期保存。

2）利用菌体含有的生化物质，如蛋白质、核酸和胞内酶等。需破碎菌体细胞分离，湿菌体可低温短期保存，冻干粉可在4℃保存数月。

2. 细胞的破碎

细胞是生物体结构和功能的基本单位。一个细胞就是一个生物体，其一般构造包括细胞壁、细胞质膜、细胞质和核区。通常人们所需要的物质有些分泌于胞外，如淀粉酶和蛋白酶就分泌在胞外的培养液中，用适当的溶剂可直接提取；有些则存在于胞内，欲提取存在于胞内的物质时，必须把细胞破碎。一般动物细胞的细胞膜比较脆弱，极易破损，往往在组织绞碎或提取时就被破坏了。而植物和微生物的细胞壁较牢固，需要在提取前进行专门的破细胞操作。

（1）机械破碎

a. 研磨法

将剪碎的动物组织（如鼠肝、兔肝等）置研钵中，用研磨棒研碎。为了提高研磨效果，可加入一定量的石英砂。用匀浆器处理，也能破碎动物细胞。此法较温和，适宜实验室使用。但加石英砂时，要注意其对有效成分的吸附作用。如系大规模生产时，可用电动研磨法。细菌和植物组织的细胞破碎均可用此法。

b. 组织捣碎器法

用捣碎器（转速8000～10000 r/min）处理30～45 s可将植物和动物细胞完全破碎。如用其破碎酵母菌和细菌的细胞时，需加入石英砂才有效。但是在捣碎期间必须保持低温，捣碎的时间不易太长，以防温度升高引起有效成分变性。现在多用细胞破碎仪。

c. 超声波法

超声波法是借助声波的震动力破碎细胞壁和细胞器的有效方法。多用于微生物细胞的破碎，一般输出功率100～200 W，破碎时间3～15 min。如果在细胞悬浮液中加石英砂则可缩短时间。为了防止电器长时间运转产生过多的热量，常采用间歇处理和降低温度的方法进行。

d. 压榨法

压榨法是一种温和、彻底破碎细胞的方法。用 30 MPa 左右的压力迫使几十毫升细胞悬液通过一个小孔（<细胞直径的孔），致使其被挤破、压碎。

e. 冻融法

将细胞置低温下冰冻一定时间，然后取出置室温下（或 40℃左右）迅速融化。如此反复冻融多次，细胞可在形成冰粒和增高剩余胞液盐浓度的同时，发生溶胀、破碎。

（2）溶胀和自溶

溶胀：细胞膜为天然的半透膜，在低渗溶液，如低浓度的稀盐溶液中，由于存在渗透压差，溶剂分子大量进入细胞，引起细胞膜发生胀破的现象称溶胀。例如，红细胞置清水中会迅速溶胀破裂并释放出血红素。

自溶：细胞结构在本身所具有的各种水解酶（如蛋白酶和酯酶等）的作用下发生溶解的现象称自溶。应用此法时要特别小心操作，因为水解酶不仅可使细胞壁、细胞膜破坏，同时也可将某些有效成分在自溶时分解。

（3）化学处理

用脂溶性的溶剂（如丙酮、氯仿和甲苯）或表面活性剂（如十二烷基磺酸钠、十二烷基硫酸钠）处理细胞时，可将细胞壁、细胞膜的结构部分溶解，进而使细胞释放出各种酶类或 DNA 等物质，并导致整个细胞破碎。

（4）生物酶降解

生物酶（如溶菌酶）有降解细菌细胞壁的功能。在用此法处理细菌细胞时，先是细胞壁消解，随之而来的是因渗透压差引起的细胞膜破裂，最后导致细胞完全破碎。

例如，从某些细菌细胞提取质粒 DNA 时，不少方法都采用了加溶菌酶（来自蛋清）破坏细胞壁的步骤。当有些细菌对溶菌酶不敏感时，可加巯基乙醇（ME）或 8 mol/L的尿素，以促进细胞壁的消化。另外，也可加入蛋白酶 K 来提高破壁效果。

而在破坏酵母菌的细胞时，可采用蜗牛酶进行。一般对数期的酵母细胞对该酶较敏感。将酵母细胞悬于 0.1 mol/L 柠檬酸-磷酸氢二钠缓冲液（pH 5.4）中，加入 1% 蜗牛酶，在 30℃ 处理 30 min，即可使大部分细胞壁破裂，如同时加入 0.2% 巯基乙醇效果更好。

3. 抽提

（1）抽提的含义

1）抽提通常是指用适当的溶剂和方法从原材料中把有效成分分离出来的过程。

2）经过处理的原材料中的有效成分可用缓冲液、稀酸、稀碱或有机溶剂（如丙酮、乙醇）等抽提，有时还可用蒸馏水抽提。

3）一般理想的抽提液应具备下述条件：对有效成分溶解度大，破坏作用小；对杂质不溶解或溶解度很小；来源广泛、价格低廉、操作安全等。

（2）抽提的影响因素

在抽提阶段、pH、金属离子、溶剂的浓度和极性等因素，可明显影响有效成分的性质和数量。因此选择抽提液必须考虑这些因素。

a. pH

对蛋白质或酶等具有等电点的两性电解质物质，一般选择抽提液的 pH 应在偏离等电点的稳定范围内。通常碱性蛋白质选用低 pH 的溶液抽提，酸性蛋白质选用高 pH 的溶液抽提，或者用调至一定 pH 的有机溶剂抽提。

注意：当用酸、碱控制溶液 pH 时，要边加入边搅拌，防止局部出现过高的酸、碱浓度造成蛋白质变性。

b. 溶剂的极性和离子强度

有些生物大分子在极性大、离子强度高的溶液中稳定，有些则在极性小、离子强度低的溶液中稳定。例如，提取刀豆球蛋白 A 时，用 0.15 mol/L 甚至更高浓度的 NaCl 溶液，都可使其从刀豆粉中溶解出来，稳定存在；而抽提脾磷酸二酯酶时，则需用 0.2 mol/L蔗糖水溶液。

一种物质溶解度大小与溶剂性质密切相关（相似相溶原理），而离子强度通过影响溶质的带电性影响溶质的溶解度。

降低极性：在水溶液中加蔗糖、甘油、二甲亚砜和二甲基甲酰胺。

提高离子强度：在水溶液中加中性盐［KCl、NaCl、NH_4Cl、$(NH_4)_2SO_4$］

一般离子强度较低的中性盐溶液可促进蛋白质溶解（盐溶），高离子强度的中性盐可引起蛋白质沉淀、析出（盐析）。

高离子强度使 DNA 溶解度增加；低离子强度使 RNA 溶解度增加（核酸分离依据）。

常用的盐溶液是 NaCl 溶液，浓度以 0.15 mol/L 为宜。但是在提取核蛋白或细胞器中的蛋白质时，为促使蛋白质与核酸、蛋白质与细胞器分离，则宜用高浓度（0.5～2.0 mol/L）的盐溶液。

c. 水解酶

细胞破裂后，许多水解酶释放出来。水解酶与欲抽提的蛋白质或核酸接触时，一旦条件适宜，就会发生反应，导致蛋白质或核酸分解，而使实验失败。为此，必须采用加入抑制剂，调节抽提液的 pH、离子浓度或极性等方法，使这些酶丧失活性。

例如，提取、纯化胰岛素时，为阻止胰蛋白酶活化，采用 68% 的乙醇溶液（pH 2.5～3.0，用乙二酸调节），在 13～15℃抽提 3 h，可得到较高的回收率。因为 68%乙醇可使胰蛋白酶暂时失活，乙二酸可除去蛋白酶的激活剂 Ca^{2+}，酸性环境也抑制酶蛋白活性。

RNA 提取需防止 RNase 的水解作用，RNase 活性很高，很容易使 RNA 降解，所以每一步都严格控制 RNase，可采用焦碳酸二乙酯（DEPC）处理，戴手套操作，提取液中加强的变性剂异硫氰酸胍等措施。

d. 温度

一般认为蛋白质或酶制品在低温（如 0℃左右）时最稳定。

例如，在生产人绒毛膜促性腺激素（HCG，糖蛋白）制品时，一定要在低温下进行。当温度低于 8℃ 时，从 200 kg 孕妇尿中可提取约 100 g HCG 粗品（活力为 160 U/mg)；当温度高于 20℃时，从 400 kg 孕妇尿中都提取不到 100 g 粗品，而且活力很低。此外，高温下制备的 HCG 粗品很难进一步纯化至 3500 U/mg，原因是高温会使 HCG 受到微生物和（或）糖苷酶的破坏。

一般提高温度，溶解度增加，但易使大分子物质变性失活。

小分子物质：50～70℃；生物大分子：0～10℃，最好控制在 0～4℃

e. 搅拌

搅拌能促使欲抽提物与抽提液的接触，并能增加溶解度。但是，一般宜采用温和的搅拌方法，速度太快时容易产生泡沫，导致某些酶类变性失活。

f. 氧化

一般蛋白质都含相当数量的巯基，该基团常常是酶和蛋白质的必须基团，若抽提液中存在氧化剂或氧分子时，会使巯基形成分子内或分子间的二硫键，导致酶（或蛋白质）失活（或变性）。在提取液中加入巯基乙醇、半胱氨酸、还原性谷胱甘肽等还原剂，可防止巯基发生氧化，使蛋白质、酶失活。

g. 金属离子

蛋白质的巯基除易受氧化剂作用外，还能和金属离子如铅、铁或铜作用，产生沉淀复合物。这些金属离子主要来源于制备缓冲液的试剂中。解决的办法：①用无离子水或双蒸水配制试剂；②在配制的试剂中加入 1～3 mmol/L 的乙二胺四乙酸（EDTA，金属离子络合剂）。

h. 抽提液与抽提物的比例

在抽提时，抽提液与抽提物的比例要适当，一般以 5∶1 为宜。如抽提液过多，虽有利于有效成分的提取，但不利于纯化工序的进行。

第二部分　沉淀技术

沉淀是溶液中的溶质由液相变成固相析出的过程。沉淀法（溶解度法）操作简便、成本低廉，不仅用于实验室中，也用于某些生产目的的制备过程，是分离纯化生物大分子，特别是制备蛋白质和酶最常用的方法。通过沉淀，将目的生物大分子转入固相沉淀或留在液相，而与杂质得到初步的分离。

根据不同物质在溶剂中的溶解度不同而达到分离的目的，不同溶解度的产生是由于溶质分子之间及溶质与溶剂分子之间亲和力的差异而引起的，溶解度的大小与溶质和溶剂的化学性质及结构有关，溶剂组分的改变或加入某些沉淀剂以及改变溶液的 pH、离子强度和极性都会使溶质的溶解度产生明显的改变。

一、沉淀技术分类

1. 盐析法

(1) 概念

盐析（salting out）法是一种根据蛋白质在高浓度盐溶液中溶解度低的特点来分离蛋白质的方法。蛋白质分离后，用透析法可去除蛋白质中污染的盐。

不同的蛋白质所需要的盐溶液浓度不同；在同一浓度的盐溶液中，不同蛋白质的溶解度也不同。这种方法也可以用于浓缩稀释的蛋白质。

(2) 原理

蛋白质是由疏水性氨基酸和亲水性氨基酸组成的，在水中蛋白质折叠后，由亲水性氨基酸与周围的水分子形成水化膜，因此，蛋白质在水溶液中的溶解度是由它周围亲水基团与水形成水化膜的程度，以及蛋白质分子带有电荷的情况决定的。

当用中性盐加入蛋白质溶液，盐对水分子的亲和力大于蛋白质，致使蛋白质分子周围的水化膜层减弱乃至消失。同时，在蛋白质溶液中加入盐后，由于离子强度发生改变，蛋白质表面电荷大量被中和，更加导致蛋白溶解度降低，使蛋白质分子之间聚集而沉淀，这实际上是一个去水化的过程。

(3) 应用

不同的蛋白质由不同的氨基酸组成，所以不同的蛋白质发生沉淀的盐浓度也不同；在同一浓度的盐溶液中，不同蛋白质的溶解度也不同。

这种方法也可以用于浓缩稀释的蛋白质。也可以用于分离蛋白质混合溶液中的特定蛋白质。

(4) 注意事项

操作时应注意，随着某些离子的加入，有些蛋白质的溶解度会增加；还有些离子可能导致蛋白质的变性，所以在实际操作时应注意所用离子的特性或用其他纯化方法。

如果想去除蛋白质溶液中的水分，一般用 NaCl 进行盐析，通过增加水中的离子强度来增加其极性，最后蛋白质样品会溶解于有机相中，然后从有机相中分离蛋白质。

2. 有机溶剂沉淀法

(1) 作用机理

亲水性有机溶剂加入溶液后降低了介质的介电常数，使溶质分子之间的静电引力增加，聚集形成沉淀；另外，水溶性有机溶剂本身的水合作用降低了自由水的浓度，压缩了亲水溶质分子表面原有水化层的厚度，降低了它的亲水性，导致脱水凝集。

利用不同蛋白质在一定浓度的有机溶剂中的溶解度不同而将蛋白质分离的方法，称为有机溶剂沉淀法。经常使用的有机溶剂是乙醇、丙酮、甲醇、二甲基亚砜和乙腈等。

(2) 有机溶剂沉淀法的特点

有机溶剂沉淀法分辨能力比盐析法高，即蛋白质或其他溶质只在一个比较窄的有机溶剂浓度下沉淀，沉淀不用脱盐，溶剂也容易除去，在特殊化制备中有机溶剂沉淀法的应用比盐析法广泛。但其使具有生物活性的大分子容易引起变性失活的缺点，操作要求在低温下进行，并在加入有机溶剂时注意搅拌均匀以避免局部浓度过大。

蛋白质和酶沉淀分离后，应立即用水或缓冲液溶解，以降低有机溶剂浓度，避免变性。例如，利用丙酮沉淀蛋白质时，必须在0～4℃低温下进行，丙酮用量一般10倍于蛋白质溶液体积。蛋白质被丙酮沉淀后，应立即分离，否则蛋白质会变性。

有机溶剂沉淀法一般与等电点沉淀法联合使用。即操作时溶液的pH应控制在欲分离蛋白质的等电点附近。

(3) 注意事项

1) 低温操作。

2) 样品浓度过大，易变性，共沉淀作用大，分离效果差；样品浓度过小，易产生变性，回收率低。

3) 操作时的pH大多数控制在待沉淀蛋白质的等电点附近，有机溶剂在中性盐存在时能增加蛋白质的溶解度，减少变性，提高分离的效果，在有机溶剂中添加的中性盐浓度为0.05 mol/L左右，中性盐过多不仅耗费有机溶剂，可能导致沉淀不好。

4) 注意离子强度和离子种类的影响。

3. 等电点沉淀法

等电点沉淀法是利用蛋白质在等电点时溶解度最低而各种蛋白质又具有不同等电点的特点进行分离的方法。

在等电点时，蛋白质分子的净电荷为零，消除了分子间的静电斥力，但由于水膜的存在，蛋白质仍有一定的溶解度而沉淀不完全，同时许多蛋白质的等电点十分接近，故单独使用此法效果不理想，分辨力也差。此法大多用于提取后去除杂蛋白，即利用变动提取液的pH使某些与待提纯的蛋白质等电点相距较大的杂蛋白从溶液中沉淀出。实际工作中常把等电点沉淀和盐析法、有机溶剂沉淀法联合使用。

单独使用等电点法主要是用于去除等电点相距较大的杂蛋白。在加酸或加碱调节pH的过程中，要一边搅拌一边慢慢加入，以防止局部过酸或过碱。

4. 选择性变性沉淀

选择一定的条件使溶液中存在的某些杂蛋白变性沉淀而不影响所需蛋白质的方法称

为选择性变性沉淀法。例如，利用加热、改变 pH 或加进某些重金属离子等使杂蛋白变性沉淀而除去。应用此法，应对欲提纯蛋白质和杂蛋白的理化性质有较全面的了解。

5. 非离子多聚物沉淀法

聚乙二醇（PEG）、葡聚糖、右旋糖苷硫酸钠等非离子多聚物可以沉淀蛋白质和细菌。

用非离子多聚物沉淀生物大分子和微粒，一般有两种方法。①选用两种水溶性非离子多聚物组成液液两相体系，不等量分配，而造成分离。此方法基于不同生物分子表面结构不同、有不同分配系数，并外加离子强度、pH 和温度等影响，从而扩大分离效果。②选用一种水溶性非离子多聚物，使生物大分子在同一液相中，由于被排斥相互凝聚而沉淀析出。该方法操作时先离心除去大悬浮颗粒，调整溶液 pH 和温度至适度，然后加入中性盐和多聚物至一定浓度，冷储一段时间，即形成沉淀。

此法操作条件温和，不易引起变性；具有极高的沉淀效率；沉淀后多聚物容易除去。

非离子多聚物沉淀法的应用主要在细菌和病毒、核酸及蛋白质三个方面。例如，以葡聚糖和聚乙二醇为两相系统分离单链 DNA、双链 DNA 和多种 RNA 制剂。在 20 世纪 60 年代，聚乙二醇开始用于蛋白质纯化，其相对分子质量多为 2000～6000，多数认为 PEG6000 沉淀蛋白质效果较好。

二、沉淀技术应用

1. 蛋白质的沉淀分离

上述盐析法、有机溶剂沉淀法、等电点沉淀法、选择性变性沉淀、非离子多聚物沉淀法均可用于蛋白质的沉淀分离。

2. 核酸的提取与沉淀分离

核酸类化合物都溶于水而不溶于有机溶剂。所以核酸可用水溶液提取，而用有机溶剂沉淀法沉淀分离。

从生物材料中分离出的 DNA 和 RNA，往往是以 DNA-蛋白质（DNP）或 RNA-蛋白质（RNP）复合物形式存在。因此，要制备初步纯化的核酸时，首先要分离出 DNP 或 RNP，再将复合物解聚，除去蛋白质，然后通过沉淀法得到核酸。

在 0.14 mol/L 的氯化钠溶液中，RNP 的溶解度相当大，而 DNP 的溶解度仅为在水中溶解度的 1%；当氯化钠的浓度达到 1 mol/L 的时候，RNP 的溶解度小，而 DNP 的溶解度比在水中的溶解度大 2 倍。所以常选用 0.14 mol/L 的氯化钠溶液提取 RNP，而选用 1 mol/L 的氯化钠溶液提取 DNP。

(1) DNP/RNP 复合物的解聚

DNP/RNP 复合物的解聚主要通过加入去污剂、有机溶剂和蛋白水解酶等试剂来实现。

去污剂：在破碎细胞的溶液中，加入适量的阴离子去污剂十二烷基硫酸钠（SDS）、Triton X-100、Tween 40 和 NP-40 等，有利于膜蛋白和脂肪溶解，将 DNP/RNP 复合物解聚，进而释放出核酸。

有机溶剂：苯酚、氯仿等是蛋白质的变性剂。根据抽提液中蛋白质的含量和溶剂的纯度，用变性剂反复处理抽提液，直到离心后，上层水相（含核酸）和下层有机相之间的界面处无变性蛋白为止。

蛋白水解酶：用此法除去复合物中的蛋白质的操作比较温和，常用的水解酶有溶菌酶、蛋白酶 K 和蛋白酶 E，可以避免剪切和破坏核酸。

(2) 多糖的消除

采用动物或植物作材料提取核酸时，将动物在宰杀前饥饿 12 h，植物在取材前暗室培养数天，其体内的糖原和淀粉类物质均会减少。

混杂于核酸提取液中的多糖类物质，一般可用选择性沉淀剂，如异丙醇、十六烷基三甲基溴化铵（CTAB）可达到分离目的，或用等体积的 2.5 mol/L 磷酸缓冲液和等体积的乙二醇甲醚处理，离心后，多糖位于中部，核酸存在上层乙二醇甲醚中。

(3) RNA 的提取

tRNA（约占细胞内 RNA 的 15%）的分子质量较小，在细胞破碎后溶解在水溶液中，滤液用酸处理，调 pH 5 得到的沉淀的中可分离得到 tRNA。

mRNA 占细胞 RNA 的 5%左右，很不稳定，提取条件要严格控制。

rRNA 约占细胞内 RNA 的 80%，一般提取的 RNA 主要是 rRNA。

由于 RNA 是基因表达过程中非常重要的生物分子，如 mRNA 携带了 DNA 为蛋白质编码的信息。RNA 的分离是研究基因功能的重要基础之一，在分子生物学中占有重要的地位。

RNA 的提取方法主要有稀盐溶液提取和苯酚溶液提取。

稀盐溶液提取：将细胞破碎制成细胞匀浆，然后用 0.14 mol/L 的氯化钠溶液反复抽提，得到核糖核蛋白提取液，再进一步与脱氧核糖核蛋白、蛋白质、多糖等分离，可得 RNA。

苯酚溶液提取：在细胞破碎制成匀浆后，用 SDS 变性蛋白质并抑制 RNase 活性，经多次酚/氯仿在一定条件下振荡一定时间，抽提除去蛋白质、多糖、色素等后，用 NaAc 和乙醇沉淀 RNA，将 RNA 与蛋白质分开。

(4) DNA 的提取

从细胞中提取 DNA，一般在细胞破碎后用浓盐法提取。即用 1 mol/L 的氯化钠溶液从细胞匀浆中提取脱氧核糖核蛋白，再与含有少量辛醇或戊醇的氯仿一起振荡除去蛋白质。或先以 0.14 mol/L 氯化钠溶液（也可用 0.1 mol/L NaCl 加上 0.05 mol/L 柠檬酸代替）反复洗涤除去核糖核蛋白后，再用 1 mol/L 氯化钠溶液提取脱氧核糖核蛋白，经氯仿戊醇（辛醇）或水饱和酚处理，除去蛋白质，而得到 DNA。

(5) 核酸的沉淀分离

核酸分离纯化应维持在 0～4℃的低温度条件下，以防止核酸的变性和降解。为防止核酸酶引起的水解作用，可加入 SDS、EDTA、8-羟基喹啉、柠檬酸钠等以抑制核酸酶的活性。

常用的沉淀分离法有以下几种。

a. 有机溶剂沉淀法

由于核酸都不溶于有机溶剂，所以可在核酸提取液中加入乙醇、异丙醇或2-乙氧基乙醇，使DNA或RNA沉淀下来。

核酸沉淀的形状与其分子质量密切相关，分子质量$>10^6$Da的双链DNA可以以丝状纤维缠绕在玻棒上；分子质量稍小的双链DNA或单链DNA、RNA则以凝胶形式存在，这些核酸经离心后存在于沉淀中，用70%乙醇洗涤，除去其他盐和小分子物质，干燥后即为核酸制品。

b. 等电点沉淀法

脱氧核糖核蛋白的等电点pH为4.2；核糖核蛋白的等电点pH为2.0～2.5；tRNA的等电点pH为5。所以将核酸提取液调节到一定的pH，就可使不同的核酸或核蛋白分别沉淀而分离。

c. 钙盐沉淀法

在核酸提取液中加入一定体积比（一般为1/10）的10%氯化钙溶液，使DNA和RNA均成为钙盐形式，再加进1/5体积的乙醇，DNA钙盐即形成沉淀析出。

d. 选择性溶剂沉淀法

选择适宜的溶剂，使蛋白质等杂质形成沉淀而与核酸分离，这种方法称为选择性溶剂沉淀法。

1）在核酸提取液中加入氯仿/异戊醇或氯仿/辛醇，振荡一段时间，使蛋白质在氯仿/水界面上形成凝胶状沉淀而离心除去，核酸仍留在水溶液中。

2）在对氨基水杨酸等阴离子化合物存在下，核酸的苯酚水溶液提取液中，DNA和RNA都进入水层，而蛋白质沉淀于苯酚层中被分离除去。

3）在DNA与RNA的混合液中，用异丙醇选择性地沉淀DNA而与留在溶液中的RNA分离。

第三部分　膜分离技术

一、膜分离过程的发展概况

膜分离现象在大自然中，特别是在生物体内是广泛存在的。早在 1748 年法国学者 Abble Nollet 就发现了膜分离现象。但膜分离技术的大发展和工业应用在 19 世纪 60 年代以后。1960 年洛布（Loeb）和索里拉金（Sourirajan）等制成了第一张高通量和高脱盐率的醋酸纤维素膜，这种膜具有非对称结构，从此使反渗透从实验室走向工业应用，其后各种新型膜陆续问世。1967 年美国杜邦公司首先研制出以尼龙-66 为膜材料的中空纤维膜组件；1970 年又研制出以芳香聚酰胺为膜材料的"Permasep-9"中空纤维膜组件，并获得 1971 年美国柯克帕特里克化学工程最高奖。从此反渗透技术在美国得到迅猛发展，随后在世界各地相继应用。其间微滤和超滤技术也得到相应地发展。20 世纪 80 年代后，膜分离技术和传统分离技术的结合，发展出一些新的杂化膜过程，如膜蒸馏、膜萃取及膜吸收等。据报道，世界膜产品市场销售额已超过 100 亿美元，且以 14%～30%的年增长速度在发展，膜产业将成为 21 世纪新型十大高科技产业之一。

我国膜科学技术的发展是从 1958 年研究离子交换膜开始的。20 世纪 60 年代进入开创阶段。1965 年着手反渗透的探索，1967 年开始的全国海水淡化会战，大大促进了我国膜科学技术的发展。70 年代进入开发阶段，这时期，微滤、电渗析、反渗透和超滤等各种膜和组器件都相继研究开发出来。80 年代以来我国膜科学技术跨入应用阶段，同时也是新膜过程的开发阶段。在这一时期，膜科学技术在食品加工、海水淡化、纯水、超纯水制备、医药、生物、环保等领域得到了较大规模的开发和应用。

随着我国膜科学技术的发展，相应的学术、技术团体也相继成立。她们的成立为规范膜行业的标准、促进膜行业的发展起着举足轻重的作用。半个世纪以来，膜分离完成了从实验室到大规模工业应用的转变，成为一项高效节能的新型分离技术。1925 年以来，差不多每 10 年就有一项新的膜在工业上得到应用。

二、膜分离过程的原理和分类

1. 膜分离的定义

膜是一种起分子级分离过滤作用的介质，当溶液或混合气体与膜接触时，在压力、电场或温差作用下，某些物质可以透过膜，而另些物质则被选择性的拦截，从而使溶液中不同组分或混合气体的不同组分被分离，这种分子级的分离称为膜分离。

2. 膜分离的特点

膜分离与传统的分离技术（蒸馏、吸收、萃取和深冷分离等）相比，具有以下特点。

1）膜分离过程不发生相变化，因此膜分离是一种节能技术。

2）膜分离过程是在压力驱动下，在常温下进行的分离过程，特别适合对热敏性物质，如酶、果汁、某些药品的分离浓缩、精制等。

3）膜分离通常是一个高效的分离过程，其适用范围极广，从微粒级到微生物菌体，甚至离子级等都有它的用武之地，其关键在于选择不同的膜类型。

4）膜分离设备本身没有运动部件，很少需要维护，可靠度很高，操作十分简单。

5）膜分离装置简单、分离效率高，而且可以直接插入已有的生产工艺流程，不需要对生产线进行大的改变。

3. 膜分离技术的原理

在膜分离过程中，通过半透膜作为障碍层，借助于膜的选择渗透作用，在能量、浓度或化学位差的作用下对混合物中的不同组分进行分离提纯。由于半透膜中滤膜孔径大小不同，可以允许某些组分透过膜层，而其他组分被保留在混合物中，以达到一定的分离效果。

4. 膜材料与膜分类

要将膜用于分离过程必须进行两方面的开发工作，首先是选用合适的膜材料研制出具有高选择性、高通量、能大规模生产的膜，其次是研制出性能良好的膜组件。其中膜是膜分离技术的核心，而膜的透过性能主要取决于膜材料的化学特性和分离膜的形态结构。

（1）膜材料

膜材料一般要求有良好的成膜性、热稳定性、化学稳定性，耐酸、耐碱以及耐微生物侵蚀和耐氧化性能。例如，反渗透、超滤、微滤的膜材料最好是亲水性的（hydrophilic）；电渗析膜则必须为耐酸、碱性和具有热稳定性能的离子型膜材料；气体分离特别是渗透汽化，要求膜材料对透过组分有优先溶解、扩散能力，若用于有机溶剂分离，还要求膜材料耐溶剂；膜蒸馏和膜吸收要求是疏水性（hydrophobic）膜材料。因此不同的膜分离过程对分离膜的要求不同，选择合适的膜材料是膜分离技术首先要解决的问题。目前研究和应用的膜材料主要是高聚物材料和无机材料，其中以高聚物分离膜应用的最多。

a. 高聚物分离膜材料

目前研究和应用的高聚物分离膜材料有：①天然物质的衍生物，如乙酸纤维、乙酸丁酸纤维、再生纤维素和硝酸纤维素等；②人造物质，如聚酰胺、聚砜、聚碳酸酯、聚乙烯、聚丙烯、聚呋喃、聚四氟乙烯和聚酰亚胺等；③特殊材料，如电解质复合膜、多孔玻璃、ZrO_2/聚丙烯醇和 ZrO_2/碳等。在这些材料中，以醋酸纤维素和聚砜类应用最广。

b. 无机膜

无机膜是指用无机材料，如金属、金属氧化物、陶瓷、多孔玻璃和沸石等制成的膜。无机膜耐高温、耐生物降解，有较宽的 pH 范围，机械强度大。但由于无机膜不易成型，制膜的材料较少且成本高，实际应用的无机膜不多，销售量占整个膜市场的 20% 左右，目前主要有陶瓷膜、玻璃膜、金属膜和分子筛碳膜等。

（2）膜分类

由于膜的种类和功能繁多，分类方法有多种，比较通用的有 4 种，即按膜的性质分类、按膜的结构分类、按膜的用途分类以及按膜的作用机理分类。膜按来源形态和结构分类见图 3-1。

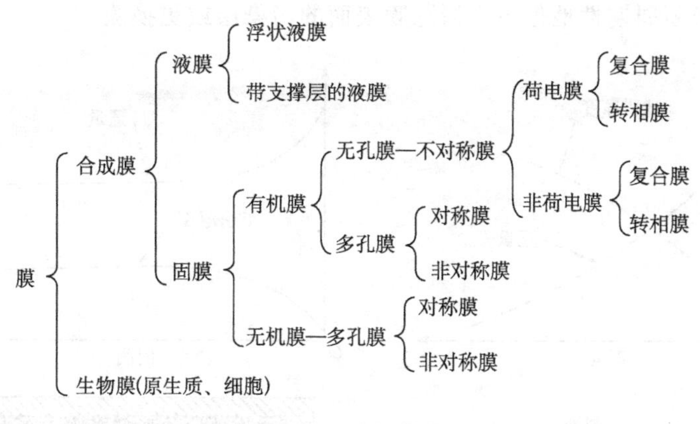

图 3-1 膜的分类

三、主要膜的分离技术

常用的膜分离技术有微滤（MF）、超滤（ultra-filtration，UF)、反渗透（RO)、纳滤（NF)、电渗析（ED）和液膜（LM）过滤等。

1. 微滤

微滤是世界上开发应用最早的膜过滤技术。早在 19 世纪中叶，人们就已经开始利用天然或人工合成的高分子聚合物制得微滤膜。1907 年，Bechhold 第一次报道了系列多孔火棉胶膜的制备方法和膜孔径的检测方法。1921 年，在德国建立了第一个专门从事微滤膜生产和销售的公司。随着高分子材料的研究与开发，极大地促进了微滤膜的发展，它的应用范围由实验室和微生物检测扩展到了医药、饮料、生物工程、超纯水、饮用水、石化和环保等广阔的领域。

(1) 微滤的基本概念和分离范围

微滤又称微孔过滤，是以静压差为推动力，利用膜的“筛分”作用进行分离的膜分离过程。微孔滤膜具有明显的孔道结构，主要用于截留高分子溶质或固体微粒。在静压差的作用下，小于膜孔的粒子通过滤膜，粒径大于膜孔径的粒子则被阻拦在滤膜面上，使粒子大小不同的组分得以分离。

微滤主要从气相和液相物质中截留 0.1 μm 至数微米的细小悬浮物、微生物、微粒、细菌、酵母、红细胞和污染物等，所需压力为 100 kPa 左右，在生物分离中，广泛用于菌体的净化、分离和浓缩。

(2) 微滤的操作模式

a. 常规过滤

常规过滤也称静态过滤或死端过滤，如图 3-2（a）所示，原料液置于膜的上游，在压差的推动下，溶剂和小于膜孔的颗粒透过膜，大于膜孔的颗粒则被膜截留，该压差可通过上游加压或下游侧抽真空产生。在操作中，随时间的增长，被截留颗粒会在膜表面形成污染层，使过滤阻力增加，随着过程的进行，污染层将不断增厚和压实，过滤阻力也会不断增加。在操作压力不变的情况下，膜渗透速率将下降。因此，常规过滤操作只能是间歇的，必须周期性地停下来清除膜表面的污染层或更换膜。

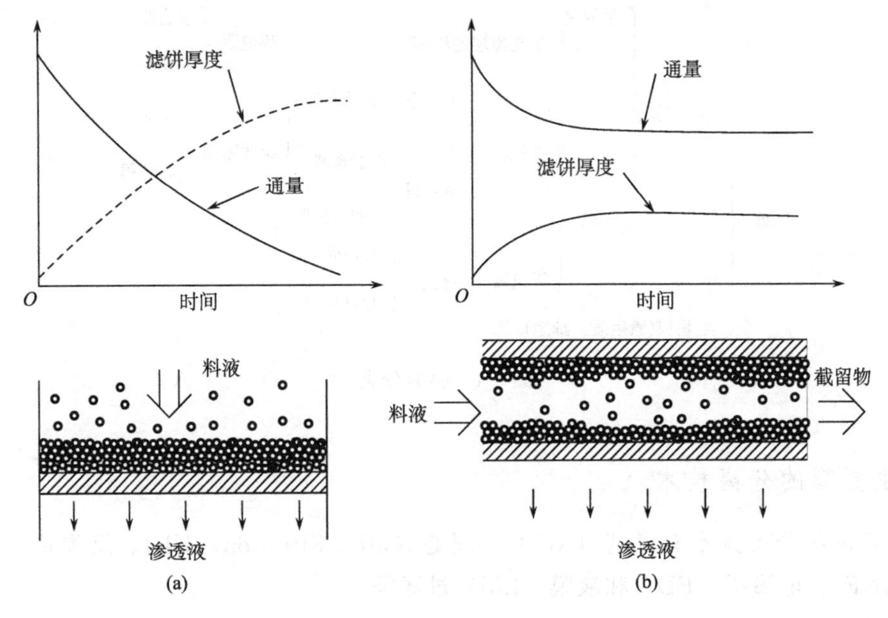

图 3-2 微滤的操作模式

(a) 常规过滤（静态过滤）；(b) 错流过滤（动态过滤）

常规过滤操作简便易行，适合实验室等小规模场所。对于固体含量低于 0.1%的料液通常采用常规过滤；固体含量在 0.1%～0.5%的料液则需要进行预处理或采用错流过滤；对于固体含量高于 0.5%的料液通常采用错流过滤操作。

b. 错流过滤

错流过滤又称动态过滤，其操作类似于超滤和反渗透，如图 3-2（b）所示，原料液以切线方向流过膜表面。溶剂和小于膜孔的颗粒，在压力作用下透过膜，大于膜孔的颗粒则被膜截留而停留在膜表面形成一层污染层。与常规过滤不同的是，料液流经膜表面产生的高剪切力可使沉积在膜表面的颗粒扩散返回主体流，从而被带出微滤组件，使污染层不能无限增厚。由于过滤导致的颗粒在膜表面的沉积速度与流体流经膜表时由速度梯度产生的剪切力引发的颗粒返回主体流的速度达到平衡，可使该污染层在一个较薄的水平上达到稳定，此时，膜渗透速率可在较长一段时间内保持在相对高的水平上。当处理量大时，为避免膜被阻塞，宜采用错流操作。

微滤是目前膜分离技术中应用最广且经济价值最大的技术，主要应用于无菌液体的生产、生物制剂的分离、超纯水的制备，以及空气过滤、生物及微生物的检查分析等。

2. 超滤

超滤首先出现在 19 世纪末，1963 年 Michaels 开发成功了第一张不对称超滤膜，推动了科学家们寻找更优异的超滤膜，从而形成了 1965～1975 年的超滤大发展时期，开发成功了聚砜、聚丙烯氰、聚醚砜及聚偏二氟乙烯等超滤膜。膜的截留相对分子质量为

10^3～10^6。虽然超滤的发展历史不长，但其独特的优点，使其成为目前膜分离技术的重要操作元件。

（1）超滤的基本概念和分离范围

超滤是一种在静压差为推动力的作用下，原料液中大于膜孔的大粒子溶质被膜截留，小于膜孔的小溶质粒子通过滤膜，从而实现分离的过程，其分离原理一般认为是机械筛分原理。

超滤主要用于料液澄清、溶质的截留浓缩及溶质之间的分离。其分离相对分子质量为500～1×10^6的大分子物质和胶体物质，相对应粒子的直径为0.005～0.1 μm。操作压强低，一般为0.1～0.5 MPa，可以不考虑渗透压的影响，易于工业化，应用范围广。

（2）超滤的基本原理及操作模式

a. 分离机理

在压力作用下，料液中含有的溶剂及各种小的溶质从高压料液侧透过超滤膜到达低压侧，从而得到透过液或称为超滤液；尺寸比膜孔径大的大溶质分子被膜截留成浓缩液。溶质在被膜截留的过程中有以下几种作用方式：①在膜面的机械截留；②在膜表面及微孔内吸附；③膜孔的堵塞。不同的体系，各种作用方式的影响也不同。

b. 操作模式

超滤的操作模式可分为重过滤和错流过滤两大类，常用的操作模式有以下几种。

1）重过滤操作。重过滤（diafiltration）操作也称透滤操作，如图3-3所示。是在不断加水稀释原料的操作下，尽可能高地回收透过组分或除去不需要的盐类组分。重过滤操作包括间歇式和连续式两种。其特点是设备简单、小型、能耗低，可克服高浓度料液渗透速率低的缺点，能更好地去除渗透组分。但浓差极化和膜污染严重，尤其在间歇操作中，要求膜对大分子的截留率高。通常用于蛋白质、酶等大分子的提纯。

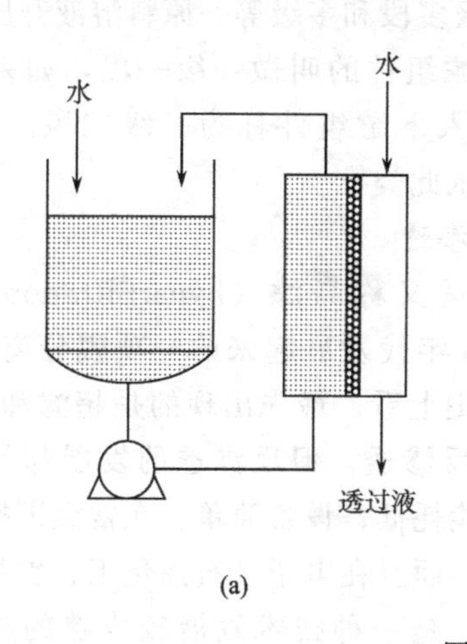

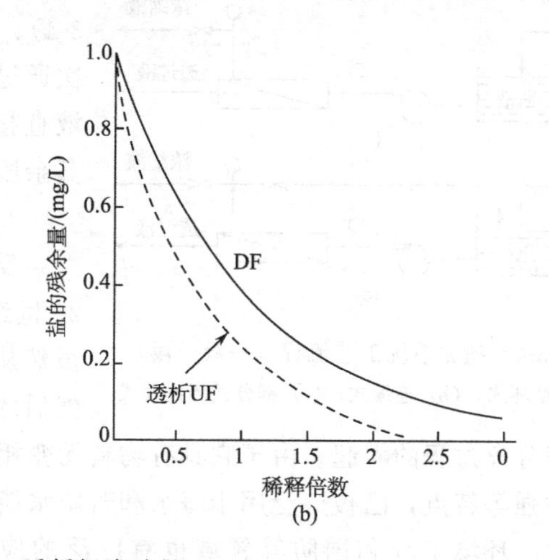

图3-3　透析超滤过程

（a）原理；（b）连续式重过滤和透析过滤

2）透析超滤。透析超滤（dialysis ultrafiltration）是将透析与超滤结合起来使用的一种重过滤技术。其原理如3-3（a）所示，即用泵将新鲜水通过产品侧将透过物带出，而不是透过物从组件自由流出，新鲜水的流量为组件水通量的3～10倍，并保持一定的跨膜压差。显然，该方法的工作效率比传统的重过滤要好，如图3-3（b）所示。由于该方法的传质动力除压力差外还有浓度梯度，所以即使没有压力差存在，也有传质发生，这一特点能改善尺寸相近分子的分离。透析超滤主要应用于无醇啤酒、果酒和脱盐明胶的制备，离子的替换或溶质的交换，以及血液净化等。

3）间歇错流操作。间歇错流操作是将料液从储罐连续地泵送至超滤膜装置，然后再回到储罐。随着溶剂被滤出，储罐中料液的液面下降，溶液浓度升高。该操作具有操作简单、浓缩速度快、所需膜面积小的特点。但全循环时泵的能耗高，采用部分循环可适当降低能耗。通常在实验室和小型中试系统采用。

4）连续错流操作。连续错流操作包括单级连续操作和多级连续操作。单级连续操作是从储罐将加料液泵送至一个大的循环系统管线中，料液在这个大循环系统中通过泵提供动力，进行循环超滤后成为浓缩产品，缓慢从这个循环系统管线中连续的流出，这个过程要保持进料和出料的流速相等。多级连续操作是采用两个或两个以上的单级连续操作。大规模生产中连续错流操作被普遍使用，特别是在食品工业领域。

（3）超滤分离系统

a. 前处理

降低供给水的浑浊度→悬浮物和交替物质的去除→可溶性有机物的去除→微生物（细菌、藻类等）去除→调整进水水质（供水温度、pH）。

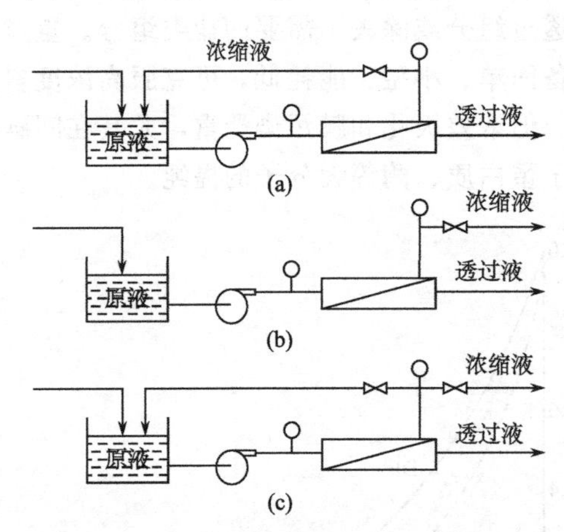

图3-4　超滤系统工艺流程（一级一段）

（a）循环式；（b）连续式；（c）部分循环连续式

b. 超滤系统工艺流程

超滤系统工艺流程设计多种多样，按运行方式分为循环式、连续式和部分循环连续式。按组件组合排列形式分为一级一段（图3-4）、一级多段和多级等。原料溶液升压后一次通过超滤组件的叫做一级一段，如果浓缩液直接进入下游组件称为一级二段。同理，其余段数依此类推。

3. 反渗透

反渗透又称高滤（hyperfiltration），是20世纪60年代发展起来的一项膜分离技术。虽然从历史上看，最先出现的是超滤和微滤，然后才是反渗透，但反渗透的发展却带动了整个膜分离过程的崛起。由于它具有物料无变相、能耗低、设备简单、在常温下操作和适应性强等特点，已被广泛用于海水和苦咸水淡化，而且在电子、石油化工、食品、医疗卫生、环境工程和国防等领域也有广泛的应用，是一种技术发展较成熟的膜分离技术。

反渗透过程主要是根据溶液的溶解、扩散原理，以压力差为推动力的膜分离过程。它与自然的渗透过程刚好相反。渗透和反渗透均是通过半透膜来完成的。

在浓溶液一侧，当施加压力高于自然渗透压力时，就会迫使溶液中溶剂反向透过膜层，流向稀溶液一侧，从而达到分离提纯的目的。反渗透过程主要应用于低分子质量组分的浓缩，如氨基酸浓缩（甘氨酸 HGB 3075279）、乙醇浓缩（GB 679265）等。其渗透压的大小与膜的种类无关，而与溶液的性质有关。

4. 纳滤

纳滤也是根据吸附、扩散原理，以压力差为推动力的膜分离技术。其膜孔径小于 0.002 μm，所需压力为 0.1～10 MPa，适用于低分子无机物和水溶液的分离。它除具有本身的工作原理外，还具有反渗透和超滤的工作原理。纳滤又称为低压反渗透，是一种新型的膜分离技术，这种膜过程拓宽了液相膜分离的应用，分离性能介于超滤和反渗透之间，其截断相对分子质量为 200～2000。纳米膜属于复合膜，允许一些无机盐和某些溶剂透过膜。纳滤过程所需外加压力比反渗透低得多，具有节约动力的优点。它能截断易透过超滤膜的那部分溶质，同时又可能被反渗透膜所截断的溶质透过，其具有的特有功能是反渗透和超滤无法取代的。纳滤膜具有良好的热稳定性、pH 稳定性和对有机溶剂的稳定性，因此现已广泛应用于各个工业领域，尤其是医药、生物化工行业的分离提纯过程。

纳滤膜是现今最先进的膜分离技术。微滤、超滤、反渗透、纳滤 4 种分离技术没有太明显的分界线，均是以压力作为推动力，被截断的溶质的直径大小在某些范围内相互重叠。

5. 电渗析

电渗析是以电位差为推动力，在直流电作用下利用离子交换膜的选择透过性，把电解质从溶液中分离出来，从而实现溶液的淡化、精制或纯化目的。

6. 液膜过滤

液膜是悬浮在液体中的一层乳液微粒，形成液相膜。依据溶解、扩散原理，通过这层液相膜可以将两个组成不同而又互溶的溶液分开，并通过渗透的现象起到分离、提纯的效果，它克服了固体膜存在的选择性低和通量小的特点。液膜一般由溶剂、表面活性剂和添加剂构成。按其构型和操作方式分为乳化液膜（liquid surfactant membrane）和支撑液（supported liquid membrane）。

四、膜分离技术的应用

1. 在化工及石油工业中的应用

在化工及石油工业领域已开发应用的主要四大膜分离技术为反渗透、超滤、微滤、电渗，这些膜过程的装置设计都较为成熟，已有大规模的工业应用和市场。由于各国普遍重视环境保护和治理，因而微滤和超滤分离在化工生产中的应用非常常见，广泛应用于水中细小微粒，包括细菌、病毒及各种金属沉淀物的去除等。例如，目前国内一些磷肥生产企业采用微滤膜分离去除磷石膏废水中含氟的化合物。气体分离在化工和石油化工方面的应用也颇具意义。例如，在合成氨工艺中回收 H_2，在三次石油回采中从甲烷中分离 CO_2。电渗析在化工中的应用也较广泛。例如，自然水的纯化、海水脱盐等。在石油化工中，膜分离技术广泛用于有机废气的处理；脱除天然气中的水蒸气和酸性气体；天然气中的氦的提取；合成氨池放气中回收氢气；制取富氧空气；催化裂化干气的氢烃分离等。膜分离技术在化工、石油天然气工业中具有十分广阔的前景，它对生产设备的优化及提高经济效益都有着十分重要的作用。尽管此项技术有待于进一步的探索研究，但其作为一门新兴技术在不远的将来终究会在化工及石油天然气中发挥巨大的作用。

2. 在食品工业中的应用

膜分离技术用于食品工业开始于20世纪60年代末，首先是从乳品加工和啤酒的无菌过滤开始的，随后逐渐用于果汁、饮料加工和酒精类精制等方面。至今，膜分离技术在食品加工中已得到广泛应用。主要用于以下几个方面：①利用膜分离技术对植物蛋白进行浓缩、提纯和分离；②利用膜分离技术加工乳制品；③利用膜分离技术对卵蛋白惊醒浓缩；④利用膜分离技术对动物血浆进行浓缩；⑤利用膜分离技术对明胶进行提纯；⑥在含酒精饮料加工中的应用；⑦在非酒精饮料加工中的应用；⑧膜分离技术在处理淀粉废水中的应用；⑨膜分离技术在制糖工业中的应用；⑩膜分离技术在食用油加工中的应用；⑪膜分离技术在食品添加剂生产中的应用。

膜分离技术用于食品加工有很多优点：与传统方法相比，不会因加热而产生色、香、营养成分等质量指标的恶化；节省能源、设备占地面积小；更重要的是由于分离膜性能的提高，能在很高精度水平下分离各种成分。

3. 在医药工业和医疗设备方面的应用

现在微滤、超滤、反渗透和渗透等膜分离技术已经在医药、工业和医疗设备方面得到了广泛的应用。在制药工业中膜分离技术主要用于：①利用微滤技术进行药物澄清；②利用超滤和反渗透技术进行药液精制和浓缩；③利用分渗透技术制备灭菌水、除热原水和注射水等；④渗析技术在医药科学中的典型应用是人工模拟肾脏进行血液的透析分离；⑤利用亲和膜分离技术，通过在膜上固载特定的功能配位键。在医疗设备方面除用于药物控制释放的膜分离技术外，膜式人工肺、人工肾也都应用了膜分离技术。随着新的膜材料的出现以及膜成本的降低，膜分离技术将会在医药和医院中起到更重要的作用。

4. 在生物技术中的应用

在生物技术方面，膜分离技术也有各种应用，其中应用最广泛的是微滤技术和超滤技术。例如，从植物或动物组织萃取液中进行酶的精制；从发酵液或反应液中进行产物的分离、浓缩等。膜分离技术应用于蛋白质加水分解或糖液生产，有助于稳定产品质量，提高产品的回收率和降低成本。由于应用分离膜可以在室温下进行物理化学分离，所以它特别适合于热敏性生物物质的分离。可以想象膜分离技术在生物技术方面将会得到越来越广泛的应用。但膜分离技术用于生物技术也有一些问题，其中最主要的是：与色谱法比较，分离精度不高；不能做到同时多组分分离；膜上容易形成附着层，使膜的通量显著下降；操作结束后，膜清洗困难；膜的耐用性差。这几点是影响膜分离技术在生物工程领域应用的最主要的原因。因此，如何改进和解决上述问题就成为膜分离技术在该领域应用的主要研究方向。

5. 在环境工程中的应用

随着工业的进一步发展，水源和大气污染更加严重，这就要求人们提高对它们进行处理净化的能力，因此膜分离技术在环境工程中的地位越来越突出。应用膜分离技术来处理工业废水、废气已经被证明是卓有成效的，在不少废水处理中膜分离技术能实现闭路循环，在消除污染的同时变废为宝，取得了较大的经济效益和社会效益。除微滤、超滤、反渗透、电渗析的过程外，渗透汽化的其他膜分离技术也将在21世纪的环境工程中发挥极其重要的作用。

除在上述几方面的应用外，当前膜分离技术的应用几乎涉及国民经济的各个生产研究部门甚至是国防建设领域中。

6. 膜分离技术在我国的应用前景

膜分离技术是一门新兴的多学科交叉的高技术。在我国，膜分离技术的发展是从1958年离子交换膜研究开始的，已有50余年的历史。目前全国已建立了一只具有相当水平的科研队伍，形成了相当规模的生产能力。相信随着膜分离科技工作者的共同努力，膜分离技术的应用将从深度和广度两方面不断扩展，并在各行业的发展中起巨大的作用，甚至是突破性的作用。

第四部分 色谱技术

一、层析技术概述

层析技术是一组相关分离方法的总称，它是依据样品中各组分在两种理化性质各不相同的物质之间的分配比例的不同，而使各组分分离的方法。1903 年，俄国科学家 M. C. Jber 首创了这一技术，命名为色谱法（chromatography），由于翻译和习惯的原因，又常称为层析法。

层析法的最大特点是分离效率高，它能分离各种性质非常相似的物质。而且它既可以用于少量物质的分析鉴定（称为分析型层析，analytical chromatography），又可用于大量物质的分离纯化制备（称为制备型层析，preparative chromatography）。因此，层析法作为一种重要的分析分离手段与方法，被广泛地应用于科学研究与工业生产上。100 多年来，层析法不断发展，形式多种多样，相继出现了分配层析、离子交换层析、凝胶层析、亲和层析和吸附层析等。几乎每一种层析法都已发展成为一门独立的生化技术，在现代生命科学领域内得到了广泛的应用。

二、层析技术的基本原理

1. 层析技术的原理

层析系统都由两个相组成：一个相是固定相，它可以是固体物质，也可以是固定于固体物质上的成分；另一个相是流动相。当待分离的混合物通过固定相时，由于各组分的理化性质存在差异，与两相发生相互作用（吸附、溶解、结合等）的能力不同，在两相中的分配（含量对比）也不同，与固定相相互作用力越弱的组分，随流动相移动时受到的阻滞作用越小，向前移动的速度越快。反之，与固定相相互作用越强的组分，向前移动速度越慢。分部收集流出液，可得到样品中所含的各单一组分，从而达到将各组分分离的目的。

2. 层析的基本概念

(1) 分离度

分离度（resolution，R_S）又称分辨率，是衡量相邻两个峰分离程度的指标，R_S 等于相邻色谱峰保留值之差的两倍与两色谱峰峰基宽之和的比值。图 4-1 是计算分辨率的示意图。

$$R_S = \frac{2\Delta Z}{W_A + W_B} = \frac{2((t_R)_A - (t_R)_B)}{W_A + W_B}$$

由上式可见，两个峰尖之间距离大，R_S 值大，分离效果好；两峰宽，R_S 值小，分离效果差。

当 $R_S = 1$ 时，两组分具有较好的分离，互相沾染约 2%，即每种组分的纯度约为

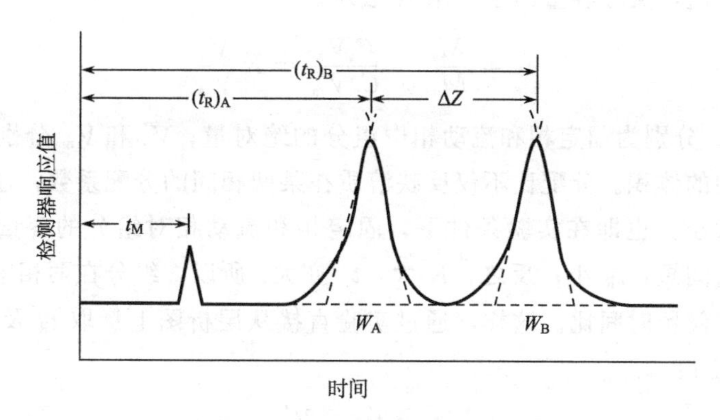

图 4-1　计算分辨率示意图

$(t_R)_A$. 组分 1 从进样点到对应洗脱峰值之间洗脱液的总体积；
$(t_R)_B$. 组分 2 从进样点到对应洗脱峰值之间洗脱液的总体积；
W_A. 组分 1 的洗脱峰宽度 W_B. 组分 2 的洗脱峰宽度

98％。当 $R_S=1.5$ 时，两组分基本完全分开，每种组分的纯度可达 99.8％。

（2）柱选择性

a. 分配系数

分配系数（distribution coefficient）是指在一定条件下，某种组分在固定相和流动相间达到平衡时，它在固定相和流动相中平均含量（浓度）的比值，常用 K 来表示。

$$K = C_s/C_m$$

式中，C_s 为固定相中的浓度；C_m 为流动相中的浓度。

分配系数是层析中分离纯化物质的主要依据。分配系数是由物质本性所决定的。两个组分的分配系数越相近，两个层析峰重合性就越大；反之，分配系数差别越大，两峰间距离也越大。

分配系数主要与下列因素有关：①被分离物质本身的性质；②固定相和流动相的性质；③层析柱的温度。

b. 迁移率

迁移率（mobility）是指在一定条件下，在相同的时间内某一组分在固定相移动的距离与流动相本身移动的距离的比值。常用 R_f 表示（$R_f \leqslant 1$）。可以看出：

$$K\uparrow \rightarrow R_f\downarrow\text{；反之，}K\downarrow \rightarrow R_f\uparrow$$

实验中我们还常用相对迁移率的概念。相对迁移率是指：在一定条件下，在相同时间内，某一组分在固定相中移动的距离与某一标准物质在固定相中移动的距离的比值。它可以小于等于 1，也可以大于 1。用 R_x 表示。不同物质的分配系数或迁移率是不同的。分配系数或迁移率的差异程度是决定几种物质采用层析方法能否分离的先决条件。很显然，差异越大，分离效果越理想。

c. 分配比

分配比（distribution ratio）表示在一定条件下，组分在固定相及流动相中达到平衡时绝对量的比值，又称容量因子。用 K 表示。

$$K=\frac{M_s}{M_m}=\frac{C_sV_s}{C_mV_m}=K\frac{V_s}{V_m}$$

式中，M_s 和 M_m 分别为固定相和流动相中组分的绝对量；V_s 和 V_m 分别为固定相及流动相在层析柱中的体积。分配比不仅反映溶质在某两相间的分配系数，还反映柱对被分离组分容量的大小，也即在实验条件下，固定相和流动相对组分的容量。K 小，则组分在柱中停留时间短，t_R 小；反之，K 大，t_R 亦大。所以，组分在两相中的分配比也等于组分在两相中停留时间比。这样，通过实验直接从层析图上量取 t_R 及 t_M，求出 t'_R后通过公式计算 K 值。

$$K=\frac{t'_R}{t_M}=\frac{V'_R}{V_m}$$

d. 分配系数与保留值之间的关系

将上述两个分配比的公式合并，可得到分配系数与保留值之间的关系式：

$$V'_R=K\frac{V_R}{V_m}V_m$$

$$t'_R=K\frac{V_s}{V_m}t_M$$

以上两式是层析分析的基本方程。它说明当实验条件一定时，V_s、V_M、V_M 及 t_M 为常数，保留值与分配系数成正比关系。分配系数是由溶质本性所决定的。所以保留值是定性的依据。

e. 分离因子

两个待分离的组分，分配系数的值，即保留值的比值，称为分离因子。可用 α 表示。

$$\alpha=\frac{K_2}{K_1}=\frac{t'_{R_2}}{t'_{R_1}}$$

当 $\alpha=1$ 时，峰重叠，分离因子越大，表示柱选择性越高。

(3) 柱效

层析过程是一个连续的过程，当流动相不断流过，在任何一点实际上都无法获得平衡，然而，当流动相通过柱的一定高度，在离开这段柱时，流动相中某组分的平均浓度与固定相中平均浓度可以达到分配平衡，完成这一平衡所需要的柱长称为理论塔板等效高度（height equivalent to a theoretical plate，HETP），简称板高，以 H 表示，如果柱总长为 L，则：

$$n=\frac{L}{H}$$

式中，n 为理论塔板数；L 为柱长。

当柱长 L 一定时，H 越小、n 越多，则组分在两相间分配次数越多，分离越完全，柱效就好，所以习惯上用柱高或塔板来衡量柱效。

三、层析法分类

1）根据固定相基质的形式分类，层析可以分为纸层析、薄层层析和柱层析（表 4-1）。纸层析是指以滤纸作为基质的层析。薄层层析是将基质在玻璃或塑料等光滑表面铺成一薄层，在薄层上进行层析。柱层析则是指将基质填装在管中形成柱形，在柱中进行层析。纸层析和薄层层析主要适用于小分子物质的快速检测分析和少量分离制备，通常为一次性使用，而柱层析是常用的层析形式，适用于样品分析、分离。生物化学中常用的凝胶层析、离子交换层析、亲和层析和高效液相色谱等通常采用柱层析形式。

表 4-1　按固定相基质的形式分类

名称	分离原理
柱层析法	固定相装于柱内，使样品沿着一个方向前移而达分离
薄层层析法	将适当黏度的固定相均匀涂铺在薄板上，点样后用流动相展开，使各组分分离
纸层析法	用滤纸作液体的载体，点样后用流动相展开，使各组分分离
薄膜层析法	将适当的高分子有机吸附剂制成薄膜，以类似纸层析方法进行物质的分离

2）根据流动相的形式分类，层析可以分为液相层析和气相层析。气相层析是指流动相为气体的层析，而液相层析指流动相为液体的层析。气相层析测定样品时需要气化，大大限制了其在生化领域的应用，主要用于氨基酸、核酸、糖类和脂肪酸等小分子的分析鉴定。而液相层析是生物领域最常用的层析形式，适于生物样品的分析、分离。同时，按两相所处物理状态的不同，气相层析又分为层-液层析和气-固层析，液相层析分为液-液层析和液-固层析，详见表 4-2。

表 4-2　按两相所处状态分类

流动相		液体	气体
固定相	液体	液-液层析	气-液层析
	固体	液-固层析	气-固层析

3）按层析原理分类，层析主要可以分为凝胶过滤层析、离子交换层析、亲和层析、吸附层析和分配层析等。

a. 凝胶过滤层析

凝胶过滤层析（gel filtration）又称分子筛层析，是以具有网状结构的凝胶颗粒作为固定相，根据物质的分子大小进行分离的一种层析技术。利用凝胶层析介质（固定相）交联度的不同所形成的网状孔径的大小，在层析时能阻止比网孔直径大的生物大分子通过。利用流动相中溶质的分子质量大小差异而进行分离的一种方法，又称为排阻层析。

b. 离子交换层析

离子交换层析（ion exchange chromatography）是以离子交换剂为固定相，根据物质的带电性质不同而进行分离的一种层析技术。利用固定相球形介质表面活性基团经化学键合方法，将具有交换能力的离子基团固定在固定相上面，这些离子基团可以与流动相中离子发生可逆性离子交换反应而进行分离的方法，称为离子交换层析。

c. 亲和层析

亲和层析（affinity chromatography）是根据生物大分子和配体之间的特异性亲和力（如酶和抑制剂、抗体和抗原、激素和受体等），将某种配体连接在载体上作为固定相，而对能与配体特异性结合的生物大分子进行分离的一种层析技术。亲和层析是分离生物大分子最为有效的层析技术，具有很高分辨率。在固定相载体表面偶联具有特殊亲和作用的配基，这些配基可以与流动相中溶质分子发生可逆的特异性结合而进行分离。

d. 吸附层析

利用吸附层析（absorption chromatography）介质表面的活性分子或活性基团，对流动相中不同溶质产生吸附作用，利用其对不同溶质吸附能力的强弱而进行分离的一种方法，称之为吸附层析。

e. 分配层析

分配层析（partition chromatography）是根据在一个有两相同时存在的溶剂系统中，不同物质的分配系数不同而达到分离目的的一种层析技术。被分离组分在固定相和流动相中不断发生吸附和解吸附的作用，在移动的过程中物质在两相之间进行分配。利用被分离物质在两相中分配系数的差异而进行分离。

f. 金属螯合层析

利用固定相载体上偶联的亚氨基乙二酸为配基与二价金属离子发生螯合作用，结合在固定相上，二价金属离子可以与流动相中含有的半胱氨酸、组氨酸、咪唑及其类似物发生特异螯合作用而进行分离的方法，称为金属螯合层析（metal chelating chromatography）。

g. 疏水层析

利用固定相载体上偶联的疏水性配基与流动相中的一些疏水分子发生可逆性结合而进行分离的方法，称为疏水层析（hydrophobic chromatography）。

h. 反相层析

利用固定相载体上偶联的疏水性较强的配基，在一定非极性的溶剂中能够与溶剂中的疏水分子发生作用，以非极性配基为固定相，极性溶剂为流动相来分离不同极性的物质的方法，称为反相层析（reverse phase chromatography）。

i. 聚焦层析

利用固定相载体上偶联的载体两性电解质分子，在层析过程中所形成的 pH 梯度，并与流动相中不同等电点的分子发生聚焦反应进行分离的方法，称为聚焦层析（focusing chromatography）。

j. 灌注层析

利用刚性较强的层析介质颗粒中具有的不同大小贯穿孔与流动相中溶质分子相对分

子质量的差异进行分离的方法，称为灌注层析（perfusion chromatography）。

几种常用层析技术的比较见表 4-3。

表 4-3 几种常用层析技术的比较

方法	原理	优点	缺点	应用范围
凝胶过滤层析	固定相是多孔凝胶，各组分的分子大小不同，因而在凝胶上受阻滞的程度不同	分辨力高，不会引起变性	各种凝胶介质昂贵，处理量有限制	分子质量有明显差别的可溶性生物大分子
离子交换层析	固定相是离子交换剂，各组分与离子交换剂亲和力不同	分辨力高，处理量较大	需酸碱处理树脂平衡洗脱时间长	能带电荷的生物大分子
亲和层析	固定相只能与一种待分离组分专一结合，以此和无亲和力的其他组分分离	分辨力很高	一种配体只能用于一种生物大分子，局限性大	各种生物大分子
吸附层析	固定相是固体吸附剂，各组分在吸附剂表面吸附能力不同（化学、物理吸附）	操作简便	易受离子干扰	各种生物大分子的分离、脱色和去热源
分配层析	各组分在流动相和静止液相（固相）中的分配系数不同	分辨力高，重复性较好，能分离微量物质	影响因子多，上样量太少	用于各种生物大分子的分析鉴定

实验一　分子筛层析

【实验目的】

1）掌握分子筛层析的基本原理。

2）掌握分子筛层析基本操作过程。

【基本原理】

凝胶层析（gel chromatography）又称为凝胶排阻层析（gel exclusion chromatography）、分子筛层析（molecular sieve chromatography）、凝胶过滤（gel filtration）和凝胶渗透层析（gel permeation chromatography）等。它是以多孔性凝胶填料为固定相，按分子大小顺序分离样品中各个组分的液相色谱方法，是1960年发展起来的技术。凝胶是由胶体溶液凝结而成的固体物质，内部具有网状筛孔，利用球状凝胶内的筛孔，使分子流过填充凝胶的管柱时，大分子无法进入凝胶筛孔，而只流经凝胶及管柱间的孔隙，很快就可以流出管柱，较小的分子因为进入凝胶内的筛孔，故在管柱内的停留时间较长，由此区分大小不同的分子（图4-2）。亦可与已知大小的分子进行比较而确定物质的分子质量。一般状况下，凝胶不会吸附成分，所有欲分离物质都会被洗出，这是凝胶层析法与其他层析法不同的地方。

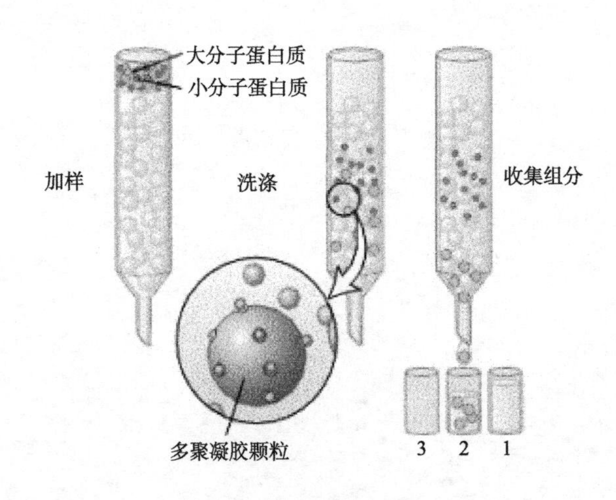

图4-2　凝胶层析示意图

（一）凝胶的种类和性质

凝胶的种类很多，主要有葡聚糖凝胶（Sephadex）、修饰葡聚糖凝胶（Modified Sephadex）、聚丙烯酰胺凝胶（Bio-gel P）、琼脂糖凝胶（Sepharose）、多孔玻璃微球

(Bio-glas) 和疏水性凝胶 (hydrophobic gels)。常用的凝胶有葡聚糖凝胶、聚丙烯酰胺凝胶、琼脂糖凝胶，下面简要介绍这三种凝胶。

1. 葡聚糖凝胶

葡聚糖凝胶是指由葡聚糖与其他交联剂交联而成的凝胶。常见的有两大类，商品名分别为 Sephadex 和 Sephacryl。

葡聚糖凝胶中最常见的是 Sephadex 系列，它是葡聚糖与 3-氯-1,2 环氧丙烷相互交联而成。Sephadex 的亲水性很好，在水中极易膨胀，不同型号的 Sephadex 的吸水率不同，它们的孔穴大小和分离范围也不同。Sephadex 稳定工作的 pH 一般为 2～10。强酸溶液和氧化剂会使交联的糖苷键水解断裂，所以要避免 Sephadex 与强酸和氧化剂接触。Sephadex 在高温下稳定，可以煮沸消毒，在 100℃下 40 min 对凝胶的结构和性能都没有明显的影响。Sephadex 由于含有羟基基团，故呈弱酸性，这使得它有可能与分离物中的一些带电基团（尤其是碱性蛋白）发生吸附作用。但一般在离子强度大于 0.05 的条件下，Sephadex 几乎没有吸附作用。所以在用 Sephadex 进行凝胶层析实验时常使用一定浓度的盐溶液作为洗脱液，这样就可以避免 Sephadex 与蛋白质发生吸附，但应注意如果盐浓度过高，会引起凝胶柱床体积发生较大的变化。Sephadex 有各种颗粒大小（一般有粗、中、细和超细）可以选择，一般粗颗粒流速快，但分辨率较差；细颗粒流速慢，但分辨率高。要根据分离要求来选择颗粒大小。Sephadex 的机械稳定性相对较差，它不耐压，分辨率高的细颗粒要求流速较慢，所以不能实现快速而高效的分离。

2. 聚丙烯酰胺凝胶

聚丙烯酰胺凝胶 (polyacrylamide) 由丙烯酰胺 (acrylamide) 与甲叉双丙烯酰胺交联而成。改变丙烯酰胺的浓度，就可以得到不同交联度的产物。聚丙烯酰胺凝胶的分离范围、吸水率等性能基本近似于 Sephadex。聚丙烯酰胺凝胶在水溶液、一般的有机溶液、盐溶液中都比较稳定。聚丙烯酰胺凝胶在酸中的稳定性较好，在 pH 为 1～10 比较稳定。但在较强的碱性条件下或较高的温度下，聚丙烯酰胺凝胶易发生分解。聚丙烯酰胺凝胶非常亲水，基本不带电荷，所以吸附效应较小。另外，聚丙烯酰胺凝胶不会像葡聚糖凝胶和琼脂糖凝胶那样可能生长微生物。聚丙烯酰胺凝胶对芳香族、酸性、碱性化合物可能略有吸附作用，使用离子强度略高的洗脱液就可以避免。

3. 琼脂糖凝胶

琼脂糖是由 D-半乳糖 (D-galactose) 和 3,6-脱水半乳糖 (anhydrogalactose) 交替构成的多糖链。它在 100℃时呈液态，当温度降至 45℃以下时，多糖链以氢键方式相互连接形成双链单环的琼脂糖，经凝聚即成为束状的琼脂糖凝胶。琼脂糖凝胶在 pH 为4～9 时稳定，它在室温下很稳定，稳定性要超过一般的葡聚糖凝胶和聚丙烯酰胺凝胶。琼脂糖凝胶对样品的吸附作用很小。另外琼脂糖凝胶的机械强度和孔穴的稳定性都很好，一般好于前两种凝胶，在高盐浓度下，柱床体积一般不会发生明显变化，使用琼脂糖凝胶时洗脱速度可以比较快。琼脂糖凝胶的排阻极限很大，分离范围很广，适合于分离大分子物质，但分辨率较低。琼脂糖凝胶不耐高温，使用温度以0～30℃为宜。

(二) 凝胶的选择、处理和保存

1. 凝胶的选择

凝胶的材质必须为化学惰性，与分离物不能产生变性（denature）或其他化学反应，最好具有能长期反复使用的稳定性，并可以在较大的pH和温度范围内使用。由于凝胶上的离子交换基团会吸附带电荷的物质，产生离子交换的效果，所以凝胶上最好不具有离子交换的基团。此外，凝胶要有一定的机械强度，在层析过程中才不会变形，增加机械强度也可使层析在较高压力的环境进行，缩短分离时间。

凝胶颗粒的粗细与分离效果有直接关系，颗粒细的分离效果好，但流速慢而费时，因此要依据实际的需要来选择。对于分子质量较小的物质，一般采用葡聚糖凝胶或聚丙烯酰胺凝胶材质的凝胶，大分子物质则使用琼脂糖凝胶。

以Sephadex为例，Sephadex G-50可用于区分相对分子质量1 500～30 000的分子，而Sephadex G-75凝胶可区分相对分子质量3 000～70 000的分子，所以若要分离相对分子质量10 000及20 000的分子，两种都适用。

2. 凝胶的处理

商品凝胶一般是干燥的颗粒，使用前要先泡在欲使用的冲洗液中，使它充分膨胀，否则有引起凝胶柱破裂的危险。热胀法是常用的前处理法，即把浸于冲洗液中的凝胶加热，让它膨胀并除去气泡，温度够高的话（加温至近沸腾）也可消毒杀菌。凝胶处理过程不能剧烈搅拌，否则易使颗粒破裂，影响流速。

将凝胶装入管柱的方法有很多种，实验室常用的方法是先在柱中加入约1/3体积的冲洗液，边轻轻搅拌边将凝胶悬浮液倒入其中，等到底部沉积1～2 cm的凝胶后，打开下方出口让水流出，上面不断加入悬浮液，等沉积到离顶部3～5 cm处停止，让3～5倍柱床体积的缓冲液流过层析柱。

冲洗缓冲液仅需留高于柱床2 cm左右，多余的可用滴管吸去，再将出口打开使冲洗液流到距表面1～2 cm，关闭出口，用滴管缓缓加入样品再打开出口，样品完全渗入凝胶内后，加入约4 cm冲洗液，出口处接上收集瓶开始层析。

3. 凝胶的保存

由于葡聚糖凝胶和琼脂糖凝胶都属于多糖类，一旦微生物生长过多，分泌的酶会水解凝胶使其性质改变，为了防止这种情况发生，凝胶最好采用真空或低温保存，但温度不能过低使凝胶冻结。加入抑菌剂，如氯己定（chlohexidine）、三氯丁醇（chlorbutol）、苯汞盐（phenylmercuric salt）、叠氮化钠（NaN_3）和氢氧化钠（NaOH）等也是常用的方法。长时间不用的凝胶可用干燥保存法，也就是把使用过的凝胶用水除去碎颗粒和杂质，再用不同浓度的乙醇，由70%、90%到95%逐步脱水，在60～80℃下烘干，不能加热的Sepharose则用乙醚洗涤干燥。

【基本操作】

1. 层析柱的选择

层析柱大小主要是根据样品量的多少及对分辨率的要求进行选择。

2. 凝胶柱的装填与鉴定

干胶颗粒充分溶胀处理后，将层析柱与地面垂直固定在架子上，下端流出口用夹子夹紧，柱顶可安装一个带有搅拌装置的较大容器，柱内充满洗脱液，将凝胶调成较稀薄的浆头液盛于柱顶的容器中，然后在微微地搅拌下使凝胶下沉于柱内，这样凝胶粒水平上升，直到所需高度为止，拆除柱顶装置，用相应的滤纸片轻轻盖在凝胶床表面。稍微放置一段时间，再开始流动平衡，流速应低于层析时所需的流速。在平衡过程中逐渐增加到层析的流速，千万不能超过最终流速。平衡凝胶床过夜，使用前要检查层析床是否均匀，有无“纹路”或气泡，或加一些有色物质来观察色带的移动，如带狭窄、均匀平整说明层析柱的性能良好，色带出现歪曲、散乱、变宽时必须重新装柱。

3. 加样和洗脱

凝胶床经过平衡后，在床顶部留下数毫升洗脱液使凝胶床饱和，再用滴管加入样品。一般样品体积不大于凝胶总床体积的5%～10%。样品浓度与分配系数无关，故样品浓度可以提高，但分子质量较大的物质，溶液的黏度将随浓度增加而增大，使分子运动受限，故样品与洗脱液的相对黏度不得超过1.5～2。样品加入后打开流出口，使样品渗入凝胶床内，当样品液面恰与凝胶床表面相平时，再加入数毫升洗脱液中洗管壁，使其全部进入凝胶床后，将层析床与洗脱液储瓶及收集器相连，预先设计好流速，然后分部收集洗脱液，并对每一馏分做定性、定量测定。

4. 凝胶柱的重复使用、凝胶回收与保存

一次装柱后可以反复使用，不必特殊处理，并不影响分离效果。为了防止凝胶染菌，可在一次层析后加入0.02%的叠氮钠，在下次层析前应将抑菌剂除去，以免干扰洗脱液的测定。

如果不再使用可将其回收，一般方法是将凝胶用水冲洗干净滤干，依次用70%、90%、95%乙醇脱水平衡至乙醇浓度达90%以上，滤干，再用乙醚洗去乙醇、滤干、干燥保存。湿态保存方法是凝胶浆中加入抑菌剂或水冲洗到中性，密封后高压灭菌保存。

(三) 凝胶层析的应用

前面介绍了凝胶层析的基本理论以及基本实验操作，下面简单介绍凝胶层析在生物学方面的应用。

1. 生物大分子的纯化

凝胶层析已广泛用于酶、蛋白质、氨基酸、多糖、激素和生物碱等物质的分离提纯。

2. 分子质量测定

用一系列已知分子质量的标准品放入同一凝胶柱内，在同一条件下层析，记录每一分钟成分的洗脱体积，并以洗脱体积对分子质量的对数作图，在一定分子质量范围内可得一直线，即分子质量的标准曲线。测定未知物质的分子质量时，可将此样品加在测定了标准曲线的凝胶柱内洗脱后，根据物质的洗脱体积，在标准曲线上查出它的分子质量。

3. 脱盐及去除小分子杂质

高分子（如蛋白质、核酸、多糖等）溶液中的低分子质量杂质，可以用凝胶层析法除去，这一操作称为脱盐。本法脱盐操作简便、快速、蛋白质和酶类等在脱盐过程中不易变性。适用的凝胶为 Sephadex G-10、Sephadex G-15、Sephadex G-25 或 Bio-Gel-p-2、Bio-Gel-p-4、Bio-Gel-p-6。柱长与直径之比为 5～15，样品体积可达柱床体积的 25%～30%，为了防止蛋白质脱盐后溶解度降低会形成沉淀吸附于柱上，一般用乙酸铵等挥发性盐类缓冲液使层析柱平衡，然后加入样品，再用同样缓冲液洗脱，收集的洗脱液用冷冻干燥法除去挥发性盐类。

4. 去热源物质

热源物质是指微生物产生的某些多糖蛋白复合物等使人体发热的物质。它们是一类分子质量很大的物质，所以可以利用凝胶层析的排阻效应将这些大分子热源物质与其他分子质量较小的物质分开。凝胶对热原有较强的吸附力，可用来去除无离子水中的致热原制备注射用水。

5. 溶液的浓缩

利用凝胶颗粒的吸水性可以对大分子样品溶液进行浓缩。通常将 Sephadex G-25 或 Sephadex G-50 干胶投入到稀的高分子溶液中，这时水分和低分子质量的物质就会进入凝胶粒子内部的孔隙中，而高分子物质则排阻在凝胶颗粒之外，再经离心或过滤，将溶胀的凝胶分离出去，就得到了浓缩的高分子溶液。这种浓缩方法基本不改变溶液的离子强度和 pH。

➢血清蛋白质盐析及分子筛层析脱盐

【实验目的】

本实验的目的是通过实验要求学会装柱、洗脱、收集等分子筛层析技术。

【实验原理】

本实验先用盐析法对血清蛋白进行初步分离，在半饱和的硫酸铵溶液中，血清白蛋白不沉淀，球蛋白沉淀，离心后白蛋白主要在上清液中，沉淀的球蛋白加少量蒸馏水使之溶解。由于血清白蛋白和球蛋白的分子质量比硫酸铵大得多，因而可用分子筛层析除去盐析后的白蛋白或球蛋白样品中的硫酸铵，使白蛋白或球蛋白得以纯化。

【实验材料】

1. 器材

层析柱，移液管，烧杯，滴管，玻璃棒，部分收集器，恒流泵，核酸蛋白检测仪，离心机，试管，滤纸，剪刀、镊子，塑料反应板，紫外分光光度计，透析袋，酸度计，秒表，天平。

2. 试剂

1) 0.3 mol/L，pH 6.5 乙酸铵（NH_4AC）缓冲液：称取乙酸铵 23.13 g，加入

800 mL蒸馏水中使之溶解，然后用稀乙酸或稀氨水调 pH 至 6.5。最后加蒸馏水定容至 1000 mL。

2）0.02 mol/L，pH 6.5 乙酸铵缓冲液：取上清液用蒸馏水作 15 倍稀释。

3）饱和硫酸铵溶液：称取固体硫酸铵 850 g，加 1000 mL 蒸馏水，于 70～80℃下搅拌促溶，室温中放置过夜，瓶底析出白色结晶，上清液即为饱和硫酸铵溶液；或加热溶解后，过滤，置于室温下放置，第二天滤液中出现的白色结晶，上清液即为饱和硫酸铵溶液。

4）200 g/L 磺基水杨酸。

5）10 g/L $BaCl_2$ 溶液。

【实验方法】

1. 硫酸铵盐析

取 2 mL 血清于离心管中，边摇边缓慢滴加饱和硫酸铵溶液 2 mL，混匀后室温放置 10 min，3000 r/min 离心 10 min，用滴管小心吸出上清液于另一试管中，作纯化白蛋白之用。沉淀加入 0.8 mL 蒸馏水，振摇使之溶解，作纯化 γ-球蛋白之用。

2. 分子筛层析除盐

1）凝胶 Sephadex G-25 的处理：取 Sephadex G-25 30 g，加到 1000 mL 蒸馏水中，轻轻摇匀，置水浴中煮沸 2 h，此间需经常摇之以使气泡排出，取出冷却，凝胶颗粒沉降后，倒去含有细微悬浮物的上层液；再加入 2 倍量 0.02 mol/L、pH 6.5 的乙酸铵缓冲液混匀，静默片刻，待绝大部分沉降后，倒去不沉的很细小微粒。经上述处理后的凝胶，最好再用水泵抽气，排除凝胶内的气泡。

2）装柱：将层析柱垂直固定于铁架上，在层析柱内加入 0.02 mol/L、pH 6.5 的乙酸铵缓冲液，排除“死体积”内的气泡，并将缓冲液放至 1/3 柱高，然后将上述处理好的、浓稠的凝胶悬液沿玻璃倒入柱内，注意不要产生气泡，凝胶要均匀，床面要平整。装柱后，接上恒压储液瓶，调整流速，用 0.02 mol/L、pH 6.5 的乙酸铵缓冲液平衡。

3）加样：取下储液瓶小心控制流速，使柱上缓冲液刚好降到凝胶床表面，立即用滴管取 1.6 mL 白蛋白或 0.8 mL γ-球蛋白样品。小心加到凝胶床的表面，要先中央，然后迅速沿柱内壁转一周。然后打开开关，控制流速，当样品进入凝胶表面时，用 0.5～1 mL 缓冲液洗涤管内壁，反复 2 次或 3 次，以洗掉沾在管壁上的样品。

4）洗脱：继续用 0.02 mol/L、pH 6.5 的乙酸铵缓冲液洗脱，随时用 20%磺基水杨酸检查流出液中是否含蛋白质，一出现蛋白质，立即收集，白蛋白收集 5 mL。如果是 γ-球蛋白收集 4 mL。然后继续洗脱，并用 $BaCl_2$ 溶液检查 SO_4^{2-}。

5）再生：用过的凝胶层析柱，可用大量 0.02 mol/L、pH 6.5 的乙酸铵淋洗，使之再生平衡，即可重复使用。

【注意事项】

实验完毕后，将凝胶全部回收处理，以备下次实验使用，严禁将凝胶丢弃或倒入水池中。

实验二　离子交换层析

【基本原理】

离子交换层析（ion exchange chromatography，IEC）法是从复杂的混合物中，分离性质相似大分子的方法之一，依据的原理是物质的酸碱性、极性，也就是所带阴阳离子的不同。电荷不同的物质，对管柱上的离子交换剂有不同的亲和力，改变冲洗液的离子强度和 pH，物质就能依次从层析柱中分离出来。离子交换层析法示意图见图 4-3。

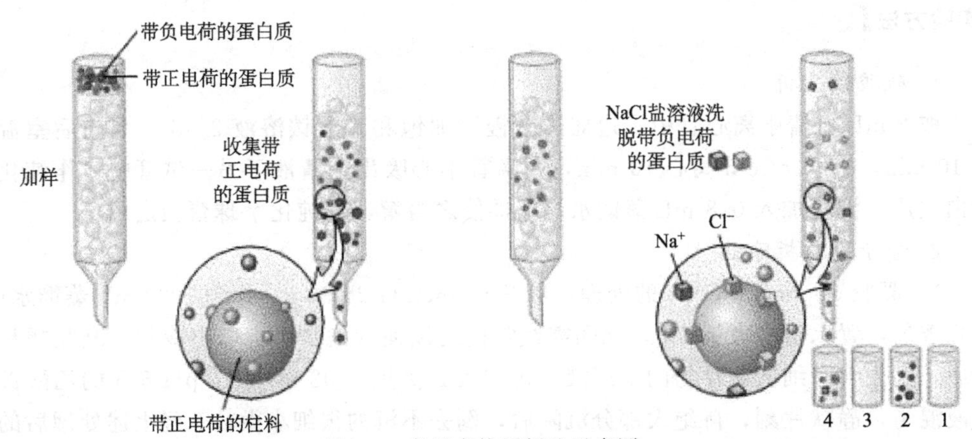

图 4-3　离子交换层析法示意图

离子交换树脂的交换反应是可逆的，遵循化学平衡的规律，定量的混合物通过管柱时，离子不断被交换，浓度逐渐降低，几乎全部都能被吸附在树脂上；在冲洗的过程中，由于连续添加新的交换溶液，所以会朝正反应方向移动，因而可以把树脂上的离子冲洗下来。

如果被纯化的物质是氨基酸类的分子，则分子上的净电荷取决于氨基酸的等电点和溶液的 pH，所以当溶液的 pH 较低，氨基酸分子带正电荷，它将结合到强酸性的阳离子交换树脂上；随着通过的缓冲液 pH 逐渐增加，氨基酸将逐渐失去正电荷，结合力减弱，最后被洗下来。由于不同的氨基酸等电点不同，这些氨基酸将依次被洗出，最先被洗出的是酸性氨基酸，如天冬氨酸（aspartic acid）和谷氨酸（glutamic acid）（在 pH 3～4时）；随后是中性氨基酸，如甘氨酸（glycine）和丙氨酸（alanine）。碱性氨基酸，如精氨酸（arginine）和赖氨酸（lysine）在 pH 很高的缓冲液中仍带有正电荷，因此这些氨基酸在 pH 高达 10～11 时才出现。

表 4-4　盐浓度对不同交换树脂交换能力的影响

种类	盐类浓度	pH	欲交换出的物质
阳离子交换树脂	高	高	高
阴离子交换树脂	高	低	高

（一）树脂材质

最常见的离子交换树脂材质是聚苯乙烯-苯二乙烯（polystyrenedivinylbenzene），它是由苯乙烯（styrene）和苯二乙烯（divinylbenzene）聚合产生的三维网状结构。例如，Dow 化学公司所生产的树脂 Dowex 50×8，表示含 8%苯二乙烯。

根据交换树脂的性能，分为阳离子交换树脂与阴离子交换树脂。

1. 阳离子交换树脂

阳离子交换树脂分为强酸型、中强酸型和弱酸型三类。强酸型树脂含有—SO_3H，中强酸型树脂含有—PO_3H_2、—PO_2H_2 或—O—PO_2H_2，弱酸型树脂含有—COOH或—OH。阳离子交换树脂进行的反应如下所示。

强酸性树脂

$$R-SO_3^- H^+ + Na^+ \rightleftharpoons R-SO_3^- Na^+ + H^+$$

中强酸性树脂

$$R-PO_3H_2 + Na^+ \rightleftharpoons R-PO_3HNa + H^+$$

弱酸性树脂

$$R-COOH + Na^+ \rightleftharpoons R-COO\,Na + H^+$$

2. 阴离子交换树脂

阴离子交换树脂分为强碱型、中强碱型和弱碱型三类，含有铵盐。四级铵盐[$-N^+(CH_3)_3$]为强碱型树脂；三级以下铵盐[$-N(CH_3)_2$]、[$-NHCH_3$]、[$-NH_2$]都属弱碱型树脂；同时具有强碱和弱碱型基团的为中强碱型的树脂。阴离子交换树脂进行的反应如下所示。

强碱性树脂

$$R-N^+(CH_3)_3OH^- + Cl^- \rightleftharpoons R-N^+(CH_3)_3Cl^- + OH^-$$

弱碱性树脂

$$R-N^+(CH_3)_2 + H_2O \rightleftharpoons R-N^+(CH_3)_2\,H + OH^-$$

$$R-N^+(CH_3)_2H \cdot OH^- + Cl^- \rightleftharpoons R-N^+(CH_3)_2HCl + OH^-$$

除树脂以外，纤维素（cellulose）、葡聚糖凝胶（Sephadex gel）和琼脂糖凝胶（Sepharose）也是常用的离子交换材质，它们具有亲水性和较大表面积的特性，对生物活性物质而言，是一个较为温和的环境，同时也是大分子所适用的分离纯化材质。常用的种类如表 4-5 所示。

表 4-5　几种常用离子交换树脂的比较

名　称	类　型	对抗离子
SP-Sephadex C-25，SP-Sephadex C-50	强酸性阴离子交换剂	Na^+
QAE-Sephadex A-25，QAE-Sephadex A-50	强碱性阴离子交换剂	Cl^-
CM-Sepharose 4B，CM-Sepharose 6B	弱酸性阳离子交换剂	Na^+
CM-Sephadex C-25，CM-Sephadex C-50	弱酸性阳离子交换剂	Na^+
DEAE-Sepharose 4B，DEAE-Sepharose 6B	弱碱性阴离子交换剂	Cl^-
DEAE-Sephadex 4-25，DEAE-Sephadex A-50	弱碱性阴离子交换剂	Cl^-

实验证明，纤维材质对蛋白质和核酸的分离纯化效果相当好，因为离子交换纤维的种类多，能依据不同分离目的使用，且功能基团主要在表面，对生物大分子的交换十分有利。

(二) 离子交换剂的选择

离子交换剂的选择，最重要的是保持欲分离物质的生物活性，以及在不同 pH 环境中此物质所带的电荷和电性强弱。

1. 阴阳离子交换剂的选择

若被分离物质带正电荷，如多黏菌素（polymyxin)、细胞色素 c（cytochrome c）这些碱性蛋白，它们在酸性溶液中较稳定，亲和力强，故采用阳离子交换剂；其他如肝素（heparin)、核苷酸（nucleic acid）这类酸性物质，在碱性溶液中较稳定，则使用阴离子交换剂；如果欲分离的物质是两性离子，一般考虑在它稳定的 pH 范围带有何种电荷，以作为交换剂的选择。以胰岛素（insulin）为例，它的等电点 pH 为 5.3，因此在 pH＜5.3（酸性）溶液中，采用阳离子交换剂；在 pH＞5.3 的碱性溶液中，使用阴离子交换剂。

简言之，已知等电点的物质，在高于等电点的 pH 条件下，因带有负电荷，应采用阴离子交换，在低于等电点的 pH 条件下，则采用阳离子交换。未知等电点的物质，在一定 pH 条件下进行电泳，向阳极移动较快的物质，在同样条件下可被阴离子交换剂吸附，向阴极移动较快的物质可被阳离子交换剂吸附。

2. 缓冲液的选择

缓冲液酸碱度的选择，决定于被分离物质的等电点、稳定性、溶解度和交换剂离子的 pK 值。使用阴离子交换纤维时要选用低于 pK 值的缓冲液，若欲分离的物质属于酸性，则缓冲液的 pH 要高于该物的等电点；用阳离子交换纤维时要选用高于 pK 值的缓冲液，如目的物属于碱性物质，缓冲液要低于该物等电点的 pH。

缓冲液离子以不干扰分离物活性测定、不影响待测物溶解度、不发生沉淀为原则，如使用 UV 吸收法测样品，那么嘧啶（pyridine）或巴比妥（barbital）这类会吸收 UV 的物质就不适用。

(三) 离子交换树脂的前处理

离子交换树脂使用前，先以蒸馏水除去其内的杂质，并以 NaOH 和 HCl 处理树脂，使其上的官能基完全露出。阴离子交换树脂先以 15 倍于树脂量的 0.5 mol/L HCl 浸泡 30～120 min，再以水清洗至 pH 7.0；之后用 0.5 mol/L NaOH 浸泡 30～1 20 min,同样以水清洗至 pH 7.0；最后用欲使用的缓冲液浸泡。阳离子交换树脂用 15 倍于树脂量的 0.5 mol/L NaOH 浸泡 30～120 min，以水清洗至 pH 7.0，之后用0.5 mol/L HCl 浸泡 30～120 min，再以水清洗至 pH 7.0；最后用欲使用的缓冲液浸泡。

➢离子交换层析纯化血清蛋白

【实验目的】

本实验的目的是通过实验要求学会装柱、洗脱、收集等离子交换柱层析技术。

【实验原理】

DEAE为阴离子交换剂，能吸附带负电荷的物质，在pH 6.5乙酸铵缓冲液条件下，兔血清中的白蛋白、α-球蛋白和β-球蛋白（血清白蛋白等电点pH为4.9，α-球蛋白及β-球蛋白等电点都小于6）均带负电荷，能被DE_{32}吸附，仅γ-球蛋白（pI约为7.3）带正电荷，不被吸附而直接流出，此时收集的即为提纯的γ-球蛋白。提高盐浓度至0.06 mol/L乙酸铵（NH_4AC）离子交换柱上的β-球蛋白和部分α-球蛋白可被洗脱下来。然后再将盐浓度增加到0.3 mol/L乙酸铵，则白蛋白被洗脱下来，此时收集的即为较纯的白蛋白。

【预习要求】

1）仪器设备知识：参见附录。

2）实验理论：参见生物化学教材相关内容。

【实验材料】

1. 器材

层析柱，移液管，烧杯，滴管，玻璃棒，部分收集器，恒流泵，核酸蛋白检测仪，离心机，试管，滤纸，剪刀、镊子，塑料反应板，紫外分光光度计，透析袋，酸度计，秒表，天平。

2. 试剂

1）0.3 mol/L，pH 6.5乙酸铵缓冲液：称取乙酸铵23.13 g，加入800 mL蒸馏水使之溶解，然后用稀乙酸或稀氨水调至pH 6.5。最后加蒸馏水定容至1000 mL。

2）0.06 mol/L，pH 6.5乙酸铵缓冲液：取0.3mol/L乙酸铵缓冲液用蒸馏水作5倍稀释。

3）0.02 mol/L，pH 6.5乙酸铵缓冲液：取0.06mol/L乙酸铵缓冲液用蒸馏水作3倍稀释。

4）1.5 mol/L，NaCl-0.3 mol/L乙酸铵溶液：称取NaCl 87.7 g，加0.3 mol/L、pH 6.5乙酸铵缓冲液至1000 mL。

5）饱和硫酸铵溶液：称取固体硫酸铵850 g，加1000 mL蒸馏水，于70～80℃下搅拌促溶，室温中放置过夜，瓶底析出白色结晶，上清液即为饱和硫酸铵溶液；或加热溶解后，过滤，置于室温下放置，第二天滤液中出现的白色结晶，上清即为饱和硫酸铵溶液。

6）200 g/L磺基水杨酸。

【实验方法】

1. DEAE纤维素的酸碱处理

按100 mL柱床，称取DE_{32} 15 g（每克加15 mL 0.5 mol/L HCl），倒入装有250 mL 0.5 mol/L HCl的烧杯中，搅拌放置30 min，用布氏漏斗抽滤除去酸液，然后

用大量蒸馏水洗涤至中性。再加入等量的 0.5 mol/L NaOH 液浸泡 30 min，抽滤，水洗至中性。

2. 平衡

经酸碱处理过的 DE_{32}用 0.02 mol/L 乙酸铵浸泡，滴入稀乙酸，调到 pH 6.5。

3. 装柱

将上述处理好的 DE_{32}悬液上柱，装柱时要注意不要有气泡，柱要均匀，表面要平整。装柱后，接上恒压储液瓶，用 0.02 mol/L、pH 6.5 乙酸铵冲洗平衡。

4. 加样

取下储液瓶，使柱上缓冲液面流至刚好下降到纤维素柱床表面，关上夹子，将 1mL 血清样品加到柱上，然后打开夹子，调整流速，至样品液面降到柱床表面为止。小心用 0.5～1 mL 0.02 mol/L pH 6.5 乙酸铵缓冲液洗涤粘在管壁上的蛋白质样品，反复 2 次或 3 次。

5. 洗脱

上样后，继续用 0.02 mol/L 乙酸铵淋洗，并随时用磺基水杨酸溶液监测是否含有蛋白质，一旦蛋白质出现，立即连续收集滤液，每管 3 mL，留作纯度鉴定。所得即为 γ-球蛋白。

然后用 0.3 mol/L、pH 6.5 乙酸铵继续洗脱，并用磺基水杨酸检测蛋白质，出现蛋白质时，收集滤液，每管 3 mL，留作纯度鉴定，所得为 α-球蛋白、β-球蛋白及白蛋白的混合物。

6. 再生

纤维素柱用过一次后，可用 1.5 mol/L NaCl-0.3 mol/L 乙酸铵溶液流洗，再用 0.02 mol/L、pH 6.5 乙酸铵缓冲液洗涤平衡后即可重复使用。若柱床顶部有洗脱不下来的杂质，应将其弃掉。如多次使用后杂质较多或流速慢，可将纤维素倒出，先用 1.5～2 mol/L NaCl 浸泡、水洗，再用酸处理后重新装柱。

7. 对流免疫电泳鉴定 IgG 的纯度

1）离子琼脂板的制备。将 1.5%离子琼脂加热融化，取 4 mL 缓慢倾注于琼脂板内（根据板的大小及琼脂厚度确定琼脂体积），琼脂凝固后即成离子琼脂板。用特制的打孔器打孔，用注射器针头将孔内的琼脂挑出。

2）加样。将驴抗兔 IgG 及洗脱流出液分别加入相对应的两排孔内，加样量与琼脂面平。

3）电泳。琼脂板两端用滤纸做桥，与电极槽内巴比妥缓冲液相连接，洗脱流出液孔端接电源负极，驴抗兔 IgG 孔端接正极。打开电源，电压维持在 4～9 V/cm，电流 1～4 mA/cm，电泳 20～60 min。在通电过程中打开电泳槽进行观察，如发现在抗原与抗体之间出现沉淀线，可立即关闭电源。

8. 结果

电泳检测出现沉淀线的管就是纯化的兔 γ-球蛋白所在管。

实验三　亲和层析

【基本原理】

亲和层析（affinity chromatography）也称为亲和色谱、功能层析（function chromatography）、生物专一吸附（biospecific adsorption）或选择层析（selective chromatography）。所谓的亲和力，为生物大分子和其配体（ligand）之间形成可逆结合的能力，如酵素和它的受质（substrate）、抗体和抗原、激素和受体（receptor）、RNA和其互补的DNA等，亲和层析就是根据这种亲和力发展出来的纯化方法。例如，将酶的受质接在固体支持物上，再用此支持物填装管柱，当含有这种酶的样品溶液通过管柱时，酶便被吸附在管柱上，其他的蛋白质及杂质不被吸附，全部从层析柱流出，最后使用适当的缓冲液，将欲分离的酶从柱中洗出来，经过这些步骤便能得到纯化的酶。亲和层析原理见图4-4，整个过程包括：①配体与样品可形成能解离的物质；②配体结合于支持物上；③亲和层析柱可吸附样品，去除杂质；④将样品洗出。

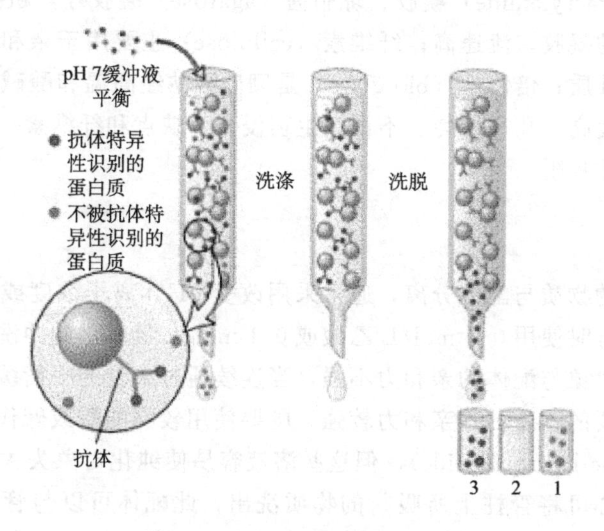

图4-4　亲和层析原理示意图

【材料选择】

欲进行亲和层析，配体的选择相当重要，配体可以是辅酶、酶的抑制剂或抗体，具备的条件如下所述。

1）能与欲分离的物质进行专一性的结合，亲和力越大越好。

2）配体与分子结合后，在一定的条件下又能解离，而且不会因解离破坏原本的生物活性。

3）配体上具有能联结到固体支持物上的基团，结合后不影响它与欲分离物质的结合专一性。

在实际操作上，若要纯化的是某一种酶，则配体选用此酶的竞争性抑制剂、受质、辅酶或是效应剂（effector）；若要纯化酶的抑制剂，就选用此酶作为配体；纯化能与某维生素结合的蛋白质，可以使用这种维生素当配体；纯化激素的受体，选用激素当配体。纯化核酸可利用核酸与蛋白质的交互作用、DNA之间的互补关系、DNA与RNA的杂交，运用适当的配体。

亲和层析中与配体连接的支持物多为凝胶，凝胶应具备以下条件。

1）不溶于水，但具有亲水性，如此配体才容易接近水溶液中的欲分离物。

2）化学惰性，没有（或极少）离子交换这一类非专一性的结合。

3）具有足够的化学基团，经活化后能与大量的配体结合。

4）最好是均一的球状颗粒，制成的管柱才能有较佳的流速。

5）具有多孔网状结构，方便大分子自由通过。

6）物理及化学性质稳定，不因洗出时改变的各种pH、离子浓度、温度或界面活性剂而改变其结构。

亲和层析使用的支持物种类，部分与胶体过滤法重复，除葡聚糖（polydextran）、聚丙烯酰胺（polyacrylamide）凝胶、琼脂糖（agarose）凝胶外，超凝胶（ultrogel）是能承受较大压力的凝胶，流速高；纤维素（cellulose）主要用于亲和免疫层析，但它有非专一性吸附的性质；倍骼生（bio-glass）是硼硅酸钠经高温和酸碱处理制成的多孔玻璃，质地硬、强度高、孔径均匀、不怕微生物侵袭，缺点和纤维素一样，它的表面对蛋白质也有非专一性吸附。

【样品分离】

要使欲分离的物质与配体分离，通常采用改变pH、离子浓度或缓冲液的组成，使其亲和力降低，有时使用0.1 mol/L乙酸或0.1 mol/L氢氧化钠冲洗，就能得到不错的效果。如果纯化对象与配体的亲和力不强，当连续通过大量的平衡缓冲液，就能在杂质洗出后，得到所要的物质；若亲和力较强，则要使用较强的酸或碱作为冲洗液，或添加盐酸胍（guanidine hydrochloride），但这些溶液容易使纯化对象失去生物活性；用较高浓度的配体溶液亦可将管柱上所吸附的物质洗出，此配体可以与管柱上的配体相同或相异。

对于亲和力小的物质，上柱的样品最好是体积小而浓度高、黏度较大的溶液，可以将一定量的配体加到待分离的溶液中，搅拌平衡一段时间，进行过滤或离心，最后进行洗出的步骤。由于生物大分子和其配体间达到反应平衡的速度很慢，样品上柱的流速要尽量慢；通常亲和力会随温度增高而降低，其中一例是将乳酸脱氢酶从管柱上的磷酸腺苷（AMP）洗下来时，所需的NADH浓度随温度增高而减少，在0～10℃时尤其明显，因此如果待分离的物质在4℃可被紧密吸附，在25℃以上容易被洗下来，则可在4℃环境下进行亲和吸附，在25℃以上的环境进行洗出的步骤。

【亲和层析法的应用】

1. 核酸的纯化

因为DNA与RNA之间具有专一性的亲和力，所以亲和层析也应用于核酸的研究，在这当中，单股DNA与纤维素组合的凝胶，已成为分离mRNA的重要方法之一。例如，欲从大肠杆菌的RNA混合物中分离出专一于噬菌体T4的RNA，可将T4的DNA以共价键结方式接于纤维素材质的管柱中，再将所要的RNA分离出来。

此外，根据核酸与蛋白质之间交互作用的原理，可以将单股DNA接在琼脂糖（Sepharose）上，纯化DNA聚合酶或RNA聚合酶。

2. 激素受体的纯化

激素受体是细胞膜上与特定激素结合的成分，激素和受体的作用具有特异性，目前用亲和层析法已经能借由激素与琼脂糖的组合，纯化胰岛素、正甲状腺素的受体。

3. 抗体与抗原的纯化。

抗体与它相对应抗原的结合具有高度专一性，琼脂糖是这一类亲和层析较佳的载体，由于抗原-抗体复合物的解离常数很低，因此抗原在固定化抗体上被吸附后，要尽快将它洗出，冲洗液的条件通常是控制pH至3以下，组成为乙酸、盐酸、甘胺酸-盐酸缓冲液、20%甲酸或1 mol/L丙酸，也有使用尿素这一类的蛋白质变性剂作为洗出用的溶液。

4. 酶和酶的抑制剂纯化

使用亲和层析法纯化酶，可以得到相当好的效果。例如，要分离猪和牛的胰蛋白酶，可以连接鸡卵黏蛋白（胰蛋白酶的抑制剂）与琼脂糖4B作为层析柱材质，用它纯化出来的胰蛋白酶相当于5次再结晶的纯度。除使用抑制剂作为配体，也可以反过来用酶作为配体来纯化抑制剂。例如，将胰蛋白酶接到琼脂糖上，能有效分离纯化大肠杆菌中的胰蛋白抑制剂Ecotin。

➢亲和色谱分离GST融合蛋白

【实验目的】

本实验的目的是通过实验要求学会装柱、洗脱、收集等亲和层析技术。

【实验原理】

pGEX质粒是一种可以在大肠杆菌细胞内高水平表达外源基因的诱导型表达质粒。在IPTG的诱导下，外源基因与GST共同表达形成融合蛋白。将细菌细胞裂解后，用谷胱甘肽-琼脂糖凝胶4B（glutathione Sepharose 4B）亲和层析法可以纯化融合蛋白。

【实验材料】

1. 器材

层析柱，移液管，烧杯，滴管，玻璃棒，部分收集器，恒流泵，核酸蛋白检测仪，离心机，试管，滤纸，剪刀、镊子，塑料反应板，紫外分光光度计，透析袋，酸度计，秒表，天平。

2. 试剂

裂解缓冲液：50 mmol/L Tris-HCl，2 mmol/L EDTA，0.1% Triton X-100（pH 7.0）。

1 × PBS：140 mmol/L NaCl，2.7 mmol/L KCl，10 mmol/L Na_2HPO_4，1.8 mmol/L KH_2PO_4（pH 7.3）。

还原型谷胱甘肽洗脱缓冲液（glutathione elution buffer）：0.154 g 还原型谷胱甘肽（reduced glutathione）溶于 50 mL 50 mmol/L Tris-HCl 中，pH 8.0。

【实验方法】

1. MSTN 功能区融合蛋白的诱导

将鉴定好的阳性转化菌接种于 5 mL（含 50 μg/μL 氨苄青霉素，Amp^+）液体 LB 后，37℃空气浴，120 r/min 振摇培养过夜，次日，将此培养液按 1 ： 100 的量接种于 500 mL LB 液体培养基（Amp^+）中，至对数生长期时（OD_{600}≈0.5，约 3 h），开始诱导，诱导条件为：IPTG 终浓度为 0.2 mmol/L，诱导温度 37℃，诱导培养时间 5 h。

2. 细菌裂解

菌体称湿重，用洗涤缓冲液悬起菌体，4℃，12 000 r/min，离心 10 min，共洗涤 3 次。按 5 倍菌体体积的冰冷裂解缓冲液，反复冻融 3 次，每克湿菌中加入 2 μL 100 mmol/L苯甲基磺酰氟（PMSF）储液，溶菌酶（10 mg/mL）50 μL，以及适量 TE，室温放置 20 min 后，超声至溶液透明，黏度比较低时停止；将彻底破碎的菌体 4℃离心（12 000 r/min，20 min），弃沉淀，保留超声后上清液。

3. 装柱

将用 1×PBS 平衡的谷胱甘肽-琼脂糖凝胶 4B 装到层析柱中。

4. 安装系统

将层析系统各部件（层析柱、蠕动泵、核酸蛋白检测仪、记录仪、部分收集器）连接好。

用 PBS 洗柱，调好系统。

5. 上样

待 PBS 基本全部进入柱内后，上样 5 mL。

上样时，调低蠕动泵运转速度。核酸蛋白检测仪灵敏度调至 1 A。

6. 洗杂蛋白

用 15 mL 1×PBS 洗柱，直到光密度值降为 0。

7. 洗脱

用 5 mL 还原型谷胱甘肽洗脱缓冲液洗脱。洗脱液进入柱中后，洗脱液在柱中停留 10 min。重复洗脱 1 次或 2 次。

溶解于 50 mL 50 mmol/L Tris-HCl 中，将 pH 调为 8.0。

8. 柱再生

1）用两倍柱床体积（bed volume）的 0.1 mol/L Tris-HCl 和 0.5 mol/L NaCl 溶液（pH 8.5）冲洗凝胶。

2）用两倍柱床体积的 0.1 mol/L 乙酸钠和 0.5 mol/L NaCl 溶液（pH 4.5）冲洗凝胶。

3）重复上述步骤 3 次或 4 次。

4）加 3～5 倍柱床体积的 1×PBS 进行重平衡。

【注意事项】

如果凝胶结合能力下降，可能是因为沉淀太多、或有变性的或非特异结合的蛋白。此时，应该用两倍柱床体积的 6 mol/L 盐酸胍冲洗，然后立即用 5 倍柱床体积的 1×PBS 冲洗。

要除去疏水性结合底物，用 3～4 倍柱床体积的 70％乙醇或两倍柱床体积的非离子去污剂冲洗，然后立即用 5 倍柱床体积的 1×PBS 冲洗。

层析柱长期保存时，应做以下处理：用 10 倍柱床体积的 1×PBS 冲洗；再用 20％乙醇冲洗；4℃保存。在再次使用前用 1×PBS 重平衡。

第五部分　分光光度技术

分光光度技术（spectro-technique）是利用紫外光、可见光、红外光和激光等测定物质的吸收光谱，并利用此吸收光谱对物质进行定性定量分析和物质结构分析的方法，或称为分光光度法。使用的仪器称为分光光度计，这种分光光度计灵敏度高、测定速度快、应用范围广，其中的紫外/可见分光光度技术更是生物化学研究工作中必不可少的基本手段之一。

有色溶液对光线有选择性吸收的作用，不同物质由于其分子结构不同，对不同波长线的吸收能力也不同，因此，每种物质都具有其特异的吸收光谱。有些无色溶液，虽对可见光无吸收作用，但所含物质可以吸收特定波长的紫外线或红外线。利用分光光谱来鉴定物质性质及含量的技术（分光光度法），其理论依据主要是指利用物质特有的Lambert-Beer定律。

分光光度法是比色法的发展。比色法只限于在可见光区，分光光度法则可以扩展到紫外光区和红外光区。比色法用的单色光是来自滤光片，谱带宽度从40～120 nm，精度不高，而分光光度法则要求近于真正单色光，其光谱带宽最大不超过3～5 nm，在紫外区可到1 nm以下，来自棱镜或光栅，具有较高的精度。

【实验原理】

（一）光的基本知识

光是由光量子组成的，具有二重性，即不连续的微粒和连续的波动性。波长和频率是光的波动性特征，可用下式表示：

$$\lambda = \frac{C}{V}$$

式中，λ为波长，具有相同的振动相位的相邻两点间的距离叫波长；V为频率，即每秒钟振动次数；C为光速等于299 792 458 m/s。光属于电磁波，自然界中存在各种不同波长的电磁波。分光光度法所使用的光谱为200 nm～10 μm（1 μm= 1000 nm）。其中200～400 nm为紫外光区，400～760 nm为可见光区，760～10 000 nm为红外光区。

（二）Lambert-Beer定律

Lambert-Beer定律是比色分析的基本原理，这个定律是有色溶液对单色光的吸收程度与溶液及液层厚度间的定量关系。此定律是由Lambert定律和Beer定律归纳而得。

1. Lambert定律

一束单色光通过溶液后，由于溶液吸收了一部分光能，光的强度就要减弱：若溶液浓度不变，则溶液的厚度越大（即光在溶液中所经过的途径越长），光的强度减低也越显著。

$$\frac{dI}{I} = -a\,dl \text{ 积分后得：} I = I_0 e^{-al} \tag{1}$$

式中，I 为入射光强度；I_0 为通过溶液介质后的光强度；l 为溶液介质的厚度；e 为自然对数的度，为 2.718；a 溶液介质的吸收系数。

式（1）可改为

$$\ln \frac{I_0}{I} = al \tag{2}$$

将式（2）换算成常用对数式，即

$$\ln \frac{I_0}{I} \times 0.4343 = 0.4343 \times al$$

$$\log \frac{I_0}{I} = 0.4343 \times al$$

令

$$K_i = 0.4343 \times a$$

则

$$\log \frac{I_0}{I} = K_i \times l \tag{3}$$

式中，K_i 为常数，与照射的波长和溶液性质有关。

2. Beer 定律

以溶液介质浓度变化代替溶液介质厚度的改变，光能的吸收与浓度改变有类似的关系。即一束单色光通过溶液介质时，光能被溶液介质吸收一部分，吸收多少与溶液介质浓度有一定比例关系。依据 Lambert 定律中同样的推导可导出下式：

$$\log \frac{I_0}{I} = K_2 C \tag{4}$$

式中，C 为溶液介质的浓度；K_2 为常数，与照射的波长和溶液的性质有关。

Lambert 定律和 Beer 定律合并，即式（3）和式（4）合并为

$$\log \frac{I_0}{I} = KCl \tag{5}$$

令

$$A = \log \frac{I_0}{I} \quad T = \frac{I_0}{I}$$

则

$$A = KCl \tag{6}$$

$$A = \log T$$

式中，K 为常数，称为消光系数（extinction coefficient，E）或吸光系数；A 为吸光度（absorbance）、光密度（optical density，O. D 或 D）；T 为透光度。

3. Lambert-Beer 定律

式（6）为 Lambert-Beer 定律的物理表达式，其含义为：一束单色光通过溶液介质后，光能吸收一部分，吸收多少与溶液的浓度和厚度成正比。此式为分光光度法的基本计算式。

紫外光和可见光除可以用于某些生物大分子物质定量分析外，根据不同物质具有其特异的吸收光谱，还可用于定性鉴定。

【分光光度计基本结构】

能从含有各种波长的混合光中将每一单色光分离出来并测量其强度的仪器称为分光光度计（spectrometer)。

分光光度计因使用的波长范围不同而分为紫外光区、可见光区、红外光区及全波段分光光度计等。无论哪一类分光光度计都由下列 5 部分组成，即光源、单色器、狭缝、样品池、检测器系统，如图 5-1 所示。

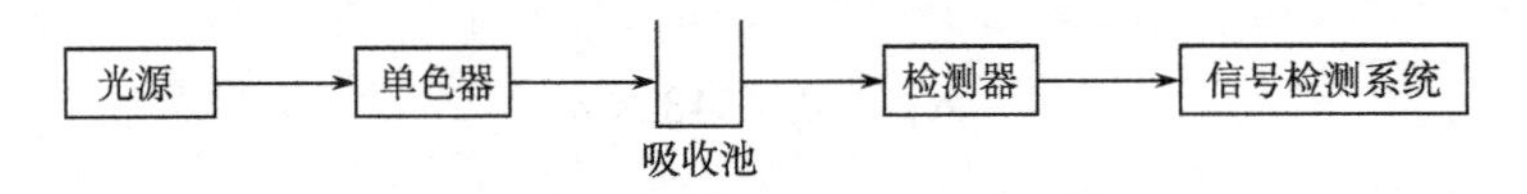

图 5-1 紫外-可见分光光度计基本结构示意图

(一) 光源

光源要求能提供所需波长范围的连续光谱，稳定而有足够的强度。常用的有钨灯、气体放电灯（氢灯、氘灯及氙灯等）积金属弧灯（各种汞灯）等多种。

钨灯发射 320～2000 nm 连续光谱，最适宜工作范围为 360～1000 nm，稳定性好，作为可见光分光光度计的光源。氢灯和氘灯能发射 150～400 nm 的紫外光，可作为紫外光区分光光度计的光源。红外线光源则由纳恩斯特（Nernst）棒产生，此棒由 n_{ZrO_2}：$n_{Y_2O_3}$＝17：3（Zr 为锆、Y 为钇）或 Y_2O_3、GeO_2（Ge 为锗）及 ThO_2（Th 为钍）的混合物制成。汞灯发射的不是连续光谱，能量绝大部分集中在 253.6 nm 波长外，一般作波长校正用。钨灯在出现灯管发黑时应及时更换，如换用的灯型号不同，还需要调节灯座位置的焦距。氢灯及氘灯的灯管或窗口是石英的，且有固定的发射方向，安装时必须仔细校正，接触灯管时应戴手套以防留下污迹。

(二) 分光系统（单色器）

单色器是指能从混合光波中分解出来所需单一波长光的装置，由棱镜或光栅构成。用玻璃制成的棱镜色散力强，但只能在可见光区工作，石英棱镜工作波长为 185～4000 nm，在紫外区有较好的分辨力，而且也适用于可见光区和近红外区。棱镜的特点是波长越短，色散程度越好，越向长波一侧越差。所以用棱镜的分光光度计，其波长刻度在紫外区可达 0.2 nm，而在长波段只能达到 5 nm。有的分光光系统是衍射光栅，即在石英或玻璃的表面上刻划许多平行线，刻线处不透光，于是通过光的干涉和衍射现象，较长的光波偏折的角度大，较短的光波偏折的角度小，因而形成光谱。

(三) 狭缝

狭缝是指由一对隔板在光通路上形成的缝隙，用来调节入射单色光的纯度和强度，也直接影响分辨力。狭缝可在 0～2 mm 宽度内调节，由于棱镜色散力随波长不同而变化，较先进的分光光度计的狭缝宽度可随波长一起调节。

(四) 比色环

比色环有两种，一是光电池，二是光电管。光电池的组成种类繁多，最常见的是硒光电池。光电池受光照射产生的电流颇大，可直接用微电流计量出。但是，当连续照射一段时间会产生疲劳现象而使光电流下降，要在暗中放置一些时候才能恢复。因此使用时不宜长期照射，随用随关，以防止光电池因疲劳而产生误差。

光电管装有一个阴极和一个阳极，阴极是用对光敏感的金属（多为碱土金属的氧化物）做成，当光射到阴极且达到一定能量时，金属原子中电子发射出来。光越强，光波的振幅越大，电子放出越多。电子是带负电的，被吸引到阳极上而产生电流。光电管产生电流很小，需要放大。分光光度计中常用电子倍增光电管，在光照射下所产生的电流比其他光电管要大得多，这就提高了测定的灵敏度。

检测器产生的光电流以某种方式转变成模拟的或数字的结果，模拟输出装置包括电流表、电压表、记录器、示波器及与计算机联用等，数字输出则通过模拟/数字转换装置，如数字式电压表等。

【基本应用】

分光光度计采用一个可以产生多个波长的光源，通过系列分光装置，从而产生特定波长的光源，光源透过测试的样品后，部分光源被吸收，计算样品的吸光值，从而转化成样品的浓度，样品的吸光值与样品的浓度成正比。不同样品在不同的波长下吸光度不同，某些样品会在某波长下有特殊的最大吸收。也可应用此法检测样品的纯度。

(一) 测定溶液中物质的含量

可见光或紫外分光光度法都可用于测定溶液中物质的含量。测定标准溶液（浓度已知的溶液）和未知液（浓度待测定的溶液）的吸光度，进行比较，由于所用吸收池的厚度是一样的。也可以先测出不同浓度的标准液的吸光度，绘制标准曲线，在选定的浓度范围内标准曲线应该是一条直线，然后测定出未知液的吸光度，即可从标准曲线上查到其相对应的浓度。

含量测定时所用波长通常要选择被测物质的最大吸收波长，这样做有两个好处：①灵敏度大，物质在含量上的稍许变化将引起较大的吸光度差异；②可以避免其他物质的干扰。

(二) 用紫外光谱鉴定化合物

使用分光光度计可以绘制吸收光谱曲线。方法是用各种波长不同的单色光分别通过某一浓度的溶液，测定此溶液对每一种单色光的吸光度，然后以波长为横坐标，以吸光度为纵坐标绘制吸光度-波长曲线，此曲线即吸收光谱曲线。各种物质有它自己一定的吸收光谱曲线，因此用吸收光谱曲线图可以进行物质种类的鉴定。当一种未知物质的吸收光谱曲线和某一已知物质的吸收光谱曲线变化一样时，则很可能它们是同一物质。一定物质在不同浓度时，在其吸收光谱曲线中，峰值的大小不同，但形状相似，即吸收高峰和低峰的波长是一定不变的。紫外线吸收是由不饱和的结构造成的，含有双键的化合物表现出吸收峰。紫外吸收光谱比较简单，同一种物质的紫外吸收光谱应完全一致，但具有相同吸收光谱的化合物其结构不一定相同。除特殊情况外，单独依靠紫外吸收光谱决定一个未知物结构，必须与其他方法配合。紫外吸收光谱分析主要用于已知物质的定量分析和纯度分析。

实验四　蛋白质的定量检测

蛋白质含量测定目前常用的有定氮法、双缩脲法（Biuret 法）、Folin-酚试剂法（Lowry 法）和紫外吸收法 4 种方法。另外还有一种近 10 年才普遍使用的考马斯亮蓝法（Bradford 法）。其中 Bradford 法和 Lowry 法灵敏度最高，比紫外吸收法灵敏 10～20 倍，比 Biuret 法灵敏 100 倍以上。

凯氏定氮法是应用待测物与浓硫酸共热，生成二氧化碳、水和硫酸铵，硫酸铵再与浓碱反应游离出氨，氨再与硼酸反应，使氢离子浓度下降，再用无机酸滴定，根据消耗的酸量，计算出待测物中的氮量，从而换算出待量物中蛋白质的含量。这种方法操作繁琐，但较准确，往往以定氮法测定的蛋白质作为其他方法的标准蛋白质。在这里我们主要学习用光谱学方法来检测蛋白质的含量，这种方法简便快捷。

值得注意的是，这后 4 种方法并不能在任何条件下适用于任何形式的蛋白质，因为一种蛋白质溶液用这 4 种方法测定，有可能得出 4 种不同的结果。在选择方法时应考虑：①实验对测定所要求的灵敏度和精确度；②蛋白质的性质；③溶液中存在的干扰物质；④测定所要花费的时间。

Bradford 法，由于其突出的优点，正得到越来越广泛的应用。

➤蛋白质的直接定量（UV）检测

【实验原理】

蛋白质分子中的酪氨酸和色氨酸等芳香氨基酸含有共轭双键，在 280 nm 处对紫外光具有最大吸收值，且吸收程度与浓度成正比。利用这一性质可以来测定蛋白质的浓度。

【实验材料】

1）9 g/L NaCl 溶液。

2）标准牛血清白蛋白溶液：牛血清白蛋白 0.1 g 加生理盐水定容到 100 mL。

3）待测血清样品：取兔血清 0.1 mL，用生理盐水稀释到 20 mL。

【实验方法】

（一）280 nm 直接检测法

直接测定标准蛋白质溶液和未知蛋白质溶液在波长 280 nm 处的光密度，然后应用下列公式进行计算得出未知蛋白质溶液的浓度。

$$未知蛋白质浓度\ (mg/mL) = \frac{未知蛋白质管光密度值}{标准蛋白质管光密度值} \times 1mg$$

(二) 标准曲线法

标准曲线的制作：取 8 支试管，按表 5-1 操作。

表 5-1　标准曲线制作

试剂	管号							
	0	1	2	3	4	5	6	7
标准牛血清白蛋白溶液/(mg/mL)	0	0.5	1.0	1.5	2.0	2.5	3.0	3.5
蒸馏水/mL	4.0	3.5	3.0	2.5	2.0	1.5	1.0	0.5
蛋白质含量/(mg/mL)	0	0.125	0.25	0.375	0.5	0.625	0.75	0.875

分别测得各管 280 nm 处的 OD 值，并以蛋白质浓度为横坐标，以 OD 值为纵坐标，绘制标准曲线。根据测定样品的 OD 值（280 nm），可查找出蛋白质浓度。

(三) 280 nm 和 260 nm 的吸收差法

由于核酸在 280 nm 处也有吸收，会干扰蛋白质的测定，所以同时测定 280 nm 和 260 nm 的光密度值，然后算出蛋白质的浓度。方法是首先以生理盐水调零点，测定蛋白质溶液在 280 nm 和 260 nm 吸收值，然后根据经验公式计算出每毫升溶液中蛋白质的含量。

$$1.45 \times OD_{280nm} - 0.74 \times OD_{260nm} = 蛋白质浓度\ (mg/mL)$$

本法对于酪氨酸和色氨酸含量相仿的蛋白质之间检测误差小，对这些氨基酸含量相差悬殊的蛋白质误差较大。

蛋白质直接定量方法，适合测试较纯净、成分相对单一的蛋白质。紫外直接定量法相对于比色法来说，速度快、操作简单；但是容易受到平行物质的干扰，如 DNA 的干扰；另外，敏感度低，要求蛋白的浓度较高。

➢比色法蛋白质定量

蛋白质样品通常是多种蛋白质的复合物，比色法测定的基础是蛋白质构成成分：氨基酸（如酪氨酸，丝氨酸）与外加的显色基团或染料反应，产生有色物质。有色物质的浓度与蛋白质反应的氨基酸数目直接相关，从而反映蛋白质浓度。

比色方法一般有 Lowry、BCA、Bradford 及双缩脲法等几种方法。

一、Bradford 法检测蛋白质含量

【实验原理】

Bradford 方法的原理是蛋白质与考马斯亮蓝 G-250 结合反应，产生红色至蓝色的有色化合物，当考马斯亮蓝 G-250 单独存在时为红色，当其与蛋白质结合后，其颜色变为蓝色。所形成的复合物在 595 nm 处有特异的吸收。该测定方法灵敏度较高，是 Lowry 和 BCA 两种测试方法的 2 倍；操作更简单，速度更快；只需要一种反应试剂，考马斯亮蓝 G-250 与蛋白质结合迅速，2 min 内即可完成，在 5～20 min，颜色的稳定性最好，化合物可以稳定 1 h，其颜色深浅与蛋白质浓度成正比，而且与一系列干扰 Lowry、BCA 反应的还原剂［如二硫苏糖醇（DTT）、巯基乙醇］相容。但对去污剂依然敏感。最主要的缺点是该法用于不同蛋白质测定时有较大的偏差，在制作标准曲线时通常选用 γ-球蛋白为标准蛋白质，以减少这方面的偏差。标准曲线也有轻微的非线性，因而不能用 Beer 定律进行计算，而只能用标准曲线来测定未知蛋白质的浓度。仍有一些物质干扰此法的测定，主要的干扰物质有去污剂、Triton X-100、SDS 和 0.1 mol/L 的 NaOH。

【实验材料】

1. 考马斯亮蓝 G-250 溶液

取考马斯亮蓝 G-250 100 mg 溶解于 50 mL 95％乙醇中，再加入 100 mL 850 mL/L 磷酸，定容至 1000 mL

2. 标准蛋白质溶液

称取 0.1 g 牛血清白蛋白，加生理盐水定容到 100 mL。

3. 待测样品（200 倍稀释血清）

取兔血清 0.2 mL 加蒸馏水 39.8 mL，混匀备用。

【实验方法】

1. 标准曲线的绘制

取 5 支试管，按表 5-2 操作。

表 5-2　标准曲线制作

试剂	空白	1	2	3	4	5
标准白蛋白溶液/(mg/mL)	—	0.02	0.04	0.06	0.08	0.1
生理盐水/mL	0.1	0.08	0.06	0.04	0.02	—
考马斯亮蓝 G-250 溶液/mL	5.0	5.0	5.0	5.0	5.0	5.0

混匀，放置 2 min，检测 595 nm 处 OD 值，然后绘制标准曲线。

2. 样品的测定

取 2 支试管，按表 5-3 操作。

表 5-3　样品的测定

试剂	测定管	空白管
稀释 8 倍后血清/mL	0.01	—
生理盐水/mL	—	0.01
考马斯亮蓝 G-250 溶液/mL	5.0	5.0

混匀，放置 2 min，检测 595 nm 处 OD 值，在标准曲线上查找结果。

3. 计算

由样品的光密度值在标准曲线上查出相应的标准蛋白质含量，再折算成每毫升血清稀释液含蛋白质的微克数，然后乘以稀释倍数，得出每毫升稀释血清含蛋白质的克数，最后，再折算成 100 mL 血清中含蛋白质的克数。

二、双缩脲法检测蛋白质含量

【实验原理】

双缩脲（$NH_3CONHCONH_3$）是两个分子脲经 180℃左右加热，放出一个分子氨后得到的产物。在碱性溶液中双缩脲与硫酸铜反应生成紫红色络合物，称为双缩脲反应。凡具有两个酰胺基或两个直接连接的肽键，或通过一个中间碳原子相连的肽键，这类化合物都有双缩脲反应。蛋白质分子中含有许多肽键（—CONH—），在碱性溶液中能与 Cu^{2+} 反应产生紫红色化合物，其最大光吸收在 540 nm 处。在一定范围内，其颜色的深浅与蛋白质浓度成正比，而与蛋白质的分子质量及氨基酸的组成无关，因此，可以利用比色法测定蛋白质浓度。该法测定蛋白质的浓度为 1～10 mg/mL。此法的优点是较快速，不同的蛋白质产生颜色的深浅相近，以及干扰物质少。主要的缺点是灵敏度差。因此双缩脲法常用于需要快速，但并不需要十分精确的蛋白质测定。

双缩脲分子结构：

$$H_2N-C(=O)-NH_2 + H_2N-C(=O)-NH_2 \xrightarrow{\Delta 180℃} H_2N-C(=O)-NH-C(=O)-NH_2$$

紫红色铜双缩脲络合物分子结构：

```
     |                                |
   O=C                                C=O
      H\NH.                     .HN/H
   R—C      `.               .'       C—R
     |        `.           .'         |
   O=C          `  Cu2+  '           C=O
      H\NH. '               ` .HN/H
   R—C                                C—R
     |                                |
```

【实验材料】

1）中试管 7 支，1 mL 刻度吸管 3 支，10 mL 刻度吸管 1 支，水浴箱，721 型分光光度计，坐标纸。

2）6 mol/L NaOH：称取 240 g NaOH 溶于 1000 mL 水中。

3）双缩脲试剂：称取 $CuSO_4 \cdot 5H_2O$ 3.0 g，酒石酸钾 9.0 g 和碘化钾 5.0 g，分别溶解后混匀，加 6 mol/L NaOH l00 mL，最后加水至 1000 mL，储存于棕色瓶中，避光，可长期保存。如有暗红色沉淀出现，即不能使用。

4）0.9% NaCl。

5）蛋白质标准液（10 mg/mL），称取干燥的牛血清白蛋白 100.0 mg，以少量生理盐水溶解后倒入 10 mL 容量瓶中，淋洗称量瓶数次，一并倒入容量瓶中，最后加生理盐水至刻度线，或用凯氏定氮法测定血清蛋白质含量，然后稀释成 10 mg/mL 作为蛋白质标准液。

6）待测血清样本：将人血清或动物血清用生理盐水稀释 10 倍后再测定。

【实验方法】

1. 标准曲线的制作

取 6 支干净的试管，按 0→5 编号，然后按表 5-4 依次加入试剂，充分混匀，在室温下放置 30 min，以 0 号管为空白，在 550 nm 波长处测定 OD 值，以蛋白质含量（mg）为横坐标，OD 值为纵坐标，画出标准曲线。

表 5-4　标准曲线的制作

试剂	0	1	2	3	4	5
蛋白质标准液/mL	0	0.2	0.4	0.6	0.8	1.0
蒸馏水/mL	1.0	0.8	0.6	0.4	0.2	0
双缩脲试剂/mL	4.0	4.0	4.0	4.0	4.0	4.0

2. 样品测定

取样品液 1.0 mL（用上述同样的方法加入双缩脲试剂 4.0 mL），测其 OD 值，对照标准曲线求得未知液蛋白质浓度。

实验五　氨基酸的定量测定

【实验原理】

在各种超微量分析技术中，荧光分析法越来越引人注目，其检测灵敏度极高，日益得到广泛应用。荧光试剂（如荧光胺、邻苯二甲醛等）能与氨基酸反应生成荧光物质，可用于测定游离氨基酸的含量，荧光胺能测出皮摩尔水平的氨基酸，而邻苯二甲醛（OPT）则更为灵敏，在溶液中也较稳定，它是一种廉价和高灵敏度的荧光试剂，使用上比荧光胺优越，故一般实验室均可采用此法。

邻苯二甲醛在碱性溶液中，当有还原剂（如巯基乙醇、DTT 等）存在时，同氨基酸（或肽）反应产生强荧光化合物。此反应无需加热，作用迅速，只需在室温下放置 5 min即可测定荧光。最适激发光和发射光波长分别为 340 nm 和 455 nm。

邻苯二甲醛与半胱氨酸、胱氨酸及赖氨酸反应不完全，故这些荧光物的测定值偏低，它与脯氨酸和羟脯氨酸不作用；邻苯二甲醛缺点是不能测定这两种氨基酸。上述荧光试剂虽然比茚三酮灵敏和方便，但都受到一些因素干扰，产生的荧光不稳定，与个别氨基酸反应令人不满意，因此荧光法的普遍应用受到一定的限制。由于茚三酮显色法用于氨基酸自动分析仪定量分析，已发展得非常完善，故它仍是目前最广泛采用的方法。

本实验采用邻苯二甲醛荧光分析法测定血清中游离氨基酸的含量。由于谷氨酸与邻苯二甲醛反应所生成的荧光物稳定性好，故血清中游离氨基酸量以谷氨酸值表示。血清中半胱氨酸、胱氨酸及赖氨酸含量很少，对测定结果影响不大。尿素、尿酸、肌酸酐及氨等几乎不与邻苯二甲醛产生荧光物质，所以对游离氨基酸的测定没有干扰。

【实验材料】

1. 器材

荧光分光光度计，离心机，微量加样器，移液管，刻度离心管，试管及试管架。

2. 试剂

1）100 mmol 硼酸钠缓冲液（pH 9.8～10.0）：称取硼酸钠（$Na_2B_4O_7 \cdot 10H_2O$）38 g，NaOH 3.4 g，溶于双蒸水中，定容到 1000 mL。

2）邻苯二甲醛溶液（1 mmol/L）：称取 13.4 mg 邻苯二甲醛溶于 1 mL 无水乙醇 0.2 mL β-巯基乙醇-无水乙醇溶液（0.15 mL β-巯基乙醇加无水乙醇至 2 mL，再加 100 mmol/L硼酸缓冲液定容至 100 mL），避光及冰浴保存备用，临用前配制。

3）0.6 mol/L 三氯乙酸（TCA）溶液。

4）1 mmol/L 谷氨酸标准液。将标准谷氨酸预先真空干燥 24 h，然后精确称取 14.70 mg 经干燥处理的谷氨酸，溶于双蒸水中，待完全溶解后加入定容至 100 mL，置于冰箱保存备用。

5）硫酸奎宁溶液（5 μg/mL）。用 0.05 mol/L H_2SO_4 溶液配制。

【实验方法】

1. 无蛋白血清样品

取新鲜血清 1 mL 放入刻度离心管中，加入等体积 0.6 mmol/L 三氯乙酸溶液，充分混匀，放置 10 min，离心（4000 r/min）10 min，取上清液 1 mL，加重馏水 4 mL，混匀，此为原血清的 10 倍稀释液。

蛋白质沉淀剂（如三氯乙酸、硫酸-钨酸钠等）有降低荧光的作用。一般不加三氯乙酸，荧光值平均可高 5.38%。因此血清取样体积不宜过大，空白对照及标准氨基酸溶液均需加相同体积沉淀剂，以减少误差。

2. 荧光物的制备

取干净试管 6 支，编号。1 号、2 号为空白管，加入 100 μL、0.06 mmol/L 的三氯乙酸溶液，再加入 200 μL 双蒸水，混匀。邻苯二甲醛与荧光胺试剂相同，空白应无荧光，只有与氨基酸作用后才产生荧光。

3 号、4 号管为标准样品管，分别加入 1 mmol/L 谷氨酸标准溶液 25 μL，0.06 mol/L 三氯乙酸溶液 100 μL，双蒸水 175 μL，充分混匀。

5 号、6 号管为测定样品管，各加入 100μL 稀释 10 倍的血清上清液，再加入双蒸水 200 μL，充分混匀。

分别向以上各管加入 3 mL 1 mmol/L 邻苯二甲醛溶液，迅速混匀，在室温放置 5 min,即可进行荧光测定。

3. 荧光测定

荧光分光光度计使用前需要预热 20～30 min，然后再开始测试。每次测定前均用硫酸奎宁溶液（5 μg/mL）作为常规标准溶液，对仪器进行定位，调至荧光强度为 100，所测样品值即为相对荧光强度。

荧光定量分析常采用直接比较和标准曲线两种方法。本实验应用直接比较法进行血清样品中游离氨基酸测定，即用荧光分光光度计，激发光波长 340 nm、发射波长 455 nm,在同样条件下，分别测定已知含量谷氨酸标准溶液（1 mmol/L）和血清样品稀释溶液的荧光强度，然后根据标准溶液的含量与两个溶液的荧光强度的比值，求出被测血清样品中氨基酸的含量。

如果被测样品浓度和荧光强度不完全呈线性关系时，应采用标准曲线法测定为宜，即以已知含量的标准溶液在一定的浓度范围内，配成一系列不同浓度的标准溶液，测定这些溶液的荧光强度，以标准氨基酸含量为横坐标，相对荧光强度为纵坐标绘制标准曲线。然后测定样品的荧光强度，再由样品的荧光强度及标准曲线求出样品中游离氨基酸的含量。

【实验结果及计算】

根据下列公式计算游离 α-氨基酸值（glu 值）：

$$\alpha\text{-氨基酸值(mmol/L)} = \frac{\text{被测样品管值}-\text{空白管值}}{\text{标准样品管值}-\text{空白管值}} \times 2.5$$

实验六　色氨酸的定量测定

【实验原理】

氨基酸组分分析是蛋白质化学的重要内容，也是蛋白质顺序测定的组成部分。目前在蛋白质的氨基酸组分分析中普遍采用酸水解法，然后再由氨基酸自动分析仪测定其组成及含量。色氨酸是组成天然蛋白质结构的基本组分之一，但是它在酸水解时很容易被破坏，因而不能用酸水解法来测定蛋白质中色氨酸的含量，故必须另作分析。常用的方法是选用碱水解、酶水解和非氧化性磺酸水解法等。本实验采用对-二甲基氨基苯甲醛法（DAB 法）对蛋白质样品中色氨酸含量直接进行测定，无须预先经过蛋白质水解及释放游离氨基酸程序。色氨酸能与对-二甲基氨基苯甲醛试剂生成蓝色物质，其颜色的深度在一定条件下与色氨酸的量呈线性关系，故可用比色法定量测定色氨酸的含量。此法具有操作简便、快速、灵敏度较高等优点，测定范围为 10～100 μg。另外，*N*-溴代琥珀酰亚胺滴定法（NBS 法）也常用于不必进行蛋白质水解的色氨酸的直接测定。

色氨酸是人体的一种必需氨基酸，测定其在蛋白质中的含量，往往是衡量食物营养价值的一项重要指标。此外，在蛋白质中，色氨酸的含量通常是最低的，利用其百分含量的测定，可以计算出该蛋白质的最低分子质量。因此，掌握蛋白质中色氨酸的测定方法具有很重要的实际意义。

色氨酸可与甲醛作用缩合成环状，在三氯化铁存在下，进一步氧化生成荧光物质，可用于游离色氨酸的测定。色氨酸含量在 0.1 nmol 范围内和相对荧光符合直线关系。本实验采用此法测定血清中游离色氨酸的含量，这种方法不受血清中 His、酪胺、Phe 等的干扰，5-羟色氨酸、吲哚乙酸等产生的荧光极微，5-羟色胺不产生荧光，色胺所生成的荧光约为色氨酸的 1/10。

【实验材料】

1. 器材

721 分光光度计，荧光分光光度计，移液管，离心机，水浴锅，恒温水浴，微量加样器，试管及试管架。

2. 试剂

1) 21.4 mol/L H_2SO_4 溶液：量取 297 mL 浓 H_2SO_4 用蒸馏水稀释并定容至 500 mL。

2) 对-二甲基氨基苯甲醛（DAB）溶液：称取对-二甲基氨基苯甲醛 1.2 g，溶于 360 mL 21.4 mol/L H_2SO_4 溶液中，混匀。

3) 0.4 g/L $NaNO_2$ 溶液（临用前配制）。

4) 色氨酸标准溶液（100 μg/mL）：精确称取 10 mg 色氨酸，加适量蒸馏水，再加

1 滴或 2 滴 H_2SO_4 促使其完全溶解，定容至 100 mL。

5）蛋白质（溶菌酶）样品溶液（5 mg/L）：称取 50 mg 溶菌酶，加蒸馏水定容至 10 mL，临用前配制。

6）0.6 mol/L TCA 溶液：称取 98 g TCA，加双蒸水溶解并定容至 1000 mL，置冰箱保存备用。

7）标准色氨酸储液和工作液。A. 1 mmol/L 储液：精确称取色氨酸 20.4 mg，溶于双蒸水中，加入氨水 0.76 mL，定容至 100 mL，置冰箱储存备用；B. 0.01 mmol/L 工作液：取储液 1 mL 加双蒸水稀释并定容至 100 mL，临用前配制。

8）新鲜血清。

9）80 g/L 食盐水。

10）2 mL/L 甲醛溶液：取甲醛（含 36%～38%）5.5 mL，加双蒸水稀释至 100 mL。

11）6 mmol/L $FeCl_3$-0.6 mol/L TCA 溶液：称取 $FeCl_3 \cdot 6H_2O$162 mg，用 0.6 mol/L TCA 溶液定容至 100 mL。

【实验方法】

1. 色氨酸的含量测定

(1) 标准曲线的制作

取试管 12 支，编号，空白对照及各样品均平行做两份，向各试管中依次分别加入 0 mL、0.1 mL、0.2 mL、0.3 mL、0.4 mL、0.5 mL 标准色氨酸溶液（100 μg/mL），并用双蒸水补足到 0.5 mL，再加入 4.5 mL DAB 溶液，充分混匀，室温暗处放置 2 h（或较长时间）。然后各加 0.05 mL 0.4 g/L $NaNO_2$ 溶液，混匀，室温放置 30 min，以无样品管为空白对照，用分光光度计测定 600 nm 波长的各样品的 OD 值，分别予以记录。

(2) 样品测定

取试管 4 支，编号，1 号和 2 号管为空白对照管，各加入双蒸水 0.5 mL；3 号和 4 号管为样品管，各加入溶菌酶溶液（5 mg/mL）0.5 mL。以下均按标准曲线的制作方法操作，最后进行比色测定，记录被测样品的 OD_{600} 值。

2. 血清中游离色氨酸的含量测定

(1) 无蛋白血清样品的制备

取新鲜血清 0.1 mL，放入离心管中，加入等体积 0.6 mol/L TCA 溶液，充分混匀，静置 10 min 后，离心（4000 r/min）10 min，取上清液加双蒸水稀释至 5 倍，即为稀释 10 倍的无蛋白血清样品。

(2) 测定

取干净试管 6 支，编号。1 号和 2 号管为空白管，各加入 0.1 mL 双蒸水；3 号和 4 号管为标准管，各加入 0.1 mL 标准色氨酸溶液（即 0.001 mmol/L 工作液）；5 号和 6 号管为样品管，各加入稀释 10 倍的无蛋白血清样品 0.1 mL。将各管均置于冰浴内，分别加入 2.5 mL 预冷的 0.6 mol/L TCA 溶液，混匀后迅速加入 0.2 mL 20/L 甲醛溶液和 6 mmol/L $FeCl_3$-0.6 mol/L TCA 溶液 0.1 mL，充分混匀并立即置于沸腾的 80/L 食盐水浴中加热，使内容物保持在 102℃ 左右，约 90 min 可完成。以上几步操作需要快速进行，不宜迟缓或久置，注意色氨酸在酸性条件下极易分解，故加 TCA 溶液时应严格控制在低温条件下进行，并须尽快地加入甲醛溶液，这是由于甲醛对色氨酸有一定的保护作用；一般在 102℃ 左右加热 90 min 样品相对荧光值要比 100℃ 约高 8% 左右，所生成的荧光物质也较稳定，荧光值最大。如果加热时间太长，荧光值则有下降趋势。为了保持盐水浴温度恒定，应注意不时向水浴中补加沸水。

完成加热后即取出各试管冷却，待冷却至室温，向各管补加双蒸水（因蒸发而逸出的水分）至加热前的原来体积（刻度试管或离心管）。然后用荧光分光光度计测定荧光，激发光为 304 nm，发射光为 448 nm，分别记录被测样品的荧光值。

【实验结果及计算】

1）绘制色氨酸标准曲线。以色氨酸微克数为横坐标，OD_{600} 为纵坐标作图，绘出标准曲线图。

2）溶菌酶中色氨酸含量的计算。由溶菌酶样品的 OD 值可从标准曲线上查出相当的色氨酸微克数，再依据此数值计算出细胞色素 c 中色氨酸的含量。

3）血清中游离色氨酸的含量按下式计算：

$$\text{色氨酸(mmol/L)} = \frac{\text{样品荧光值} - \text{空白荧光值}}{\text{标准样品荧光值} - \text{空白荧光值}} \times 0.01 \times 10$$

实验七　超氧化物歧化酶活力测定（邻苯三酚自氧化法）

【实验原理】

超氧化物歧化酶（superoxide dismutase，SOD）是广泛存在于生物体内的一组金属酶类，能够催化氧自由基 O_2^- 转变为 H_2O_2 的歧化反应，反应式如下：

$$O_2^- + O_2^- + 2H^+ \rightarrow H_2O_2 + O_2$$

所以，SOD 具有清除机体内 O_2^- 自由基的能力，是生物体抗氧化损伤的重要保护酶。自从 1969 年 McCord 和 Freidovich 发现 SOD 以来，人们已经建立起一整套有效分离、制备和分析 SOD 的方法，并且对它的种类组织特异性及临床应用进行了一系列研究，按所含金属的不同，SOD 分为 Cu、Zn-SOD、Mn-SOD 和 Mg-SOD 三种，发现 SOD 的存在与机体的衰老、肿瘤、免疫性疾病和辐射防护等有关。

SOD 的测定方法比较多，常见的有化学法、免疫法和等电聚焦法三种，化学法中以邻苯三酚自氧化法应用最普遍。该方法的基本原理是利用邻苯三酚在碱性条件下能迅速自氧化，释放出 O_2^-，并生成有色的中间产物。反应开始后溶液先变成棕黄色，几分钟后遂变成绿色，几小时后又变成黄色，这是由于生成的中间物不断氧化的结果。在自氧化的初始阶段，中间物的积累在滞后 30～40 s 后，就与时间呈线性关系。这种线性关系一般维持 4～4.25 min，中间物在波长 420 nm 处有强烈的光吸收，在有 SOD 存在时，由于它能催化 O_2^- 与 H^+ 结合生成 O_2 和 H_2O_2，阻止中间物的积累，从而可测定其酶活力。

【实验材料】

1. 器材

721 分光光度计，试管及试管架，恒温水浴。

2. 试剂

1）pH 8.2，100 mmol/L 三羟甲基氨基甲烷-二甲胂酸钠缓冲液（内含 2 mmol/L 二乙基三氨基五乙酸）：以 200 mmol/L 三羟甲基氨基甲烷-二胂酸钠 50 mL（内含 4 mmol/L二乙基三氨基五乙酸）加 200 mmol/L 盐酸 22.38 mL，然后用双蒸水稀释至 100 mL。

2）10 mmol/L 盐酸。

3）6 mmol/L 邻苯三酚溶液。用 10 mmol/L 盐酸配制，4℃保存。。

4）双蒸水。

【实验方法】

1. 邻苯三酚自氧化速率的测定

按表 5-5 在试管中加入缓冲液和双蒸水，25℃ 保温 20 min，然后加入 25℃ 预温的邻苯三酚溶液，迅速摇匀，倒入比色杯中，在 420 nm 处进行测定，每隔 30 s 测一次 OD 值（要求自氧化速率控制在 0.06 OD 值/min）。

表 5-5

试 剂	标准管/mL	对照管/mL
pH 8.2、100 mmol/L 三羟甲基氨基甲烷-二甲胂酸钠缓冲液（内含 2 mmol/L 二乙基三氨基五乙酸）	4.5	4.5
蒸馏水	4.2	4.2
6 mmol/L 邻苯三酚溶液	0.3	—
10 mmol/L HCl	—	0.3
总体积	9.0	9.0

2. 样品测定

按表 5-6 加试剂，测定步骤与测邻苯三酚自氧化速率相同。

表 5-6

试 剂	标准管/mL	对照管/mL
pH 8.2、100 mmol/L 三羟甲基氨基甲烷-二甲胂酸钠缓冲液（内含 2 mmol/L 二乙基三氨基五乙酸）	4.5	4.5
样品液	0.1	—
双蒸水	4.1	4.2
10 mmol/L HCl	—	0.3
6 mmol/L 邻苯三酚溶液	0.3	—
总体积	9.0	9.0

3. 酶活力单位计算

酶活力单位定义：在 1 mL 反应液中每分钟抑制邻苯三酚自氧化速率达 50% 的酶量定为一个活力单位，即在 420 nm 处为 0.03 OD/min 为一个活力单位。若自氧化速率为 35%～65%，通常可按比例计算，不在此范围内的数值应增减样液量。

$$活力单位\ (U/mL)=\frac{\dfrac{0.060-样液速率}{0.060}\times 100\%}{50\%}\times 反应液总体积\times\frac{样液稀释倍数}{样液体积}$$

附：改进的邻苯三酚自氧化法

有文献对邻苯三酚自氧化法作了改进。其基本原理不变，只是在方法上稍做改变。

取 0.1 mmol/L 邻苯二酚，pH 8.2、50 mmol/L Tris-HCl 缓冲液，反应总体积 9 mL，作为测活系统，测定波长为 325 nm。绘制出酶活力测定曲线。

如果样品中有 Fe^{2+}、Cu^{2+} 和 Mn^{2+} 等污染，则缓冲液中应加入金属螯合剂。

改良法灵敏度有所提高，试剂更加便宜，邻苯三酚用量少一倍，有一定的实验价值。不足之处是该方法需在紫外光下测定，在仪器上要求高一些。

实验八　核酸含量的测定

➢紫外吸收法测定核酸含量

【实验原理】

核酸、核苷酸、碱基及其衍生物的组成成分中都含有嘌呤、嘧啶碱基，这些碱基都具有共轭双键，它能强烈吸收 250～280 nm 波段的紫外光。不同的碱基、核苷酸都有特征的吸收峰，在定性鉴定各种核苷酸类物质时可测定它们在几个特定波长下的紫外吸收值，然后根据吸光度（*A*）的比值来判断为何种碱基或核苷酸。例如，UMP、AMP、GMP、CMP 的最大吸收峰分别在 261 nm、257 nm、256 nm、281 nm 波长处，可以分别根据比值（250/260、280/260、290/260）对其进行定性鉴定。

核酸（DNA 和 RNA）的特征性紫外吸收峰在 260 nm 波长处，这样可通过测定核酸在 260 nm 波长处的吸收值来计算核酸的含量。

紫外吸收法简便、迅速、灵敏度高，不消耗样品。对含有微量蛋白质的核酸样品，测定误差较小。RNA 的 260 nm 与 280 nm 光吸收比值在 2.0 以上；DNA 的 260 nm 和 280 nm 光吸收比值在 1.8 左右，当样品中蛋白质含量较高时，光吸收比值下降。若样品内混杂大量的核苷酸或蛋白质等能吸收紫外光的物质，则测定误差较大，应先除去。

【实验材料】

1. 器材

分光光度计，离心机，冰箱，分析天平，离心管。

2. 试剂

1）过氯酸-钼酸铵沉淀剂：含 0.25％钼酸铵的 2.5％过氯酸溶液；如需配制 200 mL,可在 193 mL 蒸馏水中加入 7 mL 70％过氢酸和 0.5 g 钼酸铵。

2）5％ ～ 6％氨水。

3）待测核酸样品。

【实验方法】

1）样品溶液的配制。用分析天平准确称取待测核酸样品 0.25 g，先用少量蒸馏水调成糊状，再加约 30 mL 蒸馏水，用 5％氨水调 pH 至 6，助溶，待核酸全部溶解后转移至容量瓶内，以水定容至 50 mL，配制成 5 g/L 的溶液。

2）取 2 支离心管，甲管加入 2 mL 浓度为 5 g/L 样品溶液和 2 mL 蒸馏水；乙管加入 2 mL 浓度为 5 g/L 的样品溶液，再加 2 mL 过氯酸-钼酸铵沉淀剂以除去大分子的核酸作为对照管。摇匀后在冰箱或冰浴放置 30 min 使沉淀完全。然后以 3000 r/min 离心 10 min。分别吸取上清液 1 mL 于 2 个容量瓶内，以蒸馏水定容到 100 mL。

3）上述甲、乙两稀释液于紫外分光光度计上以蒸馏水作空白对照，用光程为 10 mm 的比色杯，于 260 nm 波长处测其吸光度，分别记为 A_1 和 A_2。

【实验结果与数据处理】

样品中核酸的含量按下式计算：

$$样品中\ DNA\ (RNA)\ 的含量/\mu g=\frac{A_1-A_2}{0.020\ (或\ 0.022)}\cdot V\cdot D$$

式中，0.020（或 0.022）为 DNA（RNA）的比消光系数，即浓度为 1 mg/L 的水溶液（pH 为中性）在 260 nm 波长处，通过光径为 10 mm 时的吸光度。由于大分子核酸易发生变性，此值随变性程度不同而异，采用比消光系数测定也是近似值。V 为被测样品溶液的体积。D 为样品溶液测定时的稀释倍数。

样品中核酸的质量分数按下式计算：

$$DNA\ (RNA)\ 的质量分数/\%=\frac{\dfrac{A_1-A_2}{0.020\ (或\ 0.022)}\ (mg/L)}{C\ (mg/L)}\times 100$$

式中，C 为测定时样品溶液的浓度。

➢ DNA 含量测定——改良二苯胺法

【实验原理】

DNA 中脱氧核糖在浓酸作用下生成 ω-羟基-γ-酮基戊醛，后者与二苯胺反应生成的蓝色化合物在 595 nm 处有最大吸收。

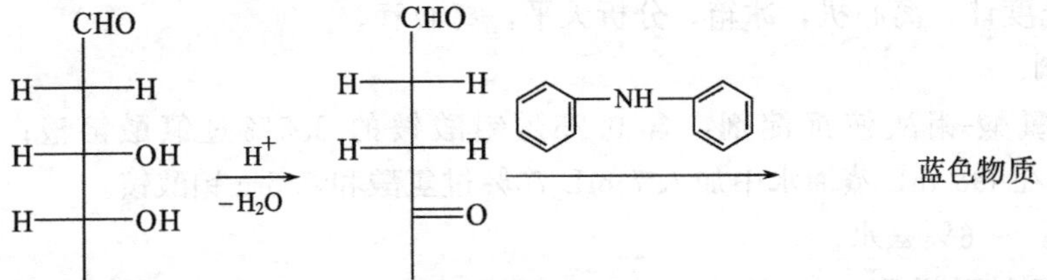

CHO, H—C—H, H—C—OH, H—C—OH, CH_2OH —(H^+, $-H_2O$)→ CHO, H—C—H, H—C—H, C=O, CH_2OH —(二苯胺 NH)→ 蓝色物质

脱氧核糖　　　　ω-羟基-γ-酮基戊醛

提取纯净的 DNA（质粒或基因组，方法见 DNA 提取），待测样品 DNA 含量为 10～150 μg/mL 时，吸光度与 DNA 含量成正比。

【实验材料】

1. 器材

分光光度计，恒温水浴锅，A4 标纸。

2. 试剂

1）DNA 标准液：准确称取鱼精 DNA，用水配成 100 μg/mL 的溶液（DNA 在水中较难溶，可隔夜配制）。

2）待测 DNA：从动物肝脏中提取 DNA，用水配成 DNA 含量约 50 μg/mL 的待测溶液（如测吸光度值过低，可加大待测 DNA 浓度再进行测定）。

3）0.237 mol/L 二苯胺冰醋酸溶液：称取二苯胺 20 g 加少量冰醋酸微热至全溶，再加冰醋酸至 500 mL，只限当天使用。

4）20%过氯酸：取 71.4 mL 70%过氯酸（$HClO_4$）加水至 250 mL。

5）乙酸戊酯或乙酸异戊酯。

【实验方法】

1. 标准曲线的绘制

取 8 支试管，按表 5-7 操作。

表 5-7　标准曲线的制作

试剂	空白管	1	2	3	4	5	6	7
100 μg/mL DNA 标准液/mL	0	0.2	0.4	0.6	0.8	1.0	1.2	1.4
蒸馏水/mL	3.0	2.8	2.6	2.4	2.2	2.0	1.8	1.6
20%过氯酸/mL	2.0	2.0	2.0	2.0	2.0	2.0	2.0	2.0
0.237 mol/L 二苯胺/mL	4.0	4.0	4.0	4.0	4.0	4.0	4.0	4.0
DNA 含量/μg	0	20	40	60	80	100	120	140

充分混匀，56℃保温反应 1 h，冷却，再向各管反应混合液内加 2.0 mL 乙酸戊酯。试管加塞，剧烈振摇，使反应生成的蓝色物质充分地被抽提到乙酸戊酯相内。室温下放置 5～10 min，使有机相与水相分层清楚。用吸管小心吸取上层有机相，用 5.0 mm 光径比色杯，以空白液调零点，于 595 nm 处测定各管吸光度。以 A_{595} 为纵坐标，DNA 微克数为横坐标，绘制标准曲线。

2. 样品中 DNA 含量的测定

取待测样品液 2.0 mL，加蒸馏水至 3.0 mL，其他步骤同制作标准曲线。测得 A_{595}，从标准曲线上查得相应的 DNA 质量，计算 DNA 含量。

【注意事项】

样品测定时平行做 2 支试管，取平均值。

➢ RNA 的测定——苔黑酚法

【实验原理】

核糖核酸与浓盐酸共热时，发生降解。分解出来的核糖继而转为糠醛，糠醛与苔黑酚（orcinol）（3，5-二羟基甲苯）作用，在 $FeCl_3$ 或 $CuCl_2$ 做催化剂条件下生成绿色化合物。后者在 670 nm 处有最大吸收。RNA 溶液的浓度在 20～200 μg/mL 时吸光度与浓度成正比。DNA 对此有干扰，测定 RNA 时应尽量减少 DNA 等物质的干扰或先测 DNA，再计算出 RNA 含量。反应原理如下：

【实验材料】

1）RNA 标准溶液（需经定磷测其纯度）：取酵母 RNA 配成 100 μg/mL 溶液。

2）样品待测液：准确稀释。

3）苔黑酚试剂：先配制 0.1% $FeCl_3$ 的浓盐酸溶液，实验前用此溶液作为溶剂配成 0.1%苔黑酚溶剂。

4）分光光度计。

【实验方法】

1. RNA 标准曲线的制作

取试管 5 支，分别加 0.5 mL、1.0 mL、1.5 mL、2.0 mL 和 2.5 mL RNA 标准液，再分别加适量蒸馏水使终体积为 2.5 mL。另取试管 1 支，加蒸馏水 2.5 mL 作为空白对照管。然后各管加 2.5 mL 苔黑酚溶液，混匀，于沸水浴中加热 20 min，取出后流水冷却，于 670 nm 波长处测定吸光度值。以 RNA 质量为横坐标，吸光度值为纵坐标作图，绘制标准曲线。

2. RNA 样品的测定

取 1 支试管，加入 2.5 mL 待测液，再加入 2.5 mL 苔黑酚试剂，以下步骤同标准曲线制作操作。根据测得的吸光度值，从标准曲线上查出相应该吸光度的 RNA 质量，按下式计算出制品中 RNA 的百分含量。

$$\text{RNA 百分含量}=\frac{\text{待测液中测得的 RNA 微克数}}{\text{待测液中制品的微克数}}\times 100\%$$

实验九　血液葡萄糖的测定

➤邻甲苯胺法

【实验原理】

血液中葡萄糖与邻-甲苯胺试剂共热，葡萄糖在热乙酸溶液中脱水生成5-羟甲基-2呋喃甲醛（或称羟甲基糠醛）。再与邻-甲苯胺缩合生成蓝绿色Schiff氏碱，其颜色的深浅与葡萄糖含量成正比，再与同样处理的葡萄糖标准液比较，或用葡萄糖标准曲线即可求得待测血样中葡萄糖含量。

血液中所含的蛋白质常影响其他成分的测定。故检查非蛋白质的各种成分时，须先将其中的蛋白质除去，制成无蛋白质血滤液，再进行分析测定。常用的蛋白质沉淀剂有三氯乙酸、钨酸、有机溶剂和中性盐等，血液中加入蛋白质沉淀剂后离心或过滤所得的上清液或滤液，就是无蛋白质血滤液。

除去蛋白质的方法可分成二类。一类是使蛋白质脱水沉淀，如有机溶剂（甲醇、乙醇和丙酮等）及中性盐［$(NH_4)_2SO_4$、Na_2SO_4和NaCl等］沉淀法。另一类是使蛋白质形成不溶性的盐而沉淀，常用有两种方法：一种是酸性沉淀剂法（如TCA、钨酸、苦味酸和钼酸等），其原理是酸性沉淀剂与蛋白质分子的阳离子形成不溶性的蛋白盐沉淀，必要条件是溶液pH要低于蛋白质的等电点（pI）；另一种是重金属离子法（如Zn^{2+}、Cu^{2+}、Hg^{2+}、Ca^{2+}和Pb^{2+}等），其原理是重金属离子与蛋白质分子的阴离子形成不溶性的蛋白盐沉淀，必要条件是溶液pH要高于蛋白质的等电点。

本实验中加入了冰醋酸和硼酸，样品中的蛋白质可以溶解于其中而不生成混浊。

人和动物的血糖浓度均受各种激素调节而维持恒定，其中胰岛素的作用主要是促进肝脏和肌肉将葡萄糖合成糖原，并加强糖的氧化作用，故可降低血糖及增高糖原含量。肾上腺素的作用主要是促进肝糖原分解，故可增高血糖及降低糖原含量。本实验观察家兔在注射胰岛素和肾上腺素前后的血糖浓度变化。

$$\begin{array}{c} H-C{=}O \\ | \\ H-C-OH \\ | \\ OH-C-H \\ | \\ H-C-OH \\ | \\ H-C-OH \\ | \\ CH_2OH \end{array} \xrightarrow[-3H_2O]{H^+,\text{加热}} \begin{array}{c} CH = CH \\ HOCH_2-C \quad\quad C-CHO \\ \diagdown O \diagup \end{array}$$

葡萄糖　　　　5-羟甲基-2-呋喃甲醛

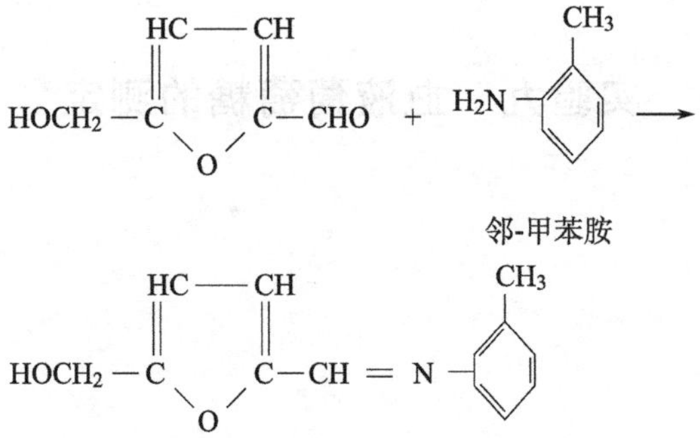

$$HOCH_2-C(O)=CH-CH=C-CHO + H_2N-C_6H_4-CH_3 \longrightarrow$$

邻-甲苯胺

$$HOCH_2-C(O)=CH-CH=C-CH=N-C_6H_4-CH_3$$

Schiff氏碱(蓝绿色)

【实验材料】

1）邻甲苯胺试剂。取邻甲苯胺约 500 mL（无变色）加入盐酸羟胺约 0.5 g，置 50～60℃水浴中保温 20 min，时时振摇，密闭避光储存备用。配用时，取硫脲 0.15 g 溶于 88.0 mL 冰醋酸后加入 8.0 mL 经过上述处理的邻甲苯胺再加入饱和硼酸溶液 4 mL混匀，储于棕色瓶中（至少可用 2 个月）。

2）饱和硼酸溶液。称取硼酸 6 g 溶于 100 mL 蒸馏水中，摇匀，放置一夜，取上清液备用。

3）5% TCA 溶液。

4）葡萄糖标准溶液。

① 储存液（10.0 mg/mL）：称取干燥无水的葡萄糖 1.000 g，溶于50 mL饱和苯甲酸溶液中，倒入 100 mL 容量瓶内，用饱和苯甲酸溶液稀释至刻度处。

② 应用液（0.1 mg/mL）：吸取上述储存液 1.0 mL 加到 100 mL 容量瓶内，用 3% 苯甲酸溶液稀释至刻度处，置冰箱中可保存 2 周。

5）25% 葡萄糖。

6）肾上腺素 1 mg/mL。

7）胰岛素（40 U/mL）。

【实验方法】

（一）动物的处理

1）禁食 24 h 的家兔，称取甲、乙两只兔子（体重 1.5～2 kg）称重，并作记录。

2）将二兔固定在固定架上，用剪刀将颈部毛剪掉。

3）在颈部皮下点滴注射盐酸普鲁卡因 5～8 mL 作局部麻醉。

4）从心脏（在剑突上二横指的搏动部位）取血 10 mL，分别置于含有肝素或草酸钾（约 2 mg/mL）的抗凝管内，颠倒混匀，待制备无蛋白质血液滤液之用。

5）激素注射：①按 1.5 U/kg 体重甲兔皮下注射胰岛素（如果液体积太小可用注射用水稀释注射），记时；②按 0.4 mL/kg 体重给乙兔皮下注射肾上腺素，记时。

6）注射 1 h 后分别采血 10 mL，置于有肝素的离心管中，颠倒混合，待制备无蛋白质血之用。

7）无蛋白质血滤液制备。取 10 mL 离心管 9 支，各管加 5% TCA 9.5 mL，然后分别吸取上述管中的全血各 0.5 mL 随加随摇，混匀放置 5 min，滤纸过滤，滤液即为相应的无蛋白质血滤液。

(二) 血糖测定

1）标准曲线绘制：取中号试管 6 支，按表 5-8 操作。

表 5-8　标准曲线的制作

试剂	空白管	1	2	3	4	5
葡萄糖标准液/mL	—	0.25	0.5	1.0	1.5	2.0
蒸 馏 水/mL	2.0	1.75	1.5	1.0	0.5	—
邻甲苯胺/mL	5.0	5.0	5.0	5.0	5.0	5.0

加毕混匀，同时放入 100℃沸水浴中加热 15 min，取出置冷水中冷却，在 630 nm 波长以空白管校正零点，30 min 内进行各管光密度检测，记录光密度读数。

2）取干燥试管 4 支，分别标明激素前、激素后、标准管、空白管按表 5-9 加入无蛋白质血滤液及各种试剂。

表 5-9　血糖测定

试剂	标准管	空白管	激素前	激素后
标准葡萄糖/mL	0.1	—	—	—
激素前血滤液/mL	—	—	0.1	—
激素后血滤液/mL	—	—	—	0.1
蒸馏水/mL	—	0.1	—	—
邻甲苯胺试剂/mL	6	6	6	6

加毕混匀，同时放入 100 ℃沸水浴中加热 15 min，按标准管操作进行光密度检测。

【实验结果与数据处理】

1）在坐标纸上以光密度为纵坐标，血糖浓度为横坐标，绘制标准曲线。
2）从标准曲线中查出注射激素前、注射胰岛素与肾上腺素前后的血糖浓度。
3）算出注射胰岛素后血糖降低和注射肾上腺素后血糖升高的百分率。
分析比较激素前后血糖含量的变化，解释注射实验结果，说明激素的作用。

➢葡萄糖氧化酶法

【实验原理】

葡萄糖氧化酶（glucose oxidase，GOD）能将葡萄糖氧化为葡萄糖酸和一分子的过氧化氢。过氧化氢在过氧化物酶（peroxidase，POD）作用下，在分解为水和氧的同时可将无色的4-氨基安替比林与酚氧化缩合生成红色的醌类化合物，即Trinder反应。其颜色的深浅在一定范围内与葡萄糖浓度成正比，在505 nm波长处测定吸光度，与标准管比较可计算出血糖的浓度。反应式如下所示。

$$葡萄糖+O_2+2H_2O \xrightarrow{GOD} 葡萄糖酸+2H_2O_2$$

$$2H_2O_2+4\text{-}氨基安替比林+酚 \xrightarrow{POD} 红色醌类化合物$$

【实验材料】

1）试管、吸管、试管架、恒温水浴箱、分光光度计。

2）0.1 mol/L磷酸盐缓冲液（pH 7.0）：称取无水磷酸氢二钠8.67 g及无水磷酸二氢钾5.3 g溶于800 mL蒸馏水中，用1 mol/L氢氧化钠（或1mol/L HCl）调节pH至7.0，然后用蒸馏水稀释至1000 mL。

3）酶试剂：取过氧化物酶1200 U，葡萄糖氧化酶1200 U，4-氨基安替比林10 mg，叠氮钠100 mg，溶于上述磷酸盐缓冲液80 mL中，用1 mol/L NaOH调pH至7.0，加磷酸缓冲液至100 mL，置冰箱保存，4℃可稳定3个月。

4）酚溶液：称取重蒸馏酚10.0 mg溶于100 mL蒸馏水中（酚在空气中易氧化成红色，可先配成500 g/L的溶液，储存于棕色瓶中，用时稀释），用棕色瓶储存。

5）酶酚混合试剂：取上述酶试剂与酚溶液等量混合，4℃可以存放一个月。

6）12 mmol/L苯甲酸溶液：溶解苯甲酸1.4 g于蒸馏水约800 mL中，加温助溶，冷却后加蒸馏水至1000 mL。

7）葡萄糖标准储存液（100 mmol/L）：称取已干燥恒重的无水葡萄糖1.802 g，溶于12 mmol/L苯甲酸溶液约70 mL中，并移入100 mL容量瓶内，再以12 mmol/L苯甲酸溶液加至100 mL。

8）葡萄糖标准应用液（5 mmol/L）：吸取葡萄糖标准储存液5.0 mL于100 mL容量瓶中，加12 mmol/L苯甲酸溶液至刻度。

【实验方法】

取3支试管，编号，按表5-10操作。

表5-10　血液葡萄糖含量的GOD法测定程序

加入物	空白管	标准管	测定管
血清/mL	—	—	0.02
葡萄糖标准液/mL	—	0.02	—
蒸馏水/mL	0.02	—	—
酶酚混合液/mL	3.0	3.0	3.0

混匀，置 37℃水浴中保温 15 min，在波长 505 nm 处比色，以空白管调零，读取标准管及测定管吸光度。

【实验结果与数据处理】

$$\text{血清葡萄糖（mmol/L）} = \frac{\text{标准管吸光度}}{\text{测定管吸光度}} \times 5$$

正常参考范围：3.9～6.1 mmol/L。

实验十　血清钙的测定

➢邻甲酚酞络合酮法

【实验原理】

邻甲酚酞络合酮（O-CPC）是一种金属络合染料，也是酸碱指示剂。在碱性条件下可与钙螯合生成紫红色螯合物，与同样处理的钙标准液比色，可求得血清钙的含量，试剂中加入8-羟基喹啉可消除镁离子的干扰。参考范围：2.1～2.7 mmol/L。

【实验材料】

1. 邻甲酚酞络合剂

加20 mL浓盐酸于800 mL蒸馏水中，加入2.5 g 8-羟基喹啉，振摇溶解，加入42 mg邻甲酚酞络合酮，待溶解后加入蒸馏水至1000 mL，然后加1 mL Tween-20，摇匀，于棕色瓶中，置冰箱中保存。

2. 二乙胺溶液

于1000 mL容量瓶中加入蒸馏水约800 mL，加入二乙胺37.5 mL，然后加蒸馏水至1000 mL刻度。

3. 钙标准液（0.1 g/L）

将碳酸钙于110℃烤箱中干燥过夜，再置于干燥器中冷却，准确称取0.2497 g，借漏斗用少量双蒸水冲入1000 mL溶量瓶中，加浓盐酸5 mL待碳酸钙全溶后，加双蒸水稀释到刻度，储存于塑料瓶中。

【实验方法】

取三支大试管，按表5-11操作

表5-11　血清钙的O—CPC法测定程序

试剂	空白	标准	测定
血清/mL	—	—	0.05
钙标准液/mL	—	0.05	—
蒸馏水/mL	0.05	—	—
邻甲酚酞络合剂/mL	2.50	2.50	2.50
二乙胺溶液/mL	2.50	2.50	2.50

混匀，置37℃保温10 min，取出待冷至室温，用580 nm波长，以空白管调“0”求得各管光密度。

【实验结果与数据处理】

$$血清钙（mg/L）=\frac{测定管光密度}{标准管光密度}\times 100$$

【注意事项】

1）此法敏感，用血量少，所用器材应十分洁净不含钙质。

2）不同批号的邻甲酚酞络合剂与等量的二乙胺混合后产生的颜色不同，一般应为淡紫色，若颜色太深，就换一批号，可能改善。

➢甲基麝香草酚蓝比色法

【实验原理】

血清中钙离子在碱性溶液中与甲基麝香草酚蓝结合，生成蓝色的络合物。加入适当的 8-羟基喹啉，可消除镁离子对测定的干扰，与同样处理的钙标准液进行比较，以求得血清总钙的含量。

【实验材料】

1）甲基麝香草酚蓝储存液：称取 8-羟基喹啉 4.0 g 于 50 mL 去离子水中，再加浓硫酸 5 mL，搅拌促使其溶解，移入 1 L 容量瓶中，加甲基麝香草酚蓝 0.2 g，聚乙烯吡咯烷酮（PVP）6.0 g，最后用蒸馏水稀释至刻度，储存于棕色瓶中，置冰箱保存。

2）碱性溶液：取二乙胺溶液 35 mL 于 1 L 容量瓶中，用去离子水稀释至刻度，室温保存。

3）显色应用液：临用前，根据标本量取甲基麝香草酚蓝储存液 1 份与碱性溶液 3 份混合即可。

4）钙标准液（2.5 mmol/L）：配制方法同邻甲酚酞络合酮法［实验材料］。

【实验方法】

血清钙测定按表 5-12 步骤进行。

表 5-12　血清钙测定程序

试 剂	测定管	标准管	空白管
血清/μL	50	—	—
钙标准液/μL	—	50	—
去离子水/μL	—	—	50
显色应用液/mL	4.0	4.0	4.0

将各管混匀，10 min 后，分光光度计用 610 nm 波长，10 mm 光径比色杯，以空白管调零，进行比色，读取各管吸光度。

【实验结果与数据处理】

$$\text{血清钙（mmol/L）}=\frac{\text{测定管吸光度}}{\text{标准管吸光度}}\times 2.5$$

实验十一　血清无机磷的测定

血清无机磷测定通常是先使无机磷与钼酸作用生成无色的磷钼酸，再用不同的方法来测定磷钼酸。钼蓝法是将无色的磷钼酸还原成蓝色的钼蓝，再进行比色分析，是最常用的方法。钼蓝法常用的还原剂有氨基萘磺酸、氯化亚锡、对甲氨基酚硫酸盐（米吐尔）、邻苯二胺、维生素 C 和硫酸亚铁等。以硫酸亚铁和米吐尔为还原剂的方法是卫生部推荐使用的血清无机磷测定方法。其中硫酸亚铁还原法采用无蛋白质血滤液进行测定，被视为血清无机磷测定的经典方法；米吐尔直接显色法为单一试剂，不需去除蛋白质，快速简便，精密度和准确度都较高。

➢硫酸亚铁磷钼蓝比色法

【实验原理】

以三氯乙酸沉淀蛋白质，在无蛋白质滤液中加入钼酸铵试剂，与无机磷结合成磷钼酸，再以硫酸亚铁为还原剂，还原成蓝色化合物，进行比色测定。

【实验材料】

1）三氯乙酸-硫酸亚铁溶液：称取硫脲 10 g、硫酸亚铁（$FeSO_4 \cdot 7H_2O$）10.6 g 和三氯乙酸 100 g，以去离子水溶解并稀释至 1 L，置冰箱保存。

2）钼酸铵溶液：称取钼酸铵 4.4 g，溶解于约 40 mL 去离子水中，取浓硫酸9 mL，逐滴加入约 40 mL 去离子水中，将两液混合，以去离子水稀释至 100 mL。

3）无机磷标准储存液（1 mL→1 mg 磷）：称取无水磷酸二氢钾（KH_2PO_4）4.39 g，用去离子水溶解后移入 1 L 容量瓶中，并稀释至刻度，再加入氯仿 2 mL 防腐，置冰箱中保存。

4）无机磷标准液（1 mL→0.04 mg P 或 1.29 mmol/L）：取无机磷标准储存液 4 mL,加入 100 mL 容量瓶中，以去离子水稀释至刻度，加入 1 mL 氯仿防腐，置冰箱中保存。

【实验方法】

取血清 0.2 mL，加入三氯乙酸-硫酸亚铁液 4.8 mL，充分混匀，放置 10 min 后，离心沉淀。无机磷标准应用液也做同样处理，然后按表 5-13 操作。

表 5-13　血清无机磷的硫酸亚铁磷钼蓝比色法测定程序

试剂	测定管	标准管	空白管
去蛋白血滤液/mL	4.0		—
处理后磷标准液/mL	—	4.0	—
三氯乙酸-硫酸亚铁/mL	—	—	4.0
钼酸铵溶液/mL	0.5	0.5	0.5

混匀，放置 15 min，用分光光度计在 640 nm 波长处，用 10 mm 光径比色杯，以空白管调零，读取各管的吸光度。

【实验结果与数据处理】

血清无机磷（mol/L）＝测定管吸光度/标准管吸光度×1.29

血清无机磷（mg/dL）＝血清无机磷（mmol/L）/0.323

【注意事项】

1）在血清管中加入三氯乙酸-硫酸亚铁液时速度要慢，使蛋白质沉淀物呈细颗粒，如蛋白质沉淀呈片状，可将磷包裹在其中，使测定结果偏低。

2）若用本法作尿磷测定时，先用 50%（*V*/*V*）盐酸将尿液 pH 调至 6.0，然后用蒸馏水作 1∶10 稀释，其操作步骤与血清相同。

计算如下：

尿无机磷（mmol/L）＝测定管吸光度/标准管吸光度×1.29×尿液稀释倍数

➤紫外光光度法

【实验原理】

血清中无机磷在酸性溶液中与钼酸铵作用所形成的复合物，直接用 340 nm 或 325 nm波长测定其吸光度。

【实验材料】

1）180 mmol/L 硫酸：准确吸取浓硫酸 2 mL 加至 98 mL 水中，混匀即可。

2）0.15 mmol/L 钼酸铵：称取钼酸铵 111.2 mg、NaN_3 50 mg 至小烧杯中，加 50 mL 蒸馏水溶解并转入 100 mL 容量瓶中，加 Triton X-100 0.2 mL，然后加水至刻度。

3）用液：应用前根据标本的数量将上述“1)”液和“2)”液等量混合。

4）无机磷标准液：0.04 mg/mL 磷或 1.292 mmol/L，配制方法见硫酸亚铁磷钼蓝比色法。

【实验方法】

取试管 3 支，标明测定、标准和空白管，然后按表 5-14 操作。

表 5-14　血清无机磷的紫外光光度法测定程序

试剂	测定管	标准管	空白管
血清/mL	0.1	—	—
磷标准液/mL	—	0.1	—
去离子水/mL	—	—	0.1
显色应用液/mL	3.0	3.0	3.0

混匀，用分光光度计，在 340 nm 波长，以空白管调零，10 mm 光径比色杯进行比色，读取各管的吸光度。

【实验结果与数据处理】

血清无机磷（mmol/L）＝测定管吸光度/标准管吸光度×1.292

【注意事项】

1）凡带有紫外波长 325 nm 或 340 nm 的分光光度计均可应用。340 nm 测得的吸光度是 325 nm（吸收峰在 325 nm）的 82%。

2）本反应在 5～120 min 内显色稳定，3 h 后，标准管吸光度无改变；而测定管吸光度随时间的延长而上升，这可能与血清中含有极微量的还原性物质有关。

3）Tween-80、Tween-20 的 0.4%（*V*/*V*）和 Triton X-100 的 0.2%（*V*/*V*）三种表面活性剂均适用于在本法中应用，所测结果基本相同，因此可选用其中的一种。吐温浓度以 0.4%为佳，浓度太大，试剂颜色加深，吸光度增高。浓度太低，易产生混浊。

4）黄疸和血脂标本应做标本空白，溶血标本会使结果偏高，不宜采用。

5）本法所用的试剂也适用于生化自动分析仪终点法测定。血清和试剂用量的比例可参照手工法，用 340 nm 和 380 nm 滤光片双波长比色，以 $\triangle A_{340}-\triangle A_{380}$ 来计算结果。

6）本法的线性范围为 0.323～3.876 mmol/L（1～9 mg/dL）。

➢米吐尔直接显色法

【实验原理】

利用磷在酸性溶液中与钼酸铵起反应生成磷酸钼酸络合物，用对甲氨基酚硫酸盐（米吐尔）还原生成钼蓝。在试剂中加入 Tween-80 以抑制蛋白质的干扰。

【实验材料】

1）钼酸铵溶液：在 50 mL 去离子水中加浓硫酸 3.3 mL，再加钼酸铵 0.2 g，溶解后加 Tween-80 0.5 mL，最后加去离子水至 100 mL。

2）对甲氨基酚硫酸盐（米吐尔）溶液：称取对甲氨基酚硫酸盐 2 g，溶于 80 mL

去离子水中，加无水硫酸钠 5 g，最后加去离子水至 100 mL。

3）显色应用液：取上述“1)”液 10 mL、“2)”液 1.1 mL 混合即可应用。

4）磷标准液：配制方法同前法。

【实验方法】

取试管 3 支，标明测定、标准和空白管，然后按表 5-15 操作。

表 5-15　血清无机磷的米吐尔直接显色法测定程序

试 剂	测定管	标准管	空白管
血清/mL	0.1	—	—
磷标准液/mL	—	0.1	—
去离子水/mL	—	—	0.1
显色应用液/mL	4.0	4.0	4.0

混匀后置 37℃水浴 10 min，取出，用分光光度计，在 650 nm 波长，以空白管调零，10 mm 光径比色杯进行比色，读取各管的吸光度。

【实验结果与数据处理】

血清无机磷（mmol/L）＝测定管吸光度/标准管吸光度×1.29

【注意事项】

1）本法对血清白球蛋白比值倒置的标本易产生混浊，解决的办法是用 30 g/L 三氯乙酸去蛋白质处理。方法如下：取血清 0.2 mL，加 30 g/L 三氯乙酸 1.8 mL，充分混匀后，取上清滤液 1.0 mL。磷标准液同样进行处理，然后加显色液 4.0 mL，混匀后进行比色。

2）米吐尔试剂应少量配制，放置时间不宜太长，否则正常血清有时产生轻度混浊。

实验十二 血清甘油三酯（TG）的测定

【实验原理】

血清甘油三酯（TG）在脂肪酶的作用下水解出甘油，甘油与ATP在甘油激酶的作用下生成甘油磷酸，经氧化酶作用生成过氧化氢，在过氧化酶作用下经Trinder反应生成红色染料，取波长500 nm比色。

【实验材料】

1）酶试剂：20 mL。

2）缓冲液：40 mL两瓶。

3）甘油三酯标准：20 mg/mL。

4）酶工作液：酶试剂与缓冲液以体积比1 ∶ 4混匀，根据需要临用配制。如为离心式生化分析仪，酶试剂与缓冲液以体积比1 ∶ 1.5匀配制。

【实验方法】

血清甘油三酯的测定步骤按表5-16操作。

表5-16 血清甘油三酯的测定程序

试剂	标准管	样品管
血清/μL	—	10
20 mg/mL标准液/μL	10	—
酶工作液/mL	1.0	1.0

混匀，37℃水浴15 min，以酶工作液作为空白校零进行比色。

【实验结果与数据处理】

甘油三酯（mg/DL）＝样品吸光度/标准吸光度×20 mg/mL

正常参考值：5～15 mg/mL。

【注意事项】

1）清晨空腹（隔夜忌食高脂）抽血为好。

2）酶试剂配成工作液在2～8℃冰箱内7天有效。

3）用具要清洁，最好专用，防止胆固醇分解出的甘油的干扰。

实验十三　血清胆固醇的测定

【实验原理】

血清中总胆固醇（TC）包括胆固醇酯（CE）和游离型胆固醇（FC），酯型占70%、游离型占30%。胆固醇酯酶（CEH）先将胆固醇酯水解为胆固醇和游离脂肪酸（FFA），胆固醇在胆固醇氧化酶（COD）的作用下氧化生成Δ4-胆甾烯酮和过氧化氢。后者经过氧化物酶（POD）催化氢与4-氨基安替比林（4-AAP）和酚反应，生成红色的醌亚胺，其颜色深浅与胆固醇的含量成正比，在500 nm波长处测定吸光度，与标准管比较可计算出血清胆固醇的含量。反应式如下：

$$\text{胆固醇酯} \xrightarrow{\text{CEH}} \text{胆固醇} + \text{脂肪酸}$$

$$\text{胆固醇} + O_2 \xrightarrow{\text{COD}} \triangle 4\text{-胆甾烯酮} + H_2O_2$$

$$2H_2O_2 + 4\text{-氨基安替比林} + \text{酚} \xrightarrow{\text{POD}} \text{红色醌亚胺}$$

【实验材料】

酶法测定胆固醇多采用市售试剂盒。

1）酶应用液。胆固醇酶试剂的组成为：pH 6.7磷酸盐缓冲液50 mmol/L，胆固醇酯酶≥200 U/L，胆固醇氧化酶≥100 U/L，过氧化物酶≥3000 U/L，4-氨基安替比林0.3 mmol/L，苯酚5 mmol/L。

此外还含有胆酸钠和Triton X-100，胆酸钠是胆固醇酯酶的激活剂，表面活性剂Triton X-100能促进脂蛋白释放胆固醇和胆固醇酯，有利于胆固醇酯的水解。

2）5.17 mmol/L（200 mg/dL）胆固醇标准液　精确称取胆固醇200 mg溶于无水乙醇，移入100 mL容量瓶中，用无水乙醇稀释至刻度（也可用异丙醇等配制）。

3）试管、吸管、试管架、微量加样器、恒温水浴箱、分光光度计。

【实验方法】

取试管3支，编号，按表5-17操作。

表5-17　酶法测定血清胆固醇操作步骤

加入物/mL	测定管	标准管	空白管
血清	0.02	—	—
胆固醇标准液	—	0.02	—
蒸馏水	—	—	0.02
酶应用液	2.00	2.00	2.00

混匀后，37℃水浴保温 15 min，在 500 nm 波长处比色，以空白管调零，读取各管吸光度。

【实验结果与数据处理】

$$\text{血清胆固醇（mmol/L）}=\frac{\text{测定管吸光度}}{\text{标准管吸光度}}\times 5.17$$

正常参考范围：3.10～5.70 mmol/L

【意义】

1）血清胆固醇增高：常见于动脉粥样硬化、原发性高脂血症、糖尿病、肾病综合征、胆管阻塞和甲状腺功能减退。

2）血清胆固醇降低：常见严重贫血、甲状腺功能亢进和长期营养不良等。

实验十四　血液尿酸的测定

【实验原理】

无蛋白质血滤液中的尿酸在碱性溶液中被磷钨酸氧化成尿囊素和二氧化碳，磷钨酸则被还原成钨蓝，由此可进行比色测定。其反应式如下：

$$尿酸+H_3PW_{12}O_{40}\rightarrow 尿囊素+CO_2+钨酸$$

【实验材料】

1）磷钨酸试剂：称取钨酸钠（无钼）40 g 溶于蒸馏水约 300 mL 中，加 85%磷酸 32 mL 及玻璃球数粒，回流 2 h。冷却至室温，用蒸馏水稀释至 1000 mL，混匀。加硫酸锂（$LiSO_4 \cdot H_2O$）32 g，混匀。在冰箱保存，长期稳定。

2）14%碳酸钠溶液：取无水碳酸钠 70 g，用蒸馏水溶解并稀释至500 mL。保存于塑料瓶中。

3）尿酸储存标准液（1 mg/mL）：精确称取尿酸 100 mg，碳酸锂 60 mg，置于 100 mL 容量瓶中，加蒸馏水 50 mL，置于 60℃水浴中使之溶解。冷却至室温，用蒸馏水稀释至 100 mL 置于暗处，可长期保存。

4）尿酸应用标准液（0.01 mg/mL）将储存标准液做 1 ： 100 稀释。

5）钨酸蛋白沉淀剂：蒸馏水 800 mL，0.33 mol/L 硫酸 100 mL，85%浓磷酸（比重 1.71）0.1 mL，10%钨酸钠液 100 mL。

将以上溶液依次加入，混合均匀。

【实验方法】

1）无蛋白质血滤液的制备：取钨酸蛋白沉淀剂 9 份，加抗凝血剂 1 份，摇匀，放置 10 min，4000 r/min 离心 6 min，将上清液倒入另一管中备用。

2）样品测定根据表 5-18 进行

表 5-18　尿酸测定操作步骤

试剂/mL	测定管	标准管	空白管
无蛋白血滤液（1∶10）或尿液（1∶100）	—	—	3.0
蒸 馏 水	3.0	—	—
尿酸应用标准液	—	3.0	—
14%碳酸钠溶液	1.0	1.0	1.0
磷钨酸试剂	1.0	1.0	1.0

混合后放置 15 min，用波长 710 nm 进行比色，以空白管校正光密度到“零”点，读取各管光密度。

【实验结果与数据处理】

尿酸（mg/100mL）（血液）＝测定管光密度/标准管光密度×0.03×100÷0.3

＝测定管光密度/标准管光密度×10

尿酸（mg/100mL）（尿液）＝测定管光密度/标准管光密度×0.03×100÷0.03

＝测定管光密度/标准管光密度×100

尿酸（mg/100mL）＝尿酸（mmol/L）

【正常参考值】

因禽种类和生理时期不同而异。

产蛋鸡：1.17～7.80 mg/100mL；不产蛋火鸡：3.41～5.19 mg/100mL；鸡：2.47～8.08 mg/100mL；鸭：6.7 mg/100mL。

【临床意义】

尿酸为核蛋白和禽类氨基酸代谢的最终产物。血液尿酸含量升高，可作为禽痛风的诊断依据。但禽正常参考值报道者甚少且不尽相同，诊断时需注意正常值的测定。

实验十五　抗坏血酸（维生素C）的测定

在测定抗坏血酸（维生素C）的国标方法中，包括荧光法和2，4-二硝基苯肼法。

【实验原理】

总抗坏血酸包括还原型、脱氢型和二酮古乐糖酸。样品中还原型抗坏血酸经活性炭氧化为脱氢抗坏血酸，再与2，4-二硝基苯肼作用生成红色脎，脎的含量与总抗坏血酸含量成正比，进行比色测定。本法适用于蔬菜、水果及其制品中总抗坏血酸的测定。

【实验材料】

1）恒温箱，(37±0.5)℃；可见-紫外分光光度计；粉碎机。

2）4.5 mol/L硫酸：小心加250 mL硫酸（比重1.84）于700 mL水中，冷却后用水稀释至1000 mL。

3）85%硫酸：小心加900 mL硫酸（比重1.84）于100 mL水中。

4）2% 2，4-二硝基苯肼溶液：溶解2 g 2，4-二硝基苯肼于100 mL 4.5 mol/L硫酸内，过滤。不用时存于冰箱内，每次用前必须过滤。

5）2%乙二酸溶液：溶解20 g乙二酸于700 mL水中，稀释至1000 mL。

6）1%乙二酸溶液：稀释500 mL 2%乙二酸溶液到1000 mL。

7）1%硫脲溶液：溶解5 g硫脲于500 mL 1%乙二酸溶液中。

8）2%硫脲溶液：溶解10 g硫脲于500 mL 1%乙二酸溶液中。

9）1 mol/L盐酸：取100 mL盐酸，加入水中，并稀释至1200 mL。

10）活性炭：将100 g活性炭加到750 mL 1 mol/L盐酸中，回流1～2 h，过滤，用水洗数次，至滤液中无铁离子（Fe^{3+}）为止，然后置于110℃烘箱中烘干。

11）抗坏血酸标准溶液（1 mg/mL）：溶解100 mg纯抗坏血酸于100 mL 1%乙二酸溶液中。

【实验方法】

1. 标准曲线绘制

加1 g活性炭于50 mL标准溶液中，摇动1 min，过滤。

取10 mL滤液放入500 mL容量瓶中，加5.0 g硫脲，用1%乙二酸溶液稀释至刻度。抗坏血酸浓度为20 μg/mL。

取5 mL、10 mL、20 mL、25 mL、40 mL、50 mL、60 mL稀释液，分别放入7个100 mL容量瓶中，用1%硫脲溶液稀释至刻度，使最后稀释液中抗坏血酸的浓度分别为1 μg/mL、2 μg/mL、4 μg/mL、5 μg/mL、8 μg/mL、10 μg/mL及12 μg/mL。

按样品测定步骤形成脎并比色。

以吸光值为纵坐标，以抗坏血酸浓度（μg/mL）为横坐标绘制标准曲线。

2. 样品制备

全部实验过程应避光。

1）鲜样制备：称100 g鲜样和100 g 2%乙二酸溶液，倒入打碎机中打成匀浆，取10～40 g匀浆（含1～2 mg抗坏血酸）倒入100 mL容量瓶中，用1%乙二酸溶液稀释至刻度，混匀。

2）干样制备：称1～4 g干样（含1～2 mg抗坏血酸）放入乳钵内，加入1%乙二酸溶液磨成匀浆，倒入100 mL容量瓶中，用1%乙二酸溶液稀释至刻度，混匀。

3）将上述两液过滤，滤液备用。不易过滤的样品可用离心机沉淀后，倾出上清液，过滤，备用。

4）氧化处理：取25 mL上述滤液，加入0.5 g活性炭，振摇1 min，过滤，弃去最初数毫升滤液。取10 mL此氧化提取液，加入10 mL 2%硫脲溶液，混匀。

3. 呈色反应

1）于3个试管中各加入4 mL稀释液。一个试管作为空白，在其余试管中加入1.0 mL 2% 2，4-二硝基苯肼溶液，将所有试管放入（37±0.5)℃恒温箱或水浴中，保温3 h。

2）3 h后取出，除空白管外，将所有试管放入冰水中。空白管取出后使其冷到室温，然后加入1.0 mL 2% 2，4-二硝基苯肼溶液，在室温中放置10～15 min后放入冰水内。

3）85%硫酸处理：当试管放入冰水后，向每一试管中加入5 mL 85%硫酸，滴加时间至少1 min，需边加边摇动试管。将试管自冰水中取出，在室温放置30 min后比色。

4）比色：用10 mm比色杯，以空白液调零点，于500 nm波长测吸光度。

【实验结果与数据处理】

$$X = (c \times V/m) \times F \times (100/1000)$$

式中，X为样品中抗坏血酸及脱氢抗坏血酸总含量，mg/100 g；c为由标准曲线查得或由回归方程算得样品溶液浓度，μg/mL；m为试样质量，g；F为样品溶液的稀释倍数；V为荧光反应所用试样体积，mL。

【注意事项】

1）大多数植物组织内含有一种能破坏抗坏血酸的氧化酶，因此，抗坏血酸的测定应采用新鲜样品并尽快用2%乙二酸溶液制成匀浆以保存维生素C。

2）若溶液中含有糖，硫酸加得太快，溶解热会使溶液变黑。

3）试管自冰水中取出后，颜色会继续变深，所以，加入硫酸后30 min应及时比色。

实验十六　维生素A的测定

【实验原理】

维生素A在三氯甲烷中与三氯化锑相互作用，产生的蓝色物质，其深浅与溶液中所含维生素A的含量成正比。该蓝色物质虽不稳定，但在一定时间内可用分光光度计于620 nm波长处测定其吸光度。

【实验材料】

1）分光光度计，回流冷凝装置。

2）无水硫酸钠 Na_2SO_4。

3）乙酸酐。

4）乙醚，不含有过氧化物。

5）无水乙醇，不含有醛类物质。

6）三氯甲烷，应不含分解物，否则会破坏维生素A。

检查方法：三氯甲烷不稳定，放置后易受空气中氧的作用生成氯化氢和光气。检查时可取少量三氯甲烷置试管中加水振摇，使氯化氢溶到水层。加入几滴硝酸银溶液，如有白色沉淀即说明三氯甲烷中有分解产物。

7）25％三氯化锑-三氯甲烷溶液：用三氯甲烷配制25％三氯化锑溶液，储于棕色瓶中（注意避免吸收水分）。

8）50％氢氧化钾溶液（KOH），m/V。

9）维生素A标准液：视黄醇（纯度85％，Sigma）用脱醛乙醇溶解维生素A标准品，使其浓度约为1 mL相当于1 mg视黄醇。临用前用紫外分光光度法标定其准确浓度。

10）酚酞指示剂：用95％乙醇配制1％溶液。

【实验方法】

维生素A极易被光破坏，实验操作应在微弱光线下进行。

1. 样品处理：根据样品性质，可采用皂化法或研磨法。

(1) 皂化法

皂化：根据样品中维生素A含量的不同，称取0.5～5 g样品于三角瓶中，加入20～40 mL无水乙醇及10 mL 1∶1氢氧化钾，于电热板上回流30 min至皂化完全为止（皂化法适用于维生素A含量不高的样品，可减少脂溶性物质的干扰，但全部实验过程费时，且易导致维生素A损失）。

提取：将皂化瓶内混合物移至分液漏斗中，以30 mL水洗皂化瓶，洗液并入分液漏斗。如有渣子，可用脱脂棉漏斗滤入分液漏斗内。用50 mL乙醚分两次洗皂化瓶，洗液并入分液漏斗中。振摇并注意放气，静置分层后，水层放入第二个分液漏斗内。皂化瓶再用约 30 mL 乙醚分两次冲洗，洗液倾入第二个分液漏斗中。振摇后，静置分层，水层放入三角瓶中，醚层与第一个分液漏斗合并。重复至水液中无维生素 A 为止。

洗涤：用约 30 mL 水加入第一个分液漏斗中，轻轻振摇，静置片刻后，放去水层。加 15.0 mL 0.5 mol/L 氢氧化钾液于分液漏斗中，轻轻振摇后，弃去下层碱液，除去醚溶性酸皂。继续用水洗涤，每次用水约 30 mL，直至洗涤液与酚酞指示剂呈无色为止（约洗涤 3 次）。醚层液静置 10～20 min，小心放出析出的水。

浓缩：将醚层液经过无水硫酸钠滤入三角瓶中，再用约 25 mL 乙醚冲洗分液漏斗和硫酸钠两次，洗液并入三角瓶内。置水浴上蒸馏，回收乙醚。待瓶中剩约 5 mL 乙醚时取下，用减压抽气法至干，立即加入一定量的三氯甲烷使溶液中维生素 A 含量在适宜浓度范围内。

（2）研磨法

研磨：精确称 2～5 g 样品，放入盛有 3～5 倍样品重量的无水硫酸钠研钵中，研磨至样品中水分完全被吸收，并均质化（研磨法适用于每克样品维生素 A 含量大于 5～10 μg 样品的测定，如肝样品的分析。步骤简单，省时，结果准确）。

提取：小心地将全部均质化样品移入带盖的三角瓶内，准确加入 50～100 mL 乙醚。紧压盖子，用力振摇 2 min，使样品中维生素 A 溶于乙醚中。使其自行澄清（需 1～2 h），或离心澄清（因乙醚易挥发，气温高时应在冷水浴中操作。装乙醚的试剂瓶也应事先置于冷水浴中）。

浓缩：取澄清提取乙醚液 2～5 mL，放入比色管中，在 70～80℃水浴上抽气蒸干。立即加入 1 mL 三氯甲烷溶解残渣。

2. 标准曲线的制备

准确取一定量的维生素 A 标准液于 4 个或 5 个容量瓶中，以三氯甲烷配制标准系列。再取相同数量比色管顺次取 1 mL 三氯甲烷和标准系列使用液 1 mL，各管加入乙酸酐 1 滴，制成标准比色列。于 620 nm 波长处，以三氯甲烷调节吸光度至零点，将其标准比色列按顺序移入光路前，迅速加入 9 mL 三氯化锑-三氯甲烷溶液。于 6 s 内测定吸光度，以吸光度为纵坐标，以维生素 A 含量为横坐标绘制标准曲线图。

3. 样品测定

于一比色管中加入 10 mL 三氯甲烷，加入一滴乙酸酐为空白液。另一比色管中加入 1 mL 三氯甲烷，其余比色管中分别加入 1 mL 样品溶液及 1 滴乙酸酐。其余步骤同标准曲线的制备。

【实验结果与数据处理】

$$X = C/m \times V \times 100/1000$$

式中，X 为 样品中含维生素 A 的量，mg/100 g（每 1 U= 0.3 μg 维生素 A）；C 为由标准曲线上查得样品中含维生素 A 的含量，μg/mL；m 为样品质量，g；V 为提取后加三氯甲烷定量的体积，mL；100 为以每百克样品计。

第六部分 离心技术

离心技术是科学研究和生产实践中常用的分离手段，不仅应用于蛋白质、酶、核酸、细菌、细胞、细胞器和病毒的分离，也广泛应用于将乳浊液中两种密度不同，又互不相溶的液体分离，特殊的管式分离机还可分离不同密度的气体混合物。

一、离心技术的原理

离心机是实施离心技术的设备，将样品放入离心机转子的离心管内，离心机驱动转子旋转时，样品就随离心管做匀速圆周运动，于是就产生了一个向外的离心力，随着转速的增大，使离心力远大于重力，于是溶液中的悬浮物便易于沉淀析出，又由于比重不同的物质所受到的离心力不同，从而沉降速度不同，能使比重不同的物质达到分离。

1. 相对离心力

当物体作圆周运动时，类似于有一股力作用在离心方向，因此称为离心力。此离心力 F 由下式定义，即

$$F = m\omega^2 r$$

式中，F 为离心力的强度；m 为沉降颗粒的质量；ω 为离心转子转动的角速度，其单位为 rad/s；r 为离心半径（cm），即转子中心轴到沉降颗粒之间的距离。

在说明离心条件时，低速离心时常用转子每分钟的转数来表示，高速离心时通常以相对离心力（relative centrifugal force，RCF）表示，相对离心力是指在离心场中，颗粒受到的离心力与地球重力的比值，单位是重力加速度“g”，此时相对离心力 RCF 可用下式计算：

$$\mathrm{RCF}=F/mg=m\omega^2 r/mg=\omega^2 r/g$$

而角速度 ω 可以用离心机的转速（即每分钟的转数，表示为 r/min）来表示，即

$$\omega=\frac{2\pi\times \mathrm{r/min}}{60}$$

因此，$\mathrm{RCF}=\omega^2 r/g=1.12\times10^{-5}\times(\mathrm{r/min})^2 r$，结果用数字乘“$g$”来表示如 $6000\times g$，由此可见，离心力的大小与转速的平方和离心半径成正比，在转速一定的条件下，转子的离心半径越大，相对离心力越大。

当转子的旋转半径 r 已知时，相对离心力 RCF 和转速 r/min 之间可以相互换算。现在的离心机一般可以自动进行换算，如果离心机不能进行换算，可以查取转子的离心半径用公式计算，为便于进行换算，Dole 和 Cotzias 利用 RCF 的计算公式，制作了转速“r/min”、相对离心力“RCF”和旋转半径“r”三者关系的列线图（见附录部分三），换算时，先在 r 标尺上取已知的半径和在 r/min 标尺上取已知的离心机转数，然后将这两点间划一条直线，与图中 RCF 标尺上的交叉点即为相应的相对离心力数值。注意，若已知的转数值处于 r/min 标尺的右边，则应读取 RCF 标尺右边的数值，转数

值处于r/min标尺左边，则应读取RCF标尺左边的数值。

2. 沉降系数

根据1924年Svedberg（离心法创始人，瑞典蛋白质化学家）对沉降系数（sedimentation coefficient）下的定义：颗粒在单位离心力场中粒子移动的速度。沉降系数是以时间表示的。用离心法时，大分子沉降速度的量度，等于每单位离心场的速度，或$s=v/\omega 2r$。s是沉降系数，ω是离心转子的角速度（弧度/秒），r是到旋转中心的距离，v是沉降速度。沉降系数是表明大分子颗粒沉降速度的参数，其单位命名为Svedbery，以大写S表示，$1S=10^{-13}s$。沉降系数与离心速度和类型无关，只与颗粒的大小和密度，以及所使用的介质密度和黏度有关。以蛋白质为例，在受到强大的离心力作用时，如果蛋白质的密度大于溶剂的密度，蛋白质分子就会下沉，在离心场中，蛋白质分子所受到的净离心力（离心力减去浮力）与溶剂的摩擦力平衡时，每单位时间内下沉的距离为定值，这个定值即为沉降系数。

沉降系数常用来近似描述生物大分子的大小，蛋白质、核酸、核糖体和病毒的沉降系数为$1\times10^{-13}\sim500\times10^{-13}s$，为应用方便，人们把$10^{-13}s$作为一个单位，称为Svedberg（斯维得贝格）单位或沉降系数单位，用S表示，以纪念离心机研究先锋Theodor Svedberg。例如，人的血红蛋白（Hb）沉降系数为4.46 S，即为$4.46\times10^{-13}s$；核糖体的沉降系数为70×10^{-13}，或简写为70 S。显然S值随着颗粒质量的增加而增加，但其关系不是线性关系，因为，摩擦系数与颗粒质量大小和形状都有关系。可以用S近似地表示分子质量。由于不同大小的颗粒或分子的S不同，所以可以利用离心技术将它们分开。

二、离心机

离心机（centrifuge）是实施离心技术的装置，是生物学、医学、农学、生物工程和生物制药等行业科研与生产的必备设备。

1. 离心机的类型

离心机的分类可以按用途和转速进行分类。按用途可以分为制备型离心机和制备分析离心机。制备型离心机：可以分离浓缩、提纯样品的离心机。制备分析离心机：可以分离浓缩、提纯样品，还可以对样品的在离心场中的沉降过程进行检测。按转速可以将离心机分为低速离心机、高速离心机、超速离心机。

低速离心机：转速为10 000 r/min以内或相对离心力为15 000×g以内。

高速离心机：转速为10 000～30 000 r/min或相对离心力为15 000～70 000×g。

超速离心机：转速为30 000 r/min以上或相对离心力为70 000×g以上。

2. 离心机的转子

转子是离心机用于分离试样的核心部件，转子规格、品种的多少是衡量离心机生产技术掌握程度的重要标志，转子一般可分为下列三大类。

1）甩平转子：盛样品的离心管放在吊桶内，以转子的加速度运转。主要用于密度梯度离心。有敞开式和封闭式两种，一般制备容量大，转速小于10 000 r/min，离心力场在16 000×g以内的，做成敞开式，主要用于样品的初分离。制备容量较前者小，转速大于 10 000 r/min，离心力场在 16 000×g 以上的，为了减少风力的影响，一般作成封闭式，主要用于线粒体、叶绿体、细胞核等的分离和密度梯度离心。

2）角式转子：安装于许多高速离心机及微量离心机，主要用于分离沉降速度有明显差异的颗粒样品。碰到外壁的颗粒沿着管壁滑到管底，形成沉淀，因此这种转子能很快收集沉淀物。由于沉降路径短，沉淀颗粒时角式转子比水平转子的效率更高。

3）垂直管转子：用于高速及超高速离心机进行等密度梯度离心。由于离心管是垂直放置，所以溶液粒子位移的距离等于离心管的直径。离心时间短，离心后样品组分的区带较宽，这种转子在沉淀没有形成之前不能用来收集悬浮液中的颗粒。

离心机转子的转速跟转子的材料和强度有关，一般采用强度好、重量轻的超硬铝合金（LC4），但是铝合金转子耐腐蚀性能差，使用时应避免与酸性、碱性以及高浓度盐接触；超速离心机采用钛合金（TiC4）。钛合金转子有很好的耐化学腐蚀性，有较高的比强度，但价格高；碳纤维复合材料转子特点是比强度高、重量轻，能减少驱动电机负担、延长电机寿命、减少运行噪声。

三、离心分离方法

1. 差速离心法

差速离心是指低速与高速离心交替进行，使各种沉降系数不同的颗粒先后沉淀下来，达到分离的目的。沉降系数差别在一个或几个数量级的颗粒，可以用此法分离。样品离心时，在同一离心条件下，沉降速度不同，通过不断增加相对离心力，使一个非均匀混合液内的大小、形状不同的粒子分部沉淀。操作过程中一般是在离心后用倾倒的办法把上清液与沉淀分开，然后将上清液加高转速离心，分离出第二部分沉淀，如此往复加高转速，逐级分离出所需要的物质。差速离心方法较简单，多使用角转子，离心分离的时间短，低速一般不超过 0.5 h，高速不超过 3～4 h。离心计算设计方便，实验重复性好，缺点是分辨率不高，一般不能获得理想纯度，沉淀不能达百分之百回收，沉淀系数在同一个数量级内的各种粒子不容易分开，常用于其他分离手段之前的粗制品提取。例如，用差速离心法分离已破碎的细胞各组分。

2. 移动区带离心法

这种方法是根据分离的粒子在梯度液中沉降速度的不同，使具有不同沉降速度的粒子处于不同的密度梯度层内分成一系列区带，达到彼此分离的一种方法。

这一方法需要在离心前于离心管内先装入密度梯度介质（如蔗糖、甘油和 CsCl 等），制备轻微的连续密度，建立密度梯度的目的是防止扩散，将待分离的样品铺在梯度液的最上层，形成一狭窄的带，同梯度液一起离心，由于离心力的作用，颗粒离开原样品层，按不同沉降速率沿管底沉降。通过较长时间的离心，大小、形状、密度不同的颗粒就会分开，最后形成一系列界面清楚的不连续区带。沉降系数越大，往下沉降的越快，所呈现的区带也越低。沉降系数较大的颗粒将比较小的颗粒更快地沉降通过梯度介质，形成几个明显的区带，最后收集各区带得到要分离的物质。制备密度梯度介质时要注意从离心管口到管底的密度离心要逐渐增大，但最大介质密度必须小于样品中粒子的最小密度。此外，应用该方法时离心时间要严格控制，既有足够的时间使各种粒子在介质梯度中形成区带，又要控制在任一粒子达到沉淀前停止离心。如果离心时间过长，所有的样品可全部到达离心管底部；离心时间不足，样品还没有分离。由于此法是一种不完全的沉降，仅用于分离有一定沉降系数差的颗粒，与密度无关。大小相同、密度不同的颗粒（如溶酶体、线粒体和过氧化物酶体）不能用本法分离。常用的梯度液有 Ficoll、Percoll 及蔗糖。

3. 等密度离心法

等密度离心分离样品主要是根据被分离样品的密度。在这种离心分离方法中，要用介质产生一种密度梯度，这种密度梯度包含了被分离样品中所有粒子的密度，将待分离的样品铺在梯度液顶上或和梯度液先混合，离心开始后，不同密度的颗粒悬浮到相应的介质密度区，最后收集各区带得到要分离的物质。在这种梯度离心中，颗粒的密度是影响最终位置的唯一因素，只要被分离颗粒间的密度差异大于1% 就可用此法分离。用这种方法分离颗粒，主要是根据被分离颗粒的密度差异，而与粒子的大小和其他参数无关，因此只要转速、温度不变，则延长离心时间也不能改变这些粒子的成带位置。在梯度液选择上要求，其化学稳定性好；高溶合度；低渗透性；不和被分离物质反应，具有较低的光吸收特性等。常用蔗糖或甘油（它们的最大密度是 1.3 g/cm^3）通常可用于分离膜结合的细胞器，如高尔基体、内质网、溶酶体和线粒体。而离心分离密度大于 1.3 g/cm^3 的样品（如 DNA、RNA）时需要使用密度比蔗糖和甘油大的介质，常用重金属盐氯化铯（CsCl）作为离心介质。

四、离心操作的注意事项

高速与超速离心机是生化实验教学和生化科研的重要精密设备，操作不当可能发生严重事故，因此使用离心机时都必须严格遵守操作规程，正确的操作、合理的维护是保证仪器正常运转和延长仪器使用寿命的关键。

1）首先应根据实验需求选择合适的转子和转速，不要超过转子和离心机限定定的最高转速。

2）使用各种类型的离心机都应该在托盘天平上精确配平，平衡时重量之差不得超过各个离心机说明书上所规定的范围，配平后对称放置在转子中。

3）装载溶液时，要根据转速和液体性质选择合适的离心管，确保离心管能承受住，仔细观察离心管有无裂痕或沙眼，以免离心时液体渗出；如液体进入转子造成离心机腔内污染，应立即将之取出，擦拭干净。

4）若要在低于室温的温度下离心时。转头在使用前应放置在冰箱或置于离心机的转头室内预冷。

5）启动离心程序后要等离心机达到预设转速平稳运行后才能离开离心机；如有异常的声音应立即停机检查，及时排除故障。

实验十七　动物肝脏DNA的提取和鉴定

【实验目的】

本实验的目的是了解从动物组织中提取DNA的原理，掌握DNA检测方法及琼脂糖平板电泳操作方法。

【实验原理】

核酸是一种主要位于细胞核内的生物大分子，其充当着生物体遗传信息的携带者和传递者。核酸可以分为脱氧核糖核酸（DNA）及核糖核酸（RNA）。DNA分子含有生物物种的所有遗传信息，为双链分子，其中大多数是链状结构大分子，也有少部分呈环状结构，分子质量一般都很大。RNA主要是负责DNA遗传信息的翻译和表达，为单链分子，分子质量要比DNA小得多。在生物体内核酸多以核糖核蛋白形式存在于组织中，细胞中还存在着大量的其他没有和核酸结合的蛋白质，要想从细胞中把核酸提取出来，一般的方法是先把组织细胞中没有和核酸结合的蛋白质及其他成分去掉，再进一步将核糖核蛋白和脱氧核糖核蛋白的核酸和蛋白质拆离而进一步获得核酸，这一过程常被称为二步法。其基本原理是利用在0.14 mol/L氯化钠溶液中核糖核蛋白溶解度很大而脱氧核糖核蛋白溶解度仅为核糖核蛋白溶解度的1%的特点，用0.14 mol/L氯化钠溶液溶解细胞中的核糖核蛋白，通过离心去除上清部分，这样就去除了核糖核蛋白，再利用在2 mol/L氯化钠溶液中脱氧核糖核蛋白的溶解度比在水中的溶解度大2倍的特点，用2 mol/L氯化钠溶液溶解脱氧核糖核蛋白，再离心去除不溶的杂蛋白，收集上清液中的脱氧核糖核蛋白，加入蛋白质变性沉淀剂十二烷基磺酸钠（SDS）使核酸和蛋白质解离，加入氯仿去除蛋白质，再用冷乙醇使DNA析出。

为了抑制动物组织中的核酸酶对核酸的水解作用，在核酸提取液中加入适量螯合剂（如EDTA、柠檬酸），以除去Mn^{2+}、Ca^{2+}、Fe^{2+}离子，从而抑制核酸酶的活性。除此之外，整个分离提取过程应在低温下进行。

对提取的DNA进行酸水解，分别通过对DNA中的脱氧核糖、磷酸及嘌呤碱的检测来鉴定DNA，其原理是：脱氧核糖在酸性溶液中加热能与二苯胺作用生成蓝色化合物，嘌呤碱与硝酸银在碱性环境中作用可以产生黄色的磷钼酸铵沉淀，磷钼酸铵在抗坏血酸、氯化亚锡等物存在下可以被还原成钼蓝，最大吸收峰在660 nm。

【实验材料】

1. 实验动物

家兔。

2. 仪器和耗材

研钵或匀浆器，离心机，pH试纸，水浴锅，量筒，紫外分光光度计，三角瓶，试管离心管。

3. 试剂

1）匀浆液（0.14 mol/L NaCl，含 0.015 mol/柠檬酸钠）：称取 NaCl 8.2 g、柠檬酸钠 4.4 g，用蒸馏水溶解并稀释至 1000 mL。

2）提取液（100 g/L SDS，含 2 mol/L NaCl）：称取 SDS 10 g，NaCl 11.7 g 用蒸馏水溶解至 100 mL（室温低时可加温助溶）。

3）氯仿-辛醇混合液（24∶1 v/v）。

4）100 g/L NaOH 溶液。

5）95%乙醇（冰浴放置）。

6）5%硫酸。

7）10%（V/V）HNO_3。

8）0.1 mol/L 硝酸银溶液。

9）定磷试剂（2%钼酸铵溶液）：钼酸铵 2 g 溶于 100 mL 10% HNO_3 溶液中。

10）二苯胺试剂：称取 1 g 二苯胺（如不纯，须在 70%乙醇中重结晶 2 次），溶于 100 mL 冰醋酸中，再加入浓 H_2SO_4 2.75 mL，摇匀，储存在棕色瓶中放冰箱内保存备用。

【实验方法】

（一）动物组织 DNA 的提取

1）解剖家兔，取新鲜肝组织，用匀浆液洗净，滤纸吸干，称取 2.5 g 放入研钵中研磨，分次加入匀浆液 5 mL，制成匀浆。

2）取匀浆 5 mL 至离心管中，3500 r/min 离心 10 min，溶液分为两层，弃去上层清液（核糖核蛋白溶液）。

3）在下层沉淀中，加入 2.5 mL 提取液，混合均匀，振摇 10 min。

4）在提取液中加入 4 mL 氯仿-辛醇混合液，振摇 10 min，3500 r/min 离心 15 min，弃沉淀。

5）吸取上清液于另一试管中，加入 2 倍体积冷 95%乙醇，边加边用玻璃棒搅拌，此时纤维状的 DNA 缠绕在玻棒上出现乳白色絮状沉淀，用滤纸将玻璃棒上的 DNA 纤维吸干，待水解定性测定。

（二）DNA 组分的鉴定

1）核酸的水解：取上述两份提取的 DNA 样品，置于试管中，加入 5%硫酸 5 mL，用玻棒搅匀，沸水浴煮 20 min。

2）脱氧核糖的鉴定：取滤液 1 mL，加二苯胺试剂 5 mL 沸水液加热 15 min，观察颜色，解释现象，说明问题。

3）嘌呤碱的鉴定：取滤液 0.5 mL，加 100 g/L NaOH 溶液 0.5 mL，再加入 0.1 mol/L硝酸银溶液 0.5 mL，静置 3～5 min 后，观察有何变化。

4）磷酸的鉴定：取滤液 1 mL，加钼酸铵试剂 2 mL，沸水浴煮沸 5 min，观察颜色有何不同。

【注意事项】

1）操作过程中用到的辛醇有刺激性气味，注意其对人体的影响。

2）每步操作都要注意将离心管内的物质充分的混匀，以保证提取效果。

实验十八　质粒 DNA 的制备

【实验目的】

1）了解质粒的特性及其在分子生物学研究中的作用。

2）掌握质粒 DNA 分离和纯化的原理。

3）学习碱裂解法分离质粒 DNA 的方法。

【实验原理】

细菌质粒是一类双链、闭环的 DNA，大小为 1～200 kb 并超过 200 kb。各种质粒都是存在于细胞质中、独立于细胞染色体之外的自主复制的遗传成分，通常情况下可持续稳定地处于染色体外的游离状态，但在一定条件下也会可逆地整合到寄主染色体上，随着染色体的复制而复制，并通过细胞分裂传递到后代。宿主细胞中质粒的拷贝数各有不同，一类是低拷贝数的质粒，每个细胞仅含有一个或几个质粒分子，称为严紧型复制的质粒；另一类高拷贝数的质粒，拷贝数可达 20 个以上，这种类型称为松弛型复制的质粒。

质粒能编码一些遗传性状，如抗药性（氨苄青霉素、四环素等抗性），利用这些抗性可以对宿主菌或重组菌进行筛选。质粒作为基因工程载体必须具备以下条件：①复制子（ori）：一段具有特殊结构的 DNA 序列；②有一个或多个便于检测的遗传表型，如抗药性、显色表型反应等；③有一个或几个限制性内切核酸酶位点，便于外源基因片段的插入；④适当的拷贝数。制备质粒载体是分子生物学的常规技术。

质粒已成为目前最常用的基因克隆的载体分子。有许多方法可用于质粒 DNA 的提取，本实验采用碱裂解法提取质粒 DNA。

碱裂解法是一种应用最为广泛的制备质粒 DNA 的方法，其基本原理为：当菌体在 NaOH 和 SDS 溶液中裂解时，蛋白质与 DNA 发生变性，当加入中和液后，质粒 DNA 分子能够迅速复性，呈溶解状态，离心时留在上清液中；蛋白质与染色体 DNA 不变性而呈絮状，离心时可沉淀下来。

纯化质粒 DNA 的方法通常是利用了质粒 DNA 相对较小及共价闭环两个性质。例如，氯化铯-溴化乙锭梯度平衡离心、离子交换层析、凝胶过滤层析、聚乙二醇分级沉淀等方法，但这些方法相对昂贵或费时。对于小量制备的质粒 DNA，经过苯酚、氯仿抽提，RNA 酶消化和乙醇沉淀等简单步骤去除残余蛋白质和 RNA，所得纯化的质粒 DNA 已可满足细菌转化、DNA 片段的分离和酶切、常规亚克隆及探针标记等要求，故在分子生物学实验室中常用。

【实验材料】

1. 器材

大肠杆菌（*E. coli*）单菌落或冻存菌种，恒温培养箱，恒温摇床，超净工作台，高压蒸汽灭菌锅，台式高速离心机，台式小型振荡器，Ep（eppendorf）管（1.5 mL），微量离心管，移液器，吸头（20 μL～1 mL）。

2. 试剂

1）溶液Ⅰ：50 mmol/L 葡萄糖，25 mmol/L Tris-HCl（pH 8.0），10 mmol/L EDTA（pH 8.0）；1 mol/L Tris-HCl（pH 8.0）12.5 mL，0.5 mol/L EDTA（pH 8.0）10 mL，葡萄糖 4.730 g，加双蒸水至 500 mL；高压灭菌 15min，储存于 4℃。

2）溶液Ⅱ：0.2 mol/L NaOH，1% SDS；2 mol/L NaOH 1 mL，10% SDS 1 mL，加双蒸水至 10 mL；使用前临时配置。

3）溶液Ⅲ：乙酸钾（KAc）缓冲液，pH 4.8。5 mol/L KAc 300 mL，冰醋酸 57.5 mL，加双蒸水至 500 mL；4℃ 保存备用。

4）TE 缓冲液：10 mmol/L Tris-HCl（pH 8.0），1 mmol/L EDTA（pH 8.0）；1 mol/L Tris-HCl（pH 8.0）1 mL，0.5 mol/L EDTA（pH 8.0）0.2 mL，加双蒸水至 100 mL；高压湿热灭菌 20 min，4℃ 保存备用。

5）苯酚/氯仿/异戊醇（25∶24∶1）。

6）乙醇（无水乙醇、70%乙醇）。

7）5×TBE：Tris 碱 54 g，硼酸 27.5 g，EDTA-Na_2 · $2H_2O$ 4.65 g，加双蒸水至 1000 mL。高压湿热灭菌 20 min，4℃ 保存备用。

8）溴化乙锭（EB）：10 mg/mL。

9）RNase A（RNA 酶 A）：不含 DNA 酶（DNase-free）的 RNase A 10 mg/mL，TE 配制，沸水加热 15 min，分装后储存于－20℃。

10）6×loading buffer（上样缓冲液）：0.25% 溴酚蓝，0.25% 二甲苯青 FF，40%（*W/V*）蔗糖水溶液。

11）1% 琼脂糖凝胶：称取 1 g 琼脂糖于三角烧瓶中，加 100 mL 0.5×TBE，微波炉加热至完全溶化，冷却至 60℃左右，加 EB 母液（10 mg/mL）至终浓度0.5 μg/mL（注意：EB 为强诱变剂，操作时戴手套），轻轻摇匀。缓缓倒入架有梳子的电泳胶板中，勿使有气泡，静置冷却 30 min 以上，轻轻拔出梳子，放入电泳槽中（电泳缓冲液 0.5×TBE），即可上样。

【实验方法】

（一）小量制备

1）挑取 LB 固体培养基上生长的单菌落，接种于 2.0 mL LB（含相应抗生素）液体培养基中，37℃、220 r/min 振荡培养过夜（12～14 h）。

2）取 1.5 mL 培养物入微量离心管中，室温离心 8000 *g*×1 min，弃上清，将离心管倒置，使液体尽可能流尽。

3）将细菌沉淀重悬于100 μL预冷的溶液Ⅰ中，剧烈振荡，使菌体分散混匀。

4）加200 μL新鲜配制的溶液Ⅱ，颠倒数次混匀（不要剧烈振荡），并将离心管放置于冰上2～3 min，使细胞膜裂解（溶液Ⅱ为裂解液，故离心管中菌液逐渐变清）。

5）加入150 μL预冷的溶液Ⅲ，将管温和颠倒数次混匀，见白色絮状沉淀，可在冰上放置3～5 min。溶液Ⅲ为中和溶液，此时质粒DNA复性，染色体和蛋白质不可逆变性，形成不可溶复合物，同时K^+使SDS-蛋白质复合物沉淀。

6）加入450 μL的苯酚/氯仿/异戊醇，振荡混匀，4℃离心12 000 g × 10 min。

7）小心移出上清于一新微量离心管中，加入2.5倍体积预冷的无水乙醇，混匀，室温放置2～5 min，4℃离心12 000 g × 15 min。

8）1 mL预冷的70%乙醇洗涤沉淀1次或2次，4℃离心8000 g×7 min，弃上清，将沉淀在室温下晾干。

9）沉淀溶于20 μL TE（含RNase A 20 μg/mL），37℃水浴30 min以降解RNA分子，－20℃保存备用。

（二）大量制备

1）收集过夜培养的菌液于离心管中，冰浴10 min；3000 r/min，离心10 min，去上清。

2）加溶液Ⅰ 5 mL悬浮菌体，将悬液倒入高速离心管中，摇匀，冰浴5 min。

3）加溶液Ⅱ 10 mL轻轻混匀，室温下5 min。

4）加溶液Ⅲ 7.5 mL轻轻混匀，冰浴30 min；15 000 r/min，4℃离心20 min。

5）取上清液于高速离心管中，加2倍体积的无水乙醇，混匀，入－20℃ 3～5 h。

6）15 000 r/min 4℃离心20 min。

7）弃上清，将离心管倒放入真空泵中抽干（10～15 min）。

8）用5 mL 1×TE溶解，加入RNase A 15～20 μL，42℃水浴4 h于过夜。

9）加入5 mL饱和酚，混匀，4000～5000 r/min离心5 min，取上清液入5 mL离心管内。

10）分别加入2.5 mL饱和酚，2.5 mL氯仿，混匀后同样离心收集上清。

11）加等体积氯仿/异戊醇（24∶1）混匀，同样离心收集上清。

12）加入1/10体积的3mol/L NaAc及2倍体积的无水乙醇于－20℃ 3～5 h。

13）10 000 r/min 4℃离心20 min。

14）弃上清，加入75%乙醇洗涤2次。

15）离心弃上清，真空抽干，加入适量1×TE溶解质粒DNA。

实验十九　兔肝RNA的制备及其含量测定

【实验原理】

采用酚提法提取RNA。把组织细胞置于浓的酚、SDS、乙酸缓冲液中匀浆，酚SDS迅速破裂细胞膜并使细胞蛋白质变性。离心后，分为三层，下层为酚相，含有被水饱和的酚，较清的上层水相含有水溶性RNA，在酚相和水相界面有一层凝集的变性蛋白质，管底残渣含有DNA。收集水相后，进行第二次酚抽提以除去残留的变性蛋白质，再用乙醇沉淀水相中的大分子（如RNA和多糖），许多小分子则留在溶液中，将絮状沉淀离心，弃上清液，得到粗RNA样品。

制得的RNA样品用三种方法进行鉴定：第一种方法为测定吸收光谱；第二种方法为用地衣酚反应确定紫外吸收产物含有核糖；第三种方法为用RNA碱水解产生的4种单核苷酸与标准的4种单核苷酸为对照进行纸电泳，鉴定提取物为RNA。也可以用聚丙烯酰胺凝胶电泳确定RNA的大小，用已知RNA作标准，比较、鉴定样品RNA的主要成分。

制得的RNA含量可采用紫外吸收法、定磷法及地衣酚显色法等方法测定。地衣酚显色法的原理是RNA与浓盐酸共热时发生降解，形成的核糖继而转变成糖醛，后者与3，5-二羟基甲烷（地衣酚）反应呈鲜绿色，该反应需用三氯化铁或氯化铜作催化剂，反应产物在670 nm处有最大吸收。RNA在20～250 μg，光密度与RNA的浓度成正比，地衣酚反应特异性较差，凡戊糖均有此反应。DNA和其他杂质也能产生类似的颜色。因此，在测定RNA时可先测定DNA含量，再计算出RNA含量。

【实验材料】

1. 器材

紫外线分光度计，紫外检测灯，pH计，直流稳压稳流电泳仪，垂直板电泳槽，水平平板电泳槽，高速离心机，真空干燥器，真空泵，高速组织匀浆机，手术刀，酒精灯，培养皿，50 μL进样器，10 mL注射器，10 cm注射针头，分析天平，沸水浴锅，试管，吸管，721型分光光度计，新华1号层析滤纸，新鲜兔肝。

2. 试剂

1）1 mol/L KOH溶液。

2）250 g/L SDS：称取SDS 25 g，溶于50％乙醇中至100 mL，室温存放。

3）800 ml/L酚：取苯酚400 mL，加蒸馏水100 mL，混匀后盛于棕色瓶中。

4）0.005 mol/L乙酸缓冲液（pH5.0）：0.5 mol/L乙酸钠35 mL，0.2 mol/L乙酸15 mL，加蒸馏水稀释至1000 mL，混匀后测pH应为5.0。

5）2 mol/L乙酸钠：取无水乙酸钠164 g，用蒸馏水稀释水溶解后配成100 mL。

6）95％乙醇（950 mL/L）。

7）200 g/L $HClO_4$ 溶液。

8）RNA 标准品（18S、28S RNA）。

9）30 倍 Tris-HAc-EDTA 缓冲液（pH7.2）：称取 14.5 g Tris 碱，4.9 g NaAc，1.1 g EDTA 钠盐溶于 80 mL 蒸馏水，用冰醋酸调 pH 至 7.2，定容至 100 mL。用时稀释 30 倍。

10）150 g/L 丙烯酰胺储备液：称取 1.50 g 丙烯酰胺（Acr），0.075 g 亚甲基双丙烯酰胺（Bis）于 6～7 mL 蒸馏水中溶解后定容至 10 mL。

11）*N*，*N*，*N*′，*N*′-四甲基乙二胺（TEMED）。

12）新鲜配制的 100 g/L 过硫酸铵溶液。

13）200 g/L 蔗糖溶液。

14）琼脂糖。

15）10 g/L 琼脂：取 1 g 琼脂加 Tris-HAc-EDTA 缓冲液 100 mL。

16）0.05 mol/L pH3.5 柠檬酸-柠檬酸钠缓冲液：配制 0.05 mol/L 柠檬酸，用柠檬酸钠调到 pH3.5。也可以按标准缓冲液的配方配制。

17）0.02 mol/L 标准 AMP、GMP、CMP、UMP 溶液。

18）70 ml/L 乙酸或 1 mol/L 乙酸溶液。

19）2 g/L 溴酚蓝溶液。

20）200 g/L 亚甲蓝-1 mol/L 乙酸溶液。

21）RNA 标准溶液（需经定磷确定其线度）：取酵母 RNA 配成 100 μg/mL 的溶液。

22）地衣酚试剂：先配制 1 g/L 三氯化铁的浓盐酸（分析纯）溶液，实验前用此溶液作为溶剂配成 1 g/L 地衣酚溶液。

23）3，5-二羟甲苯储存液：称硫酸铵 1.35 g，3，5-二羟甲苯 2.0 g，溶于蒸馏水至 50 mL，此液应呈紫黑色，储存于冰箱中。

24）3，5-二羟甲苯应用液：取储存液 2.5 mL，加浓盐酸 41.5 mL，蒸馏水 9.0 mL，混匀，此液呈黄色，必须在临用前新配制。

【实验方法】

1. RNA 的提取及纯化

1）取一小白兔，放血处死。立即剖腹，取出其肝脏，浸于预冷至 0℃的 0.05 mol/L 乙酸钠缓冲液（pH5.0）中，剥去肝门处的结缔组织，洗去血液，用滤纸将水分吸干，称取 0.3 g。

2）取 0.3 g 肝脏，加入 0.05 mol/L 乙酸缓冲液（pH5.0）3 mL，250 g/L SDS 0.5 mL，移入匀浆管，匀浆后，再加入等体积 80% 酚，再匀浆一次。

3）移入三角烧瓶内，置 65℃ 水浴中继续振摇 5～8 min。取出流水冷却。

4）离心，3000 r/min，10～15 min，上层为稍混浊含有 RNA 的水相，中层为变性蛋白质，下层为酚液，管底残渣含有 DNA。吸出上层水相（若要提高 RNA 的收获量，可向中、下层液中再加 1/2 体积的乙酸缓冲液，同样在 65℃ 水浴中振摇提取一次，离心后所收得上层水相液体，可与上述水相液体合并)。

5）用量筒测水相液体的量加入1/10体积的2 mol/L乙酸钠，混匀。再加入2.5倍体积预冷的95%乙醇，混匀，冷处放置至絮状沉淀充分形成。

6）离心，3000 r/min，10 min。倾出上清（不要废弃，可倒入收集瓶中，作蒸馏回收乙醇用)，离心管倒置于滤纸片上，尽量使液体流干。

7）沉淀用蒸馏水1 mL溶解（慢慢向沉淀中加蒸馏水，至沉淀完全溶解即可)，再作定量及电泳用。

2. 样品RNA的鉴定

(1) 吸收紫外光谱分析

称取5 mg干的RNA样品，放在离心管中，冰浴中加入预冷的1倍Tris-HAc-EDTA缓冲液（pH7.2）1 mL振荡溶解大部分样品后室温下以1000 r/min离心2 min，除去不溶的变性蛋白质，用吸管小心转移大部分清液于一个预冷的试管中，弃沉淀。若样品溶解后为透明液体则无需离心。

取上述溶液0.04 mL至5 mL的蒸馏水中为稀释样品，以蒸馏水为对照测定样品在200～400 nm的吸收光谱。每隔10 nm测定一次。

(2) 聚丙烯酰胺和琼脂糖凝胶电泳法分析

a. 制胶

安好垂直板电泳槽，用1%琼脂封好电泳槽下口。在50 mL的三角烧瓶中加入6 mL丙烯酰胺储液（注意：丙烯酰胺和亚甲双丙烯酰胺是神经性毒剂，切莫弄到手上或皮肤上，操作后要洗手)，1.25 mL 30倍的Tris-HAc-EDTA钠盐缓冲液（pH7.2)，30 mL蒸馏水，186 mg琼脂糖混合均匀后置高压锅或水浴中蒸煮10～30 min，冷却至温度约80℃，再加0.03 mL TEMED，0.3 mL新配制的100 g/L过硫酸铵，混合灌胶。放好点样梳子。1～2 h后可以使用。

b. 加样

将样品1 mg溶解于0.5 mL 20%蔗糖溶液中，再加入20 μL 2 g/L溴酚蓝溶液。每孔加样15 μL或20 μL。

标准品RNA按1 mg/ mL配制，每管加15～20 μL。

c. 电泳

电泳开始时3～5 mA/cm，待样品进入凝胶后，可将电流增至10 mA/cm。电泳1～2 h（溴酚蓝指示剂至胶底部即可)。

d. 染色

从垂直板电泳槽上用蒸馏水冲下凝胶，将凝胶置20 g/L亚甲蓝1 mol/L乙酸溶液中染色2 h以上（若染料溶液中有未溶解的亚甲蓝，应过滤后再使用)。

e. 脱色

用1 mol/L乙酸溶液漂洗，直至背景清晰。

(3) RNA碱水解物的纸电泳分析

a. 样品RNA的碱水解

称10 mg自制RNA样品置小离心管中，加0.5 mL 0.5 mol/L KOH溶液摇匀，在室温下水解 24 h。

将含有 RNA 水解样品的离心管置于冰浴中，补加 0.01 mL 的 20% 高氯酸后，慢慢摇动溶液和酸混合使高氯酸钾充分沉淀。取出一小滴（用玻璃毛细管）测 pH，当 pH 为 1.0～3.0 时，室温下以 200 r/min 离心 2 min，以除去高氯酸钾沉淀，并用滴管小心吸取上清液到另一离心管中，加 0.01 mL 0.1 mol/L KOH 检查 pH，提高 pH 为 3.5，离心沉淀高氯酸钾，收集上清液备用。

b. 点样

实验桌面、器皿表面和手指一般含有紫外吸收物质，所以点样时应避免污染。

用足够的 RNA 水解物（5～10 μL）和 4 种单苷酸标准品（AMP、GMP、CMP、UMP、各 5 μL）才能在紫外灯下显示出紫外吸收斑点。电泳前在干燥的电泳纸（新华 1 号滤纸其大小可根据电泳槽裁剪）上点样，并检查紫外吸收的核苷酸样品是否存在。

样品点样量为 50～100 μg 较适宜。

pH 3.5 时核苷酸是阴离子，因此将样品点在负极一端。

c. 电泳

电泳缓冲液为 0.05 mol/L pH3.5 柠檬酸-柠檬酸钠。

如有冷却设备可做短时间的高压电泳，否则用常压电泳。本实验在常压 220 V，电泳 4 h。

3. 样品 RNA 含量的测定

地衣酚显色法测定 RNA 含量，可以分为标准曲线法和标准管法。

(1) 标准曲线法

a. RNA 标准曲线的测定

取 10 支试管，分成 5 组，依次加入 0.5 mL、1.0 mL、1.5 mL、2.0 mL 和 2.5 mL RNA 标准溶液。分别加入双蒸水使最终体积为 2.5 mL。另取 2 支试管，各加入 2.5 mL水作为对照。然后各加入 2.5 mL 地衣酚试剂。混匀后，于沸水浴内加热 20 min，取出冷却。于波长 680 nm 处测定光密度值，取 2 管平均值，以 RNA 浓度为横坐标，光密度为纵坐标作图，绘制出标准曲线。

b. 样品的测定

取 RNA 干燥制品 4 mg，加双蒸水 50 mL 溶解，制成样品待测液。取 2 支试管，各加入 2.5 mL 待测液，再加入 2.5 mL 地衣酚试剂。如 a 所述方法进行测定。

c. RNA 含量的计算

根据测得的光密度值，从标准曲线上查出对应该光密度值的 RNA 含量。按下式计算出制品 RNA 的百分含量。

RNA%＝（待测液中测得的 RNA 微克数/待测液中制品的微克数）×100

(2) 标准管法

1）取试管三支，测定管加样品液 1.0 mL，标准管加 RNA 标准溶液（100 μg/mL）0.5 mL，蒸馏水 0.5 mL，空白管加蒸馏水 1.0 mL。

2）三管均各加 3，5-二羟甲苯应用液 3.0 mL，混匀，立即置沸水浴中煮 20 min。取出后立即流水冷却。

3）于 660 nm 波长下比色，以空白管对光密度值调零，读取标准管和测定管光密度值。

4）计算

测定管内 RNA 含量（μg）＝（测定管光密度/标准管光密度）×50

实验二十 差速离心法分离大鼠肝脏细胞核和线粒体

【实验目的】

了解细胞器分离的基本原理，掌握差速离心技术。

【实验原理】

线粒体是真核细胞的重要细胞器，是动物细胞生成ATP的主要地点；细胞核是细胞中最大、最重要的细胞器，是细胞的控制中心，在细胞的代谢、生长、分化中起着重要作用，是遗传物质的主要存在部位。对这些细胞器的结构与功能的研究通常是在离体的细胞器上进行的。

分离细胞器最常用的方法是将组织制成匀浆，使其混匀在悬浮介质中，用差速离心法进行分离，这种方法主要是利用细胞内的各种细胞器的比重和大小各不相同，在离心场内的沉降速度也不相同的这些特点，逐渐提高转速，依次增加离心力和离心时间，就能够使这些成分按其大小、轻重分批沉降在离心管底部，从而分批收集，由于样品中各种大小和密度不同的颗粒在离心开始时均匀分布在整个离心管中，所以每级离心得到的第一次沉淀必然不是纯的最重的颗粒，须经反复悬浮和离心加以纯化。其过程包括组织细胞匀浆、分级分离和分析三步，这种方法已成为研究亚细胞成分的化学组成、理化特性及其功能的主要手段。

细胞器中最先沉淀的是细胞核，其次是线粒体，其他更轻的细胞器如溶酶体、微体、核糖体和大分子可依次再分离。

线粒体的鉴定用詹纳斯绿活染法。詹纳斯绿B（Janus green B）是对线粒体专一的活细胞染料，毒性很小，属于碱性染料，解离后带正电，由电性吸引堆积在线粒体膜上。线粒体的细胞色素氧化酶使该染料保持在氧化状态呈现蓝绿色从而使线粒体显色，而细胞质中的染料被还原成无色。

【实验材料】

1. 器材

解剖刀剪，漏斗，玻璃匀浆器，尼龙织物，温度计，离心管，冷冻高速离心机，显微镜载片及盖片，刀片，吸水纸，镜头纸，恒温水浴锅，冰箱，恒温培养箱。

2. 实验材料

鼠肝脏。

3. 实验试剂

1）0.25 mol/L 蔗糖-0.01 mol/L Tris-盐酸缓冲液（pH 7.4）：取0.1 mol/L Tris溶液10 mL，0.1 mol/L 盐酸 8.4mL，加双蒸水到100 mL，再加蔗糖使浓度为0.2 mol/L。

2）0.34 mol/L 蔗糖-0.01 mol/L Tris-盐酸缓冲液（pH 7.4）配法同上。

3）1%詹纳斯绿B染液：称取50 mg（pH 7.4），詹纳斯绿B溶于5 mL生理盐水中，稍微加热使之溶解后过滤，即为1%原液。

4）姬姆萨染液（Giemsa）：称取姬姆萨粉0.5 g，甘油33 mL、纯甲醇33 mL。先在姬姆萨粉中添加少量甘油，然后在研钵内研磨至无颗粒状，再将剩余甘油倒入混匀，56℃左右保温2 h使其充分溶解，最后加甲醇混匀，成为姬姆萨原液，保存于棕色瓶。使用时吸出少量，用1/15 mol/L磷酸缓冲液做10～20倍稀释。

5）磷酸缓冲液（pH 6.8）：1/15 mol/L KH_2PO_4 50 mL，1/15 mol/L Na_2HPO_4 50 mL。

6）卡诺（Carnoy）固定液：无水乙醇6 mL，冰醋酸1 mL，氯仿3 mL。

7）生理盐水。

【实验方法】

1）制备肝细胞匀浆：实验前将鼠空腹12 h，脱颈处死，剖腹取肝，迅速用生理盐水洗净血水，用滤纸吸干水，称取肝组织1 g，剪碎；用预冷的0.25 mol/L蔗糖溶液洗涤数次。然后按每克肝加9 mL预冷的0.25 mol/L蔗糖溶液的量，分数次添加蔗糖溶液，在0～4℃冰浴中用玻璃匀浆器将肝制成匀浆，用双层纱布过滤。

2）将0.34 mol/L蔗糖溶液4.5 mL放入离心管，然后沿管壁小心加入4.5 mL鼠肝匀浆覆盖于上层。

3）1000×*g*，4℃离心10 min，上清液移至另一离心管备用，收集沉淀（细胞核），将该沉淀物用0.25 mol/L预冷蔗糖溶液5 mL洗涤两次，每次1000×*g*，4℃离心15 min;用少量磷酸缓冲液溶解沉淀，涂片，加入Carnoy固定液15 min，晾干。Giemsa染液染10 min，蒸馏水漂洗数秒，用滤纸吸干水，用显微镜（40×）检查，细胞核呈紫红色，混杂的细胞质为浅蓝色碎片。

4）将步骤3中的上清液以10 000×*g*、4℃离心10 min，弃去上清，沉淀物（线粒体）中加0.25 mol/L预冷蔗糖溶液10 mL，10 000×*g*，4℃离心10 min，重复洗涤两次。用少量磷酸缓冲液溶解沉淀物，取沉淀滴在载玻片上，滴加1%詹纳斯绿溶液染色，10 min后用光学显微镜观察，线粒体呈蓝绿色，小棒状或哑铃状。

【注意事项】

注意掌握差速离心的时间和速度，低温操作，匀浆时充分破碎组织时间不宜过长。

实验二十一　家兔血清、血浆和无蛋白血滤液的制备

实验中常常需要从血液中分离血细胞血清进行研究，血液的主要成分血浆、红细胞、白细胞、血小板积血浆中含有无机盐、代谢产物、酶和抗体等，占全血量的50%～55%，试验中常心脏取血或通过制作动脉套管和穿刺静脉或毛细血管收集新鲜血液。血液不经抗凝处理，经过一段时间它会自然凝固，这是由于血浆内的可溶性的纤维蛋白原转变为不溶性的纤维蛋白，呈细丝状，纵横交错，网罗大量的血细胞，形成凝固块，浮在上面的清晰透明的黄色液体就是血清。血清和血浆均是不含细胞（包括血小板）等有形成分的血液液体部分，其主要区别是血清不含凝血因子和血小板，血浆则含有凝血因子和纤维蛋白成分，如果取血后避免凝固之后进行离心，使血细胞等成分下沉而获得的上清液部分就是血浆。如果使其自然凝固后离心得到上清液部分就是血清。

➢血清的分离与制备

【实验目的】

本实验的目的是通过分离血清、血浆等操作，进一步熟悉离心机的操作方法和注意事项。

【实验原理】

制备血清通常通过采取动物全血，让其自然凝固，静置或离心使凝固的有形成分去除，便可获得淡黄色或无色半透明液状的血清。

【实验方法】

1）颈动脉放血法取血。将家兔固定在解剖台上，以剪刀除去颈部的毛，用75%乙醇消毒后，将颈部皮肤捏起来，从根部开始剪开直至锁骨间。钝性剥开肌膜，让气管暴露，在气管两侧各有一根近乎桃红色的颈动脉管。手触之即可感到脉动。用玻璃针或是镊子小心拨开颈动脉周围的肌肉和神经，提起动脉，用丝线系住远心端，在离此处约1 cm的近心端处夹上一个止血钳，再在离此处约2 cm的近心端夹上一个止血钳，在两把止血钳间剪开一小口，插入硬质塑料管导入三角瓶，然后放开止血钳，血流便流入三角瓶内直至采完。

2）将盛血的离心管45°斜放静置，0.5～1 h后（室温或37℃温箱），凝块出现，将三角瓶立起，用玻璃棒沿管内壁轻轻剥离搅动，沿瓶壁将血块与瓶壁分离，4000 r/min离心10 min，即可使血清和有形成分彼此分开。

3）用吸管将分离出的血清移入另一干燥洁净的容器内提供使用或备用。

【注意事项】

1）避免过度的振荡和搅拌，以免红细胞破碎导致溶血。

2）盛血容器必须洁净、干燥。

3）全血状态（分离血清前）不要把血液置于0℃以下的环境，以免红细胞冻裂导致溶血。

4）如急于获取血清，可把全血置于20～30℃水浴，以促进血清的离析。

5）分离出的血清应视实验目的进行即刻测定或分装，冰冻保存。

➢血浆的分离与制备

【实验原理】

血浆制备的关键是取血时避免血液凝固，是在抗凝全血的基础上进行的，可在分离血浆之前在盛血的容器内加入适量的抗凝剂，根据实验的不同目的，选用不同的抗凝剂。

【实验方法】

1）准备含有抗凝剂的盛血容器（抗凝剂∶血液 ＝ 1∶9）。

2）小心将全血导入盛血容器，边收集边轻混，使抗凝剂溶解进血中，消除血液固有的凝固作用。

3）将抗凝全血置于离心管以4000 r/min离心5～10 min。

4）用滴管将上清部分的血浆与沉淀物分开，以备使用或保存。

【注意事项】

小心轻柔操作，避免溶血。

➢无蛋白血滤液的制备

血清、血浆和抗凝全血都可进行无蛋白血滤液的制备。具体的做法是用蛋白质沉淀剂将血液中的各种蛋白质沉淀下来，然后用过滤或离心的方法将沉淀下来的蛋白质除去，所得滤液或上清液即为无蛋白血滤液，生化分析常用的方法有钨酸法和三氯乙酸法。

【实验原理】

血液中的蛋白质在小于其等电点的环境中带正电荷，它们可与带负电的钨酸形成盐而沉淀。钨酸钠和硫酸混合生成钨酸和硫酸钠，钨酸既可使血中的蛋白质处于等电点的酸测而带正电，又可使带负电的酸根与带正电的蛋白质成为钨酸蛋白盐而沉淀。经离心除去沉淀后即可获得无蛋白血滤液或无蛋白上清液，可供非蛋白氮、血糖、氨基酸、尿素、尿酸及氯化物等项测定使用。

【实验材料】

试剂：

1) 100 g/L 钨酸钠溶液：取钨酸钠（$Na_2WO_4 \cdot 2H_2O$）100 g 溶于蒸馏水中，定容至 1000 mL。此液用酚酞指示剂试验应为中性或微碱性（即 10 mL 钨酸钠溶液加 0.05 mol/L硫酸 0.4 mL 后，用酚酞指示剂使之不呈红色）。过酸或过碱均影响蛋白质的完全沉淀。可用 0.1mol/L 硫酸或 0.1 mol/L 氢氧化钠校正。此液可保存半年左右。

2) 0.33 mol/L 硫酸。

【实验方法】

1) 取 50 mL 三角烧瓶 1 个，加蒸馏水 7 mL。

2) 用奥氏吸管吸取抗凝全血 1 mL（吸前应将血浆和血球充分混匀），擦去管外血液，插入瓶底，缓慢加入。加完后，吸取上清液清洗吸管一次，充分混合使血球完全破碎。

3) 加入 0.33 mol/L 硫酸 1 mL，充分混匀。此时血液由鲜红色变成棕色，放置5～10 min，使酸化完全。

4) 加入 100 g/L 钨酸钠溶液 1 mL，随加随摇，血液即由透明变为凝块状。当振摇不再产生泡沫后，用滤纸滤去沉淀或进行离心分离，即得完全澄清的无蛋白血滤液。

用此法制得之无蛋白血滤液为 10 倍稀释，即 1 mL 血滤液相当于 0.1 mL 全血。

【注意事项】

1) 用血浆或血清制备无蛋白血滤液时，硫酸和钨酸钠的用量可减半，所差的体积应用蒸馏水补足。

2) 血中含草酸盐抗凝剂过多时，可使蛋白质沉淀不完全，使血滤液混浊不清。此时可滴入 100 mL/L 硫酸 l 滴，用力摇匀，至溶液中出现暗棕色沉淀后再过滤或离心分离。硫酸加入切勿过量，否则可使血标本中尿酸沉淀及葡萄糖分解。

3) 如血滤液当天不用，可加甲苯或二甲苯数滴置冰箱保存。

常用的抗凝剂：凡能够抑制血液凝固反应进行的化合物称为抗凝剂。抗凝剂种类甚多，实验室常用的有如下几种，可根据情况选择使用。

① 草酸钾（钠）的优点是溶解度大，可迅速与血中钙离子结合，形成不溶性草酸钙，使血液不凝固。每毫升血液用 1～2 mg 即可。

配制方法：配制 10%草酸钾水溶液，吸取此液 0.1 mL 放入一试管中，慢慢转动试管，使草酸钾尽量铺散在试管壁上，置 80℃ 烘箱烤干（若超过 150℃ 则分解），管壁即呈一薄层三色粉末，加塞备用。可抗凝血液 5 mL 。

此抗凝血液，常用于非蛋白氮等多种测定项目，但不适用于钾、钙的测定。对乳酸脱氯酸性磷酸酶和淀粉酶具有抑制作用，使用时应注意。

② 草酸钾-氟化钠。氟化钠是一种弱抗凝剂，但在浓度为 2 mg/mL 时能抑制血液内葡萄糖的分解，因此在测定血糖时常与草酸钾混合使用。

配制方法：草酸钾 6 g、氟化钠 3 g，溶于 100 mL 蒸馏水中。每个试管加入 0.25 mL，于 80℃ 烘干备用。每管含混合剂 22.5 mg，可抗凝 5 mL 血液。

此抗凝血液，因氟化钠抑制脲酶，所以不能用于脲酶法的尿素氮测定；也不能用于淀粉酶及磷酸酶的测定。

③ 乙二胺四乙酸二钠盐（$EDTANa_2$）易与钙离子络合而使血液不凝。

有效浓度为 0.5 mg 可抗凝 1 mL 血液。

配制方法：配成 4% $EDTANa_2$ 水溶液。每管装 0.1 mL，80℃ 烘干，可抗凝 5 mL 血液。此抗凝血液适用于多种生化分析。但不能用于血浆中含氮物质、钙及钠的测定。

④ 肝素为最佳抗凝剂，主要抑制凝血酶原转变为凝血酶，从而抑制纤维蛋白原形成纤维蛋白而凝血：0.1～0.2 mg 或 20 单位可抗凝 1 mL 血液。

配制方法：配成 10 mg/mL 的水溶液。每管加 0.1 mL 于 37～56℃ 烘干，可抗凝 5～10 mL 血液（市售品为肝素钠溶液，每毫升含 12 500 国际单位，相当于 100 mg，故每 125 国际单位相当于 1 mg）。

第七部分 电泳技术

在直流电场中，带电粒子向带符号相反的电极移动的现象称为电泳（electrophoresis）。1809年俄国物理学家Pehce首先发现了电泳现象，但直到1937年瑞典的Tiselius建立了分离蛋白质的界面电泳（boundary electrophoresis）之后，电泳技术才开始应用。20世纪60～70年代，当滤纸、聚丙烯酰胺凝胶等介质相继引入电泳以来，电泳技术得以迅速发展。丰富多彩的电泳形式使其应用十分广泛。电泳技术除了用于小分子物质的分离分析外，最主要用于蛋白质、氨基酸、核酸、酶，甚至病毒与细胞的研究。由于某些电泳法设备简单、操作方便、具有高分辨率及选择性特点，已成为生物化学、分子生物学、生物工程和医学检验中不可缺少的重要分析、分离手段之一。

一、电泳的分类

电泳法可分为自由电泳（无支持体）及区带电泳（有支持体）两大类。前者包括Tise-leas式微量电泳、显微电泳、等电聚焦电泳、等速电泳及密度梯度电泳。区带电泳则包括滤纸电泳（常压及高压）、薄层电泳（薄膜及薄板）、凝胶电泳（琼脂、琼脂糖、淀粉胶和聚丙烯酰胺凝胶）等。自由电泳法的发展并不迅速，因为其电泳仪构造复杂、体积庞大，操作要求严格，价格昂贵等。而区带电泳可用各种类型的物质作支持体，其应用比较广泛。区带电泳的分类如下所述。

1）根据支持物物理性状不同，可分为以下几种。

① 滤纸及其他纤维素膜电泳，如醋酸纤维素膜、玻璃纤维素膜、聚胺纤维素膜电泳。

② 粉末电泳，如纤维素粉、淀粉、玻璃粉电泳。

③ 凝胶电泳，如琼脂糖、琼脂、硅胶、淀粉胶、聚丙烯酰胺凝胶电泳。

④ 丝线电泳，如尼龙丝、人造丝电泳。

2）根据支持物的装置形式不同，可分为以下几种。

① 平板式电泳，支持物水平放置，是最常用的电泳方式。

② 垂直板式电泳。

③ 连续流动电泳，首先应用于纸电泳，将滤纸垂直竖立，两边各放一个电级，缓冲液和样品自顶端下流，与电泳方向垂直。可分离较大量的蛋白质。以后有用淀粉、纤维素粉、玻璃粉等代替滤纸，分离效果更好。

3）根据pH的连续性不同，可分为以下几种。

① 连续pH电泳：电泳的全部过程中缓冲液pH保持不变，如纸电泳、醋酸纤维薄膜电泳。

② 非（不）连续pH电泳：缓冲液与支持物之间有不同的pH，如聚丙烯酰胺凝胶圆盘电泳、等电聚焦电泳、等速电泳等，能使分离物质的区带更加清晰，并可作纳克级

微量物质的分离。

不连续电泳与连续电泳的主要区别在于前者：①有两层不同孔径的凝胶系统；②电极槽中及两层凝胶中所用的缓冲液 pH 不同；③电泳过程中形成的电位梯度亦不均匀。而后者在这三个方面都是单一或是均匀的。

二、电泳的基本原理

电泳是指带电荷的胶体粒子在电场作用下的定向移动现象。氨基酸、多肽、蛋白质和核酸等具有可解离基团，在溶液中能够形成带电荷的离子，不同物质由于带电性质不同，因而在一定电场强度下移动速度不同。不同的带电颗粒在同一电场中的泳动速度不同，常用迁移率或泳动速度表示。迁移率的定义为带电颗粒在单位电场强度下的泳动速度。

$$m=\frac{V}{E}=\frac{d/t}{V/l}=\frac{dl}{Vt}$$

式中，m 为迁移率（cm/V·s）；v 为颗粒的泳动速度（cm/s）；E 为电场强度（V/m）；d 为颗粒泳动的距离（cm）；l 为支持物的有效长度（cm），即载体与两极溶液交界面间的距离；V 为实际电压（V）；t 为通电时间（s）。通过测量 d、l、V，t 便可计算出颗粒的迁移率。

例如，蛋白质分子，由于它具有许多可解离的酸性基团和碱性基团，如—COOH—、$—NH^{+}$等，因而它是一种典型的两性电解质。在一定的 pH 条件下，它可解离而带电，带电的性质和多少决定于蛋白质分子的性质、溶液的 pH 和离子强度。在某一 pH 条件下，蛋白质分子所带的正电荷数恰好等于负电荷数，即静电荷为零，此时蛋白质分子在电场中不移动，溶液的这一 pH 称为该蛋白质的等电点（isoelectric point，pI）。如果溶液的 pH 小于 pI，则蛋白质带正电荷，在电场中就会向负极移动；反之，溶液的 pH 大于 pI，则蛋白质分子会解离出 H^{+} 而带负电荷，此时蛋白质分子在电场中向正极移动。

带电颗粒在电场中的泳动速度与本身所带净电荷的量、颗粒大小和形状有关。一般说来，所带净电荷量越多、颗粒越小、越接近球形，则在电场中的泳动速度越快；反之则越慢。泳动速度除受颗粒本身性质的影响外，还和其他外界因素有关，它们之间的相互关系可用下式表示：

$$v=\frac{ZED}{C_{n}}$$

由上式可以看出泳动速度与电动电势（Z）、电场强度（E）及介质的介电常数（D）成正比，与溶液的黏度（C_{n}）成反比。式中，C 为一个常数，其数值为 $4\pi\sim9\pi$，由颗粒大小所决定。

在正常情况下进行电泳时，胶体黏度、介电常数及电势梯度都在同一条件下，故胶体分子大小及其所带电荷多少，决定其泳动速度。由于样品中各种蛋白质的相对分子质量不同、等电点不同，所带电荷多少亦不相同，在一定条件下各种蛋白质的泳动速度（迁移率）各异。因此利用这个原理可将一混合物质中不同组分生物物质区别开来，并得到各种蛋白质的比例，或分离和提取某种有效成分。

三、影响迁移率的因素

1. 样品

带电颗粒本身的性质在几个方面影响着它的迁移率。

1）电荷：迁移率随着带电颗粒净电荷的增加而增加，电荷量的大小一般由 pH 决定。

2）大小：对于较大的分子，由于周围介质所引起的摩擦力和静电引力的增加，迁移率下降。

3）形状：同样大小，但具有不同形状的分子，如纤维状蛋白质和球状蛋白质，因摩擦力和静电引力的不同，而表现出不同的迁移率。

2. 电场

根据实验的需要，电泳可分为两种，一种是常压电泳，电压在500 V以下，分离时间较长；另一种是高压电泳，电压为1000 V以上，电泳时间很短，有时仅需数分钟。常压电泳多用于分离蛋白质等生物大分子物质；高压电泳则多用来分离氨基酸、多肽、核苷酸、糖类等小分子物质。

欧姆定律表示了电流（A）、电压（V）和电阻（Ω）之间的关系：$A=V/\Omega$。因此，带电颗粒在电场中的分离受这三个因素的影响。

1）电流：由于在两个电极之间溶液中的电流完全由缓冲液和样品的带电颗粒来传导，因此迁移率与电流成正比。带电颗粒迁移的距离与通电时间也成正比。为了得到好的重复效果，电泳时必须保持电流的恒定。

2）电压：电压控制着电流，因此迁移率与加在支持介质两端的电位差（端电压）成正比。电场强度是指支持介质单位有效长度的电位差，也称电位梯度或电势梯度。用 V/cm 表示，即用端电压除以支持介质的有效长度得到。电场强度对泳动速度起着决定性作用。电场强度越高，则带电颗粒泳动越快。

3）电阻：迁移率与电阻成反比，电阻由支持介质的类型、大小以及缓冲液的离子强度所决定。电阻随支持介质的长度增加而增高，随支持介质的宽度和缓冲液的离子强度的增加而降低。

在电泳时以 I^2RT（W）的比率产生热量，并且电阻随温度升高而降低。因此，如电压保持不变，那么温度的升高将会引起电流的升高，并促使支持介质上溶剂的蒸发，为尽可能得到可重复的结果，应使用稳压或稳流的电源装置。在电泳槽中，附设一个冷却系统，高压工作时可起到外加冷却作用。

3. 缓冲液

缓冲液决定并稳定着支持介质的 pH，可通过很多途径影响化合物的迁移率。

1）成分：通常所用的缓冲液有甲酸盐、乙酸盐、柠檬酸盐、巴比妥酸盐、磷酸盐、Tris、EDTA 和吡啶等。硼酸缓冲液能和碳水化合物产生带电的复合物，因此经常用于碳水化合物的分离。

缓冲液是样品的溶剂，因此不可避免地会使样品产生一定程度的扩散。要让样品走成很窄的区带，应避免过量地加样，在一个尽可能短的时间内使用高电压，在分离完成后迅速取出并干燥等都能缩小扩散的程度。

2）pH：溶液的pH决定带电颗粒解离的程度，亦即决定其所带净电荷的多少。就蛋白质而言，pH离等电点越远，则颗粒所带净电荷越多，泳动速度也越快；反之，则越慢。因此当分离某一蛋白质混合物时，应选择一个合适的pH，使各种蛋白质所带的电荷量差异较大，有利于彼此分开。为了使电泳过程中溶液pH恒定，必须采用缓冲溶液。

3）离子强度：离子强度是指溶液中各离子的摩尔浓度与离子价数平方值的乘积总和的1/2。离子强度影响颗粒的电动电势，溶液的离子强度越高，电动电势越小，泳动速度越慢；反之，则越快。一般最适的离子强度为0.02～0.2。溶液的离子强度的计算方法如下：

$$I = 1/2\sum CZ^2$$

式中，I为离子强度；C为离子的摩尔浓度；Z为离子的价数。

两个电极槽中的缓冲液一般是相同的，用来饱和支持介质。但在凝胶电泳中，缓冲液是支持介质的一部分，常使用一种与电极缓冲液不同的缓冲液。将凝胶浓度和（或）电极缓冲液与支持介质缓冲液的类型、pH及离子强度不同的电泳称为不连续电泳，而将凝胶浓度和（或）电极缓冲液与支持介质缓冲液在类型、pH及离子强度上完全相同的电泳称为连续电泳。不连续电泳具有分离速度快、区带集中、分辨率高等优点。

4. 电渗

在电场中，液体对不动固体的相对移动现象称电渗作用。电泳时，滤纸、醋酸纤维素薄膜等支持物在缓冲液中都带有负电荷，而与这些支持物接触的水溶液则带正电荷（静电吸引）。电泳时，由于滤纸、醋酸纤维素薄膜等固定不动，于是带正电荷的水就流向负极，并携带颗粒也一起向负极移动。由于电渗现象与电泳作用同时存在，当电泳方向与电渗方向一致时，其蛋白质迁移的距离等于两者相加之和；若两者方向相反时，则颗粒的泳动距离为电泳的距离减去电渗的距离。电渗作用的强弱，因支持物的性质而异，滤纸的电渗作用较醋酸纤维素薄膜大，即使同是滤纸或醋酸纤维素薄膜，每一批的电渗作用有时也不完全一致，缓冲液的离子强度和pH对其也有影响。通常，离子强度低或pH较高时，均可使电渗作用增加。

5. 其他因素

除上述条件外，还有被测物颗粒的大小、溶液及被测物的黏度，实验温度、介质与样品相互作用、连续或不连续pH系统的建立，都在一定程度上影响着电泳速度与分离效果，在实际工作中需逐步加以摸索和改进。

四、凝胶电泳的支持介质

采用支持介质的目的是防止电泳过程中的对流和扩散，以使被分离的成分得到最大分辨率的分离。一般来说，支持介质应具备化学惰性、不干扰大分子的电泳过程、化学稳定性好、重复性好、电渗小等特性。

固体支持介质可以分两类：一类是纸、醋酸纤维素薄膜、硅胶、纤维素等。这些介质相对来说是化学惰性的，能将对流减到最小，但有些情况下，它们也会与迁移颗粒发生相互作用而参与分离过程。另一类是淀粉、琼脂糖和聚丙酰胺凝胶。这些凝胶介质不仅能防止对流，扩散最小，而且它们是多孔介质，孔径大小与生物大分子具有相似的数量级，因而具有分子筛的作用。因而生物大分子在进行分离时不仅取决于分子的电荷密度，还取决于分子的大小。目前由于淀粉凝胶批号之间的质量相差很大、重复性差、操作繁琐，实验室已很少使用。琼脂糖凝胶孔径较大，对大部分蛋白质只有很小的分子筛效应。聚丙酰胺凝胶由于分辨率高，不仅能分离含有各种生物大分子的混合物，而且可以研究生物子的特性，如电荷、相对分子质量大小、等电点等，因此已成为实验室最常用的支持介质。

（1）纸

电泳用纸无需特殊要求，一般的色谱滤纸即可用于电泳。纸是一种使用很方便的支持介质，除裁成一定大小外，不需要进行其他准备。用纸作支持介质，对样品往往有一定的吸附作用，但只要使用一种比样品的等电点更碱的缓冲液便可减少这种作用。此外，由于纸的化学组成决定，总会发生一定程度的电渗现象。现在已基本被醋酸纤维素薄膜和凝胶电泳所代替，这是因为后者具有更高的分辨能力。

（2）醋酸纤维素薄膜

醋酸纤维素薄膜常以厚度均匀一致的纸条形式市场供应。它对样品的吸附很小，用小量样品便可获得较高的分辨率。醋酸纤维素薄膜亲水性比纸小，所容纳的缓冲液较少，大部分电流由样品传导，因此分离很快。此电泳广泛应用于血清蛋白分析等。

（3）薄层

硅胶、硅藻土、氧化铝或纤维素均可在玻璃板上制成薄层用于电泳。薄层板水平放在电泳装置中，通过桥的连接，薄层可被由缓冲液槽扩散而来的缓冲液所饱和。此电泳分离迅速，并具有很好的分辨率和很高的灵敏度。

（4）凝胶

琼脂、淀粉、聚丙烯酰胺等凝胶在使用前用缓冲液进行制备。凝胶的吸附、电渗以及由于扩展所形成的区带弥散现象均很小，故凝胶电泳用途较广，不但用于制备，而且更多地用于分析，尤其是对于分离具有相同电荷且质量相差很小的混合组分效果更佳。

a. 琼脂

琼脂是琼脂糖和琼脂胶两种半乳糖聚合物的混合物。当用缓冲液配制成1%（*W*/*V*）浓度的胶时，琼脂含水量很高。电泳时凝胶中的带电样品颗粒移动很快，电泳结束后扩展又很迅速。这种电泳更适合于免疫电泳以分离和检测抗原。

由于琼脂含有硫酸根和羧基，可产生较强的电渗作用，同时硫酸根与某些蛋白质作用，影响电泳效果。因此，目前已用琼脂糖取代琼脂作为支持介质，并取得较好的效果。

b. 淀粉

淀粉凝胶是在一种适合的缓冲液中加热和冷却部分水解的淀粉混合物制备而成的。这种缓冲液使淀粉分子中的支链相互缠绕，形成一种半刚性的凝胶。适合于淀粉凝胶的缓冲液往往凭经验选择，在缓冲液中加入小于2%（m/V）的淀粉可以制备“软”的大孔凝胶，加入8%～15%的淀粉可制备“硬”的小孔凝胶。实际上无法知道淀粉凝胶的确切孔径。淀粉凝胶通常制成方板状，根据需要进行水平或垂直电泳以分离结构分子或活性生物大分子的复杂复合物。

c. 聚丙烯酰胺

聚丙烯酰胺是通过丙烯酰胺和N、N'-亚甲双丙烯酰胺在适当的游离基催化加速作用下聚合而成的。催化加速剂一般是0.1%～0.3%（m/V）的过硫酸铵与0.1%～0.3%（m/V）的β-二甲氨基丙腈（DMAP）或N，N，N'，N'-四甲基乙二胺(TEMED)。凝胶的孔径由丙烯酰胺单体和交联剂N，N'-亚甲双丙烯酰胺的相对比例决定。

五、电泳的操作过程

(1) 支持介质的饱和

如果支持介质不是凝胶，那么在电泳开始之前须用缓冲液饱和，使其能够传导电流。介质的饱和最好在加样前进行，否则样品会在原点发生扩散。滤纸浸泡在缓冲液中，用时吸去过量的缓冲液。醋酸纤维素薄膜可在一个浅槽中将其漂浮在缓冲液的表面，然后让缓冲液缓慢润湿。浸泡太快可使气泡引入，难于去除。

(2) 加样

样品溶液一般可用微量吸管或特制的加样器在一适当的位置进行，使样品在起始位置形成一个集中的小点或一条窄带。如混合样品中不同成分具有相反的电荷，它们必然移向两个电极，起始位置应选在支持介质的中间。如估计混合样品只是向一个电极移动，那么起始位置应选在离开这个电极最远的介质一端，以利充分分离。

如果使用水平凝胶极，样品一般加在滤纸条上，然后将其放入切去表面凝胶的孔穴中。例如，凝胶是垂直板（如聚丙烯酰胺凝胶），样品可混在10%（m/V）的蔗糖溶液中加至板的上端槽内。

蛋白质样品可以加入尿素或十二烷基硫酸钠促进溶解。溴酚蓝是一类示踪染料，常常加在样品中进行凝胶电泳，通过观察染料的移动，可以得到有关样品电泳行为的一些指标。

(3) 样品的分离

加样以后，接通电源，在所需电压下进行分离。在电泳过程中，需注意及时调整电源装置，使电源和电压稳定在所需的水平。

(4) 取出支持介质

取出后的滤纸、醋酸纤维素薄膜和薄层板，通常在110℃的烘箱中直接干燥。聚丙烯酰胺凝胶在两玻璃板之间用相应物撬开，用刀片或枪头剥离，将凝胶直接放入染色液中。

(5) 染色和物质的回收

大部分生物分子是无色化合物，为确定分离后在支持介质上的位置，需采用一定的方法加以显示。在滤纸、醋酸纤维素薄膜和凝胶电泳中，对分离后的成分最广泛使用的检测方法是用一种可选择地使支持介质上物质染色的染料进行处理。如果分离后的成分与染料的结合是定量进行的，被染色的物质即可用一定方法进行定量测定。可以把支持介质的有关区域切下，再用适当的溶剂把分离后的成分从介质上洗脱下来，然后使用分光光度计进行测定。如果是用醋酸纤维系薄膜支持介质，则可将其溶解于某些有机溶剂（如丙酮），使染色后的物质留在溶液中。此外，对于透明的凝胶介质，可以采用光密度计直接进行灰度扫描。

六、几种染料的性能及染色原理

1）氨基黑 10B：氨基黑 10B $C_{22}H_{13}O_{12}N_6S_3Na_3$，MW＝715，$\lambda_{max}$＝620～630 nm。氨基黑是酸性染料，其磺酸基与蛋白质反应构成复合盐，是早期用于蛋白质染色最常用的染料。但用氨基黑染 SDS－蛋白质时效果不好。另外，氨基黑染不同蛋白质的着色度不等、色调不一（有蓝、黑、棕等），作同一凝胶柱的扫描时误差较大，需要对各种蛋白质作出本身的蛋白质－染料量（吸收值）的标准曲线。

2）考马斯亮蓝 R-250：$C_{45}H_{44}O_8H_3S_2Na$，MW＝824，λ_{max}＝560～590 nm。染色灵敏度比氨基黑高 5 倍。尤其适用于 SDS 电泳微量蛋白质染色。但蛋白质浓度超出一定范围时，对高浓度蛋白的染色不合乎 Deer 定律，用作定量分析时要注意这点。

3）考马斯克蓝 G-250：比考马斯亮蓝 R-250 多二个甲基。MW＝854，λ_{max}＝590～610 nm。染色灵敏度不如考马斯亮蓝 R-250，但比氨基黑高 3 倍。优点在于它在三氯乙酸中不溶而成胶体，能选择地染色蛋白质而几乎无本底色。所以常用于需要重复性好和稳定的染色，适于做定量分析。

4）1-苯胺基-8-萘磺酸（ANS）：本身无荧光，但与蛋白质结合后则产生荧光。电泳后，取出凝胶放在平皿中，用此染料溶液浸 1～3 min，用长波紫外灯照射时，生黄色荧光，可显示蛋白质 100 μg，如果不明显，可将凝胶取出暴露于空气或盐酸气中，或浸没在 3 mol/L 盐酸中几秒至 2 min，使表面蛋白质稍变性，然后再用 ANS 染色，这样可显示蛋白质 20 μg。

5）银染色：银染色的机制是将蛋白质带上的硝酸银离子还原成金属银，以使银颗粒沉积在蛋白质带上。银染的灵敏度高，可以检测低于 1 ng 的蛋白质。目前的银染方法可分为两大类：化学显色和光显色。化学显色又可分为双胺银染法（diamine silver stain）和非双胺银染法（non-diamine silver stain）。双胺银染色是用氢氧化铵形成银-双胺复合物，将固定后的凝胶浸泡在这个溶液中，并通过酸化（通常用柠檬酸）使其显像。非双胺银染色法是将固定的凝胶放在酸性的硝酸银中，当硝酸银和蛋白质发生作用后，在碱性 pH 中，用甲醛还原离子化的银成金属银来达到显像的目的。光显色方法使用光能还原银离子成金属银。因为光能在酸性溶液中还原银，所以一旦凝胶被固定，光法染色以使用单一染色液，而不像化学染色程序那样通常至少需要两种溶液。

实验二十二　不连续聚丙烯酰胺凝胶垂直板电泳分离血清蛋白质

【实验目的】

1）掌握聚丙烯酰胺凝胶电泳的基本原理。

2）掌握聚丙烯酰胺凝胶垂直板电泳的操作技术。

【实验原理】

聚丙烯酰胺凝胶电泳是 S. Raymond 和 L. Weinatraub 在 1959 年最早建立的。后来又得到 L. Ornstein 和 R. J. Davis 的改进和发展，在 1964 年，他们又从理论和实验技术上作了进一步的阐明并加以改进后，此法才被推广使用。

聚丙烯酰胺凝胶是由丙烯酰胺单体（acrylamide，Acr）和交联剂 *N′*，*N′*-甲叉双丙烯酰胺（*N*，*N*-methylene bisacrylamide，Bis）在催化剂的作用下聚合而成的含酰胺基侧链的脂肪族长链，相邻的两个链通过甲叉桥交联起来，链纵横交错，形成三维网状结构的凝胶。

聚丙烯酰胺的单体是丙烯酰胺，结构式为

$$CH_2{=}CH{-}\overset{\overset{\displaystyle O}{\|}}{C}{-}NH_2\,(Acr)$$

交联剂是 *N*，*N′*-甲叉基双丙烯酰胺，结构式为

$$CH_2{=}CH{-}\overset{\overset{\displaystyle O}{\|}}{C}{-}NH{-}CH_2{-}NH{-}\overset{\overset{\displaystyle O}{\|}}{C}{-}CH{=}CH_2\,(Bis)$$

聚丙烯酰胺凝胶具有多孔的三维网状结构，透明而不溶于水，化学性质稳定，不带电荷。没有吸附作用，且电渗现象极弱。通过改变凝胶溶液中单体和交联剂的浓度，以及聚合程度和交联度，可获得不同密度、黏度、弹性和机械强度的聚丙烯酰胺凝胶。

聚丙烯酰胺的结构式为：

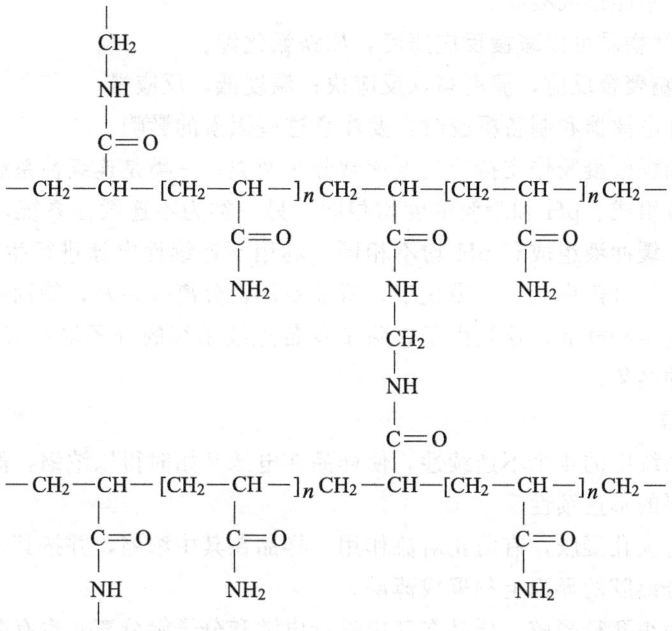

```
              |
             CH2
              |
             NH
              |
             C=O
              |
—CH2—CH—[CH2—CH—]n CH2—CH—[CH2—CH—]n CH2—
                    |           |            |
                   C=O         C=O          C=O
                    |           |            |
                   NH2         NH           NH2
                                |
                               CH2
                                |
                               NH
                                |
                               C=O
                                |
—CH2—CH—[CH2—CH—]n CH2—CH—[CH2—CH—]n CH2—
      |          |                      |
     C=O        C=O                    C=O
      |          |                      |
     NH         NH2                    NH2
      |
```

凝胶的聚合作用通常是使用能提供游离基（free radical）的一些催化氧化还原体系来完成的。参与反应的催化剂有两种成分。一是引发剂，它提供原始自由基，通过自由基传递，使丙烯酰胺成为自由基，发动聚合反应；二是加速剂，它加快引发剂释放自由基速度。常用引发剂与加速剂的搭配如表 7-1 所示：

表 7-1　聚合反应催化剂的搭配

引发剂	加速剂	引发反应
$(NH_4)_2S_2O_3$	TEMED	化学聚合
$(NH_4)_2S_2O_3$	DMAPN	化学聚合
核 黄 素	TEMED	光聚合

注：TEMED. *N*，*N*，*N*′，*N*′-tetramethylethylenediamine，*N*，*N*，*N*′，*N*′-四甲基乙二胺；DMAPN. 3-dimethylaminpropionitrile，3-二甲基氨丙腈。

过硫酸铵（AP）和核黄素分别引发化学聚合和光聚合两种不同类型的反应。

化学聚合：过硫酸铵在 TEMED 或 DMAPN 的催化下形成氧自由基，进而使单体形成自由基，引发聚合反应。聚丙烯酰胺凝胶的分离胶（小孔胶）就是通过这种化学聚合而合成的。

光聚合：核黄素在光下形成无色基，后者被氧再氧化形成自由基，从而引发聚合反应。但过量的氧会阻止链长的增加。此法比上法制得凝胶的胶孔大，因此常作电泳中的浓缩胶。

以上的聚合反应，受许多因素的影响。

1）大气氧能猝灭自由基，终止聚合反应，所以反应液应与空气隔绝。

2）有些材料，如有机玻璃能抑制聚合反应，在有机玻璃容器中，反应液和容器表面接触的一层，不能形成凝胶。

3）某些化学物质可以减慢反应速度，如铁氰化钾。

4）温度影响聚合反应，温度高，反应快；温度低，反应慢。

因此在设计电泳器和制备凝胶时，要注意这些因素的影响。

采用聚丙烯酰胺凝胶作支持物的电泳常分为两类：一类是连续性系统，即整个电泳系统中的缓冲液组成、pH 和凝胶浓度均相同；另一类为不连续性系统，所谓不连续就是指凝胶浓度、缓冲液组成和 pH 均不相同。利用不连续性电泳进行生物样品的分析，手续虽然繁琐，但分辨率高，区带狭窄，清晰易辨，分离效果好，特别适用于分析浓度较低，量较微的生物样品。这是由于它除了具备连续系统的分子筛效应、电荷效应外，还有一个浓缩的结果。

1. 浓缩效应

由于电泳系统中的 4 个不连续性，使样品在电泳开始时得以浓缩，然后再被分离。

（1）凝胶层的不连续性。

浓缩胶：为大孔凝胶，有防止对流作用。样品在其中浓缩，并按其迁移率递减的顺序逐渐在其与分离胶的界面上积聚成薄层。

分离胶：为小孔径凝胶，样品在其中进行电泳和分子筛分离，也有防对流作用。蛋白质分子在大孔凝胶中受到的阻力小，移动速度快。进入小孔凝胶时遇到的阻力增大，速度减慢。由于凝胶层的不连续性，在大孔与小孔凝胶的界面处就会使样品浓缩，区带变窄。

（2）缓冲液离子成分的不连续性

一种离子称为快离子或前导离子（leading ion），它具有较大的迁移率，一般常用 Cl^- 或 K^+ 离子作为快离子；另一种离子与快离子带有相同电荷、迁移率较小，走在后面的离子，称为慢离子或尾随离子（tailing ion）；第三种是和前二种离子带有相反电荷的离子，称为缓冲平衡离子（buffer counter ion），用以保持溶液的电中性及一定的 pH；快离子只存在于凝胶中，慢离子只存在于电极缓冲液中，而缓冲平衡离子则在凝胶和电极缓冲液中均有。在分离蛋白质样品时，常用 Cl^- 作为快离子，甘氨酸根负离子（$NH_2CH_2COO^-$）作为慢离子，Tris 作为缓冲平衡离子。

电泳时，快离子与慢离子的界面向下移动，由于选择了适当的 pH 缓冲液，使蛋白质样品的有效适移率（有效适移率＝$m\alpha$：m 为适移率，α 为解离度）介于快离子与慢离子的界面处，浓缩成为极窄的区带。当样品达到浓缩胶与分离胶界面处，离子界面继续前进，蛋白质被留在后面，然后分成多个区带。

（3）电位梯度的不连续性

电泳速度的快慢与电位梯度的高低有关，因为电泳速度等于电位梯度与迁移率的乘积。在不连续系统中，电位梯度的差异是自动形成的，电泳开始后，由于快离子的迁移率大，就会很快超过蛋白质，因此在快离子的后边形成一个离子浓度低的区域，即低电导区。电导与电位梯度是成反比的，所以低电导区就有了较高的电位梯度。这种高电位梯度使蛋白质和慢离子在快离子后面加速移动。当快离子、慢离子的移动速度相等的稳定状态建立之后，则在快离子和慢离子之间形成一个稳定而又不断向阳极移动的界面。

由于蛋白质样品的有效迁移率恰好介于快离子和慢离子之间，因此也就聚集在这个移动界面的附近，被浓缩形成一个狭小的中间层。

(4) pH 的不连续性

在浓缩胶与分离胶之间存在着 pH 不连续性，这是为了控制慢离子的解离度，从而控制其有效迁移率。要求在浓缩胶中，慢离子较所有被分离样品的有效迁移率低，以使样品夹在快离子与慢离子界面之间，使样品浓缩。而在分离胶中，慢离子的有效迁移率比所有样品的有效迁移率高，使样品不再受离子界面的影响。进行普通的电泳分离。

2. 分子筛效应

分子大小和形状不同的蛋白质通过一定孔径的分离胶时，受阻滞的程度不同，因而表现出不同的迁移率，即所谓的分子筛效应。即使净电荷相似，也就是说自由迁移率相同的蛋白质分子，也会由于分子筛效应而在分离胶中被分离开来。

3. 电荷效应

蛋白质混合物在凝胶界面处被高度浓缩，堆积成层，形成一个狭小的高浓度的蛋白质区，但由于每种蛋白质分子所带电荷多少不同，因而迁移率不同。带电荷多的，泳动的快；反之，则慢。因此各种蛋白质就以一定的顺序排列成一条条区带状。在进入分离胶时，此种电荷效应仍起作用。

为了使样品分离得快，操作方便，便于记录结果和保存样本，要求凝胶有一定的物理性质、合适的筛孔、一定的机械强度、良好的透明度。这些性质很大程度上是由凝胶浓度和交联度所决定的。

100 mL 凝胶溶液中含有的单体和交联剂总克数称为凝胶浓度，记为 T。

T（%）=［Acr（g）+Bis（g）］/V（mL）×100%

凝胶溶液中，交联剂占单体加交联剂总量的百分数为交联度，记号为 C。

C（%）=Bis/(Acr+Bis)×100%

凝胶浓度能够在 3%～30%中变化，浓度过高时，凝胶硬而脆，容易破碎；浓度太小，凝胶稀软，不易操作。凝胶浓度主要影响筛孔的大小。

凝胶浓度与被分离物的相对分子质量大小关系。大致可用表 7-2 表示。

表 7-2 相对分子质量范围与凝胶浓度的关系

相对分子质量范围	适用的凝胶浓度/%
蛋白质：$<10^4$	20 - 30
$1\times10^4\sim4\times10^4$	15～20
$4\times10^4\sim1\times10^5$	10～15
$1\times10^4\sim5\times10^5$	5～15
75×10^5	2～5
核 酸：$<10^4$	15～20
$10^4\sim10^5$	5～10
$10^5\sim2\times10^6$	2～2.6

最常用的凝胶，$T=7\%\sim7.5\%$，$C=2\%\sim3\%$；Davis 标准凝胶的组成是，$T=7.2\%$，$C=2.6\%$。用此浓度的凝胶分离生物体内的蛋白质能得到较好的结果。当分析一个未知样品时，常常可先用 7.2%的标准凝胶或用 4%～10%的凝胶梯度来试测，而后选用适宜的胶浓度。

用于研究大分子核酸的凝胶多为大孔径凝胶，太软，不易操作，最好加入 0.5%琼脂糖。在 3%凝胶中加入 20%蔗糖，也可增加机械强度而又不影响孔径大小。

聚丙烯酰胺凝胶电泳根据电泳装置不同又可分为垂直管状（圆盘）电泳和垂直平板电泳。这两种电泳操作方式基本相同，不同的只是用于凝胶的支架或为玻璃管、或为玻璃板。垂直平板聚丙烯酰胺凝胶电泳和管型盘状凝胶电泳相比，具有以下优点：①一系列样品可以在相同的制板、电泳、显色条件下进行比较，减少试验误差；②在一块平板上点样数目可根据需要任意变动，可多可少；③凝胶可制成干板，作为科研资料长期保存；④电泳后取胶、显色、摄影等都较方便，并能得到较好的效果。由于具有上述优点，故近年来垂直平板凝胶电泳技术发展较快，现将方法介绍如下。

【实验材料】

1. 器材

DYCZ-24D 型垂直板电泳槽，凝胶模板（135 mm×100 mm×1.5 mm）（北京六一仪器厂），直流稳压电源（电压 300～600 V，电流 50～100 mA），微量注射器(10 μL或 50 μL)，烧杯（25 mL、50 mL、100 mL），镊子，剪刀，单面刀，WD-9405B 型水平摇床，Sartorius 普及型 pH 计（PB-10），DYY-10C 微电脑控制电泳仪，培养皿（直径 120 mm）。

2. 试剂

各种储存液配制后，盛于棕色瓶中，储存于冰箱中备用。用时需测 pH，以检查是否失效。TEMED 要密封储藏。过硫酸铵溶液最好现用现配，4℃冰箱储存不宜超过一周。

1）分离胶缓冲液（pH 8.8）：Tris 36.6 g，1mol/L HCl 48 mL，加蒸馏水溶解到 100 mL。

2）浓缩胶缓冲液（pH 6.8）：Tris 5.98 g，1mol/L HCl 48 mL，加蒸馏水溶解到 100 mL。

3）单体与交联剂（30%）：丙烯酰胺（Acr）29.0 g，甲叉基双丙烯酰胺（Bis）1.0 g,加蒸馏水溶解到 100 mL。不溶物过滤去除后置棕色瓶储于冰箱。

4）过硫酸铵溶液（引发剂）：100 g/L 现用现配。

5）四甲基乙二胺（TEMED）溶液（加速剂）。

6）电泳缓冲液（pH 8.3）：Tris 6.0 g，甘氨酸 28.8 g，加蒸馏水溶解到 100 mL (用时可稀释成 8 倍)。

7）指示剂：200 mg/L 溴酚蓝溶液（含 20%蔗糖）。

8）考马斯亮蓝染色液：甲醇 450 mL，冰醋酸 100 mL，考马斯亮蓝 R-250 2.5 g，蒸馏水 450 mL。

9）脱色液：冰醋酸 100 mL，甲醇 100 mL，蒸馏水 800 mL。

10）100 mL/L 戊二醛溶液。

11）1 g/L $AgNO_3$ 溶液（避光保存）。

12）甲醇∶水∶冰醋酸（5∶4∶1）混合液。

13）水∶冰醋酸∶甲醇（88∶7∶5）混合液。

14）显色液：取 50 μL 370 mL/L 甲醛溶液，加到 100 mL 30 g/L 碳酸钠溶液中，混匀即可。

15）5 μg/mL 二硫苏糖醇（DTT）溶液。

16）2.3 mol/L 柠檬酸溶液。

17）血清。

【操作步骤】

1. 凝胶溶液的配制

首先制备分离胶，即取一小烧杯或三角瓶，按表 7-3 加入各试剂。

表 7-3　分离胶和浓缩胶的配制

试　剂	分离胶	浓缩胶
分离胶缓冲液/mL	0.75	—
浓缩胶缓冲液/mL	—	0.5
单体与交联剂/mL	1.5	0.60
双蒸水/mL	3.5	3.4
TEMED/μL	15	10
过硫酸铵溶液/μL	60	50
总体积/mL	5.9	4.0

将上述凝胶溶液轻轻混匀后，用玻璃注射器加到已用胶条封好的垂直板电泳槽的两片玻璃板之间，要缓慢加入，以免产生气泡，影响胶的聚合及分离效果，当凝胶溶液加至距短玻璃板板上端约 4 cm 时停止，然后迅速、轻轻地加入约 0.5 cm 的蒸馏水层，置室温静止，当凝胶与水层之间出现清晰的界面时，开始制备浓缩胶（表 7-3）。即另取一个小烧杯或三角瓶，按上表加入各试剂，然后吸去分离胶上面的蒸馏水，将配制好的浓缩胶溶液加到分离胶上面，再将梳板插入到浓缩胶内，静置 0.5～1 h，待凝胶聚合后，于室温老化 0.5 h 以上即可使用。

2. 加样

在电泳槽内加足电极缓冲液，取出梳板，然后用微量加样器吸取样品，每个样品槽（每个泳道）加 5～10 μL 样品和 2～5 μL 溴酚蓝混合液，加样时要慢慢推动加样器，以使样品整齐地落在胶面上。

3. 电泳

接通电源，调电压至 70 V，20 min 后样品进入胶内。再将电压升至 200～300 V，电流 40 mA（以电流为主），电泳 3～4 h，至溴酚蓝距胶下端 1 cm 时停止电泳。

4. 卸板

电泳完毕，取出电泳槽，吸出电极缓冲液，将胶板从电泳槽上卸下，平放在实验台上，用压舌板在两块玻璃板的一角轻轻一撬，揭去上面长型玻璃板。用刀片在胶板一端切除一角作为标记，而后用磨平针尖的用针头吸取无离子水把凝胶从短型玻璃板上剥离，慢慢地把胶板冲入白瓷盘或大培养皿内，即可染色与固定。

5. 染色

(1) 银染色法

将电泳后的凝胶浸入甲醇：水：冰醋酸混合液中，浸泡 30 min 后取出，浸入水：冰醋酸：甲醇混合液中，再浸泡 30 min，取出之后，放入戊二醛溶液中，固定 30 min，取出后用双蒸水漂洗数次，每间隔 2 min 更换一次。然后放入二硫苏糖醇溶液，浸泡 30 min，取出凝胶，再浸入 $AgNO_3$ 溶液中约 30 min。染色后用双蒸水漂洗 1 次，甲醛显色液漂洗 2 次，再浸入甲醛显色液中浸泡，直至蛋白质区带清晰显示为止。此时，可加入 5 mL 2.3 mol/L 柠檬酸溶液终止染色反应，最后用蒸馏水漂洗数次即可。

(2) 考马斯亮蓝染色法

将凝胶浸入考马斯亮蓝 R-250 染色液中，浸染 3～4 h，用蒸馏水瀑洗一次，再浸入脱色液中脱色数小时，更换一次新的脱色液，直到背景几乎无色，蛋白质区带清晰为止。

6. 保存

染色之后，将凝胶浸入 70 mL/L 乙酸溶液中保存，可供记录、照相，也可制成干板保存。在水中用两张比胶板稍大的玻璃纸，将胶板夹在中间，平放在玻璃板上，排除气泡，四周用玻璃条压住并用夹子固定在玻璃板上，30℃烘干或自然风干。包前如将胶板放在 10%的甘油中浸泡片刻，则效果会更好。

【注意事项】

1）丙烯酰胺有神经毒性，可经皮肤，呼吸道等吸收，故操作时一定要注意防护。

2）蛋白质加样量要合适。加样量太少，条带不清晰；加样量太多则泳道超载，条带过宽而重叠，甚至覆盖至相邻泳道。

3）对多种蛋白质而言，电流大则电泳条带清晰，但电流过大，玻璃板会因受热而破裂。

4）过硫酸铵溶液最好为当天配置，冰箱里储存也不能超过一周。

实验二十三　SDS-不连续聚丙烯酰胺凝胶电泳测定蛋白质相对分子质量

【实验目的】

学习 SDS-聚丙烯酰胺凝胶（SDS-PAGE）测定蛋白质相对分子质量的基本原理

【实验原理】

十二烷基硫酸钠（sodium dodecyl sulfate，SDS）-聚丙烯酰胺凝胶电泳法测定蛋白质的相对分子质量是 20 世纪 60 年代末 Weber 和 Osborn 在 Shapiro 等实验基础上发展起来的一项新技术。用这种方法测定蛋白质的相对分子质量具有快速灵便，设备简单等优点。

蛋白质的电泳迁移率在一般的电泳方法中，主要取决于它在某 pH 下所带的净电荷量、分子大小（相对分子质量）和形状的差异性，而 SDS-聚丙烯酰胺凝胶电泳对大多数蛋白质，主要取决于它们的相对分子质量，与原有的电荷量和形状无关。

SDS 是一种阴离子表面活性剂，在一定的条件下，它能打开蛋白质氢键和疏水键，并按比例地结合到这些蛋白质分子上形成带负电荷的蛋白质-SDS 复合物，每克蛋白质一般结合 1.4 g SDS。SDS 与蛋白质的定比结合使蛋白质-SDS 复合物均带上相同的负电荷，其量远远超过蛋白质原有的电荷量，因而掩盖了蛋白质间原有的电荷差异。SDS 与蛋白质结合后，还引起了蛋白质构象的改变。蛋白质-SDS 复合物的流体力学和光学性质表明，它们在水溶液中的形状近似于雪茄烟形的长椭圆棒，不同蛋白质的 SDS 复合物的短轴长度都一样，约为 18 Å，而长轴则随蛋白质的相对分子质量成正比地变化。这样的蛋白质-SDS 复合物，在凝胶电泳中的迁移率，不再受蛋白质原有电荷和形状的影响，而只是椭圆棒的长度也就是蛋白质相对分子质量的函数。蛋白质相对分子质量与电泳迁移率间的关系可用下式表示：

$$\lg M_r = K - bm$$

式中，M_r 为相对分子质量；K 为常数；b 为斜率；m 为迁移率。由此可见。采用 SDS-聚丙烯酰胺凝胶电泳，不仅可以根据相对分子质量大小对蛋白质进行分离，而且可以根据电泳迁移率大小测定蛋白质的相对分子质量。

后来，Weber 等基本按 Shapiro 的方法对约 40 种蛋白质进行了研究，进一步证实了这个方法地可行性。用这种方法测定蛋白质的相对分子质量，简便、快速，只需要廉价的设备和微克量的蛋白质样品；所得结果，相对分子质量为 15 000～200 000，与用其他方法测得的相对分子质量相比，误差一般在±10%以内。因此，SDS-聚丙烯酰胺凝胶电泳不仅是一种好的蛋白质分离方法，也是一种十分有用的测定蛋白质相对分子质量的方法。应该注意的是，SDS-聚丙烯酰胺凝胶电泳法测得的是蛋白质亚基的相对分子质量。对寡聚蛋白来说，为了正确反映其完整的分子结构，还应用连续密度梯度电泳或凝胶过滤等方法测定天然构象状态下的相对分子质量及分子中肽链（亚基）的数目。

在进行相对分子质量测定时，通常选用已知相对分子质量标准蛋白质作为"标记物"(marker)，与相对分子质量未知的待测蛋白质样品在同一条件下进行 SDS-聚丙烯酰胺凝胶电泳，将已知相对分子质量标准蛋白质的相对迁移率，在半对数坐标纸上与相对分子质量的对数作图，可得到一条标准曲线。从标准曲线上找出待测蛋白质样品的相对分子质量。

【实验材料】

1. 器材

DYCZ-24D 型垂直板电泳槽，DYY-10C 微电脑控制电泳仪，凝胶板（135 mm×100 mm×1.5 mm）（北京六一仪器厂），20 mL 玻璃注射器，5 mL 玻璃注射器，微量注射器（10 μL 或 50 μL），烧杯（25 mL、50 mL、100 mL），移液器（0.1 mL×1、1 mL×1、5 mL×1），酸度计，镊子、单面刀，WD-9405B 型水平摇床，Sartorius 普及型 pH 计（PB-10），培养皿（直径 120 mm）。

2. 试剂

1）凝胶储备液：丙烯酰胺（Acr）29 g，亚甲基双丙烯酰胺（Bis）1 g，加双蒸水至 100 mL，过滤后存于棕色瓶中。

2）浓缩胶缓冲液：1.0 mol/L Tris-HCl pH 6.8。称取 Tris 12.1 g，加蒸馏水至 80 mL,溶解后用浓盐酸调至 pH 6.8，最后定容至 100 mL。

3）分离胶缓冲液：1.5 mol/L Tris-HCl pH 8.8。称取 Tris 18.15 g，加蒸馏水至 80mL，溶解后用浓盐酸调至 pH 6.8，最后定容至 100mL。

4）2×样品溶解液：Tris 0.15 g，SDS 0.40 g，β-巯基乙醇 1.0 mL，甘油 2.0 mL，蒸馏水 7.0 mL，溴酚蓝 0.02 g。分装成每份 100 μL，在－20℃储存。

5）100 g/LSDS 溶液。

6）100 g/L 过硫酸铵溶液（现用现配）：此溶液需临用前配制，此浓度过硫酸铵可省去抽气排除丙烯酰胺溶液中溶解氧的步骤。

7）TEMED 溶液。

8）电极缓冲液：甘氨酸 14.4 g，Tris 3.0 g，100g/LSDS l0 mL，蒸馏水 800 mL。溶解之后，调 pH 至 8.3，最后定容至 l000 mL

9）待测蛋白质溶液（浓度约 2.0 mg/mL）。

10）标准蛋白质：目前国内外均有厂商生产低相对分子质量及高相对分子质量标准蛋白质成套试剂盒，用于 SDS-PAGE 测定未知蛋白质相对分子质量，其组成见表 7-4。

表 7-4 5 种标准蛋白质

蛋白质名称	相对分子质量（Da）
磷酸化酶	94 000
牛血清蛋白	67 000
肌动蛋白	43 000
磷酸酐酶	30 000
烟草花叶病毒外壳蛋白	17 500

每种蛋白质含量为 40 μg。开封后溶于 200 μL 双蒸水，加 200μL 2 倍样品缓冲液，分装 20 小管，−20℃保存。经煮沸 10 min 处理后，上样 10 μL（2 μg）就能显示出清晰的条带。

11）染色液：甲醇 450 mL，冰醋酸 100 mL，考马斯亮蓝 R-250 2.5 g，蒸馏水 450 mL。

12）脱色液：冰醋酸 100 mL，甲醇 100 mL，蒸馏水 800 mL。

【操作步骤】

1）将凝胶密封框放在平玻璃板上，然后将凹型玻璃与平玻璃重叠，将两块玻璃立起来使其底端接触桌面，用手将两块玻璃板夹住放入电泳槽内，然后插入斜楔板到适中程度，即可灌胶。

2）制备凝胶。

首先制备分离胶，即取一个小烧杯或三角瓶，按表 7-5 加入各试剂。

表 7-5　分离胶和浓缩胶的配制

试　剂	分离胶	浓缩胶
分离胶缓冲液/mL	1.9	—
浓缩胶缓冲液/mL	—	0.63
凝胶储备液/mL	3.0	0.83
双蒸水/mL	2.45	3.4
过硫酸铵溶液/μL	75	50
10% SDS/μL	75	50
TEMED/μL	8	6
总体积/mL	7.5	5.0

由于加入 TEMED 后凝胶就开始聚合，所以应立即旋动混合液，迅速在电泳槽的两玻璃板之间灌注，留出梳齿的齿高加 1 cm 的空间以便后面灌注浓缩胶。用滴管小心地在溶液上覆盖一层异丁醇或双蒸水。将电泳槽垂直静置于室温下。分离胶聚合完全后（30～60 min），除去覆盖的异丁醇，双蒸水洗涤凝胶表面数次，尽可能排去凝胶上的液体。

浓缩胶的制备：在 25 mL 锥形瓶中依次加入相应溶液后，立即混合溶液，灌注在分离胶上。小心插入梳齿，避免混入气泡，将电泳槽垂直静置于室温下至完全聚合（约 30 min）。

3）样品的制备。取 0.1 mL 待测蛋白质溶液，加 0.1 mL 2 倍样品缓冲液，沸水浴 3～5 min。蛋白质的最终浓度一般为 0.05～1.0 mg/mL。

也可将上述溶液在 37℃保温 2 h，而不用在 100℃加热。一般说来，两种处理的效果相同。但如果蛋白质样品中混有少量蛋白水解酶，37℃处理会引起样品水解，使测定失败。而 100℃加热 3 min，一般都能使蛋白酶失活，得到满意的结果。处理好的样品可在冰箱中保存较长时间，使用前，需在100℃水浴中加热1 min，以除去可能出现的亚稳态聚合物。

4）加样。小心取出梳扳，用双蒸水洗涤加样槽数次。用滤纸条吸去槽内的水分，于两个电极槽内加入电极缓冲液。用微量加样器将每种样品加至样品槽内，一个样品含有0.25 μg蛋白质便能观察到它的区带。一个样品槽内最多可加入100 μL样品。

5）电泳。通常用60 mA电流，120～200 V电压电泳3 h。电流越大则电泳区带越清晰，但电流太大会使玻璃板圈受热而破裂，最好采用冷却水循环降温或在4℃冰箱内进行电泳。当溴酚蓝染料移动至凝胶下缘1 cm时停止电泳。

6）染色和脱色。电泳结束后，取下凝胶片，放入染色液中，染色过夜。次日倾去染色液，用蒸馏水冲洗凝胶数次后，浸入脱色液中，数小时换一次脱色液，直到背景清晰。

7）相对分子质量计算。通常以相对迁移率 m_R 来表示迁移率，相对迁移率的计算方法如下所述。

用直尺分别量出凝胶顶端至样品区带中心和至染料区带中心点的距离。按下式计算：

相对迁移率 m_R＝样品迁移距离（cm）/染料迁移距离（cm）

以标准蛋白质相对分子质量的对数对相对迁移率 m_R 作图，绘制标准曲线(图7-1)。根据待测样品的相对迁移率，从标准曲线上查出其相对分子质量。

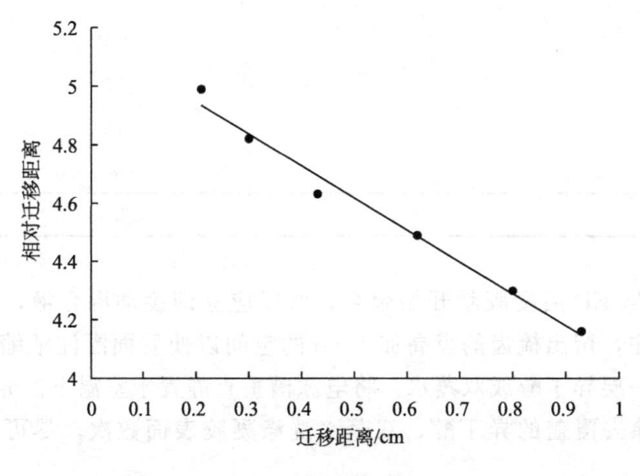

图7-1 标准曲线图

【注意事项】

在用SDS-凝胶电泳法测定蛋白质分子量时，应注意以下几个问题。

1）如果蛋白质-SDS复合物不能达到1.4 g SDS/1 g蛋白质的比率并具有相同的构象，就不能得到准确的结果。影响蛋白质和SDS结合的因素主要有以下三个。①二硫键是否完全被还原。只有在蛋白质分子内的二硫键被彻底还原的情况下，SDS才能定量地结合到蛋白质分子上去，并使之具有相同的构象。一般以巯基乙醇作还原剂。在有些情况下还需进一步将形成的巯基烷基化，以免在电泳过程中重新氧化而形成蛋白质聚合体。②溶液中 SDS 的浓度。溶液中 SDS 的总量至少要比蛋白质的量高 3 倍，一般需高至 10 倍以上。③溶液的离子强度。溶液的离子强度应较低，最好不能超过 0.26，因为 SDS 在水溶液中是以单体和分子团的混合体而存在的，SDS 结合到蛋白质分子上的量，仅决定于平衡时 SDS 单体的浓度而不是总浓度，在低离子强度的溶液中，SDS 单体具有较高的平衡浓度。

2）不同的凝胶浓度适用于不同的相对分子质量范围。Weber 的实验指出，在 5%的凝胶中，相对分子质量为 25 000～200 000 的蛋白质，其相对分子质量的对数与迁移率呈直线关系；在 10%的凝胶中，相对分子质量为 10 000～70 000 的蛋白质，其相对分子质量的对数与迁移率呈直线关系；在 15%的凝胶中，相对分子质量为 10 000～50 000的蛋白质，其相对分子质量的对数与迁移率呈直线关系；3.33%（以上各种浓度的凝胶，其交联度都是 2.6%）的凝胶可用于相对分子质量更高的蛋白质。可根据所测相对分子质量范围选择最适凝胶浓度，并尽量选择相对分子质量范围和性质与待测样品相近的蛋白质作标准蛋白质，标准蛋白质的相对迁移率（蛋白质的电泳迁移距离除以染料迁移距离即为相对迁移率）最好在 0.2～0.8 均匀分布。

在凝胶电泳中，影响迁移率的因素较多，而在制胶和电泳过程中，很难每次都将各项条件控制得完全一致，因此，用 SDS-聚丙烯酰胺凝胶电泳法测定相对分子质量，每次测定样品必须同时做标准曲线，而不得利用另一次电泳的标准曲线。

3）有许多蛋白质是由亚基（如血红蛋白）或两条以上肽链（如 α-胰凝乳蛋白酶）组成的，它们在 SDS 和巯基乙醇的作用下，解离成亚基或单条肽链。因此，对于这一类蛋白质，SDS-聚丙烯酰胺凝胶电泳测定的只是它们的亚基或单条肽链的相对分子质量，而不是完整分子的相对分子质量。为了得到更全面的资料，还必须用其他方法测定其相对分子质量及分子中肽链的数目等，与 SDS-聚丙烯酰胺凝胶电泳的结果相互参照。

不是所有的蛋白质都能用 SDS-聚丙烯酰胺凝胶电泳法测定其相对分子质量，已发现有些蛋白质用这种方法测出的相对分子质量是不可靠的。这些蛋白质有：电荷异常或构象异常的蛋白质，带有较大辅基的蛋白质（如某些糖蛋白）以及一些结构蛋白（如胶原蛋白）等。例如，组蛋白 F1，它本身带有大量正电荷，因此，尽管结合了正常比例的 SDS，仍不能完全掩盖其原有正电荷的影响，它的相对分子质量是 21 000，但 SDS-聚丙烯酰胺凝胶电泳测定的结果却是 35 000。因此，在分析 SDS-聚丙烯酰胺凝胶电泳所得的结果时，应该小心。一般至少用两种方法来测定未知样品的相对分子质量，互相验证。为了判断待测样品是否可用 SDS-聚丙烯酰胺凝胶电泳来测定相对分子质量，也可使蛋白质-SDS 复合物在不同浓度（交联度相同）的 SDS-聚丙烯酰胺凝胶中电泳。如果待测样品的自由迁移率 m_0 与标准蛋白质的 m_0 基本交于一点，而且在不同浓度的 SDS-聚丙烯酰胺凝胶中测得的相对分子质量都相同，则表明此蛋白质在 SDS-聚丙烯酰胺凝胶电泳中的行为是正常的，可以用 SDS-聚丙烯酰胺凝胶电泳法测定其相对分子质量。

实验二十四　聚丙烯酰胺凝胶等电聚焦电泳测定蛋白质的等电点

【实验目的】

学习聚丙烯酰胺凝胶平板等电聚焦电泳测定蛋白质等电点的原理及方法。

【实验原理】

等电聚焦（isoelectric focusing），缩写为 IEF 或 EF，也称等电分离、等电点划分、等电点分析、聚焦电泳等，是 20 世纪 60 年代后期才发展起来的新技术，克服了一般电泳易扩散的缺点。它不仅用来分离、鉴定和测定蛋白质等电点，分离复合蛋白，同时还可以结合 SDS 电泳、密度梯度和一般凝胶电泳进行双向电泳来分析蛋白质的亚基、分子大小和各种蛋白质成分的图谱，因此，它已成为电泳中不可缺少的技术。

等电聚焦原理是两性电解质在阳极的酸性介质中会得到质子而带正电，在阴极碱性介质中则失去质子而带负电，这样就会受电场力的作用各自向相反方向移动。如果有很多的两性电解质，它们就会按照等电点由低到高的顺序在电泳槽中依次排列。于是形成一个由阴极到阳极连续增加的 pH 梯度。蛋白质是带有电荷的两性生物大分子，其正、负电荷的数量是随分子所在环境的酸碱度而变化的。在电场存在下的一定 pH 缓冲液中，带正电荷的蛋白质将向负极移动；带负电荷的蛋白质分子向正极移动。在某一 pH 条件下，蛋白质分子在电场中不再移动，即其净电荷为零，则此 pH 即为该蛋白质的等电点（*pI*）。当蛋白质分子靠近正极对，处于低于其等电点的环境中，则带正电，向负极移动；反之，则向正极移动。最后都聚集在相当其等电点的位置上，不再移动，从而达到以下两个目的：

1）依等电点的不同将两性生物大分子彼此分离，分辨率高，可用于分析和制备；

2）测定等电点，以鉴定蛋白质。在电聚焦后测定蛋白质最高浓度部位的 pH，即其等电点。

如图 7-2 所示，A 蛋白质开始带正电，它就向负极高 pH 区域移动，分子的负电荷逐步增加，即通过羧基和氨基的去极化，最后达到净电荷为零。反之，C 蛋白质分子表面电荷是带负电荷，它就向 pH 低的区域移动，当分子净电荷达到零时也停止运动。这样根据蛋白质所带电荷不同就可以进行分离。净电荷为零的区域就是该蛋白质的等电点（*pI*）。因此，根据 pH 梯度和泳动的距离就可以测出蛋白质的等电点。

（一）等电聚焦的优缺点

等电聚焦的优点：

1）有很高的分辨率，可将等电点相差 0.01～0.02 pH 单位的蛋白质分开；

2）一般电泳由于受扩散作用的影响，随着时间和所走距离加长，区带越走越宽，而电聚焦能抵消扩散作用，使区带越走越窄；

3）由于这种电聚焦作用，不管样品加在什么部位，都可聚焦到其等电点处，很稀

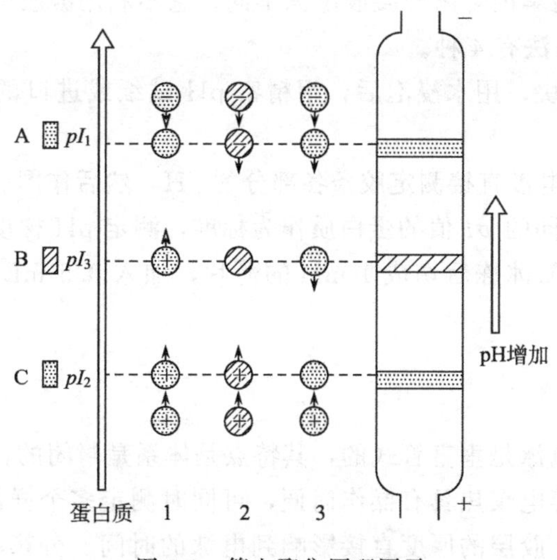

图 7-2　等电聚焦原理图示

的样品也可进行分离；

4）可直接测出蛋白质的等电点，其精确度可达 0.01 pH 单位。

等电聚焦电泳的缺点：

1）电聚焦要求用无盐溶液，而在无盐溶液中蛋白质可能发生沉淀；

2）样品中的成分必需停留于其等电点，不适用于在等电点时发生沉淀或变性的蛋白质。

（二）两性电解质必须具备的条件

1）在等电点处必须有足够的缓冲能力，以便能控制 pH 梯度，不致受蛋白质样品或其他两性物质的影响而改变其 pH 梯度。

2）在等电点处需有足够的电导，以使一定的电流通过，而且要求不同等电点处的载体有相似的电导系数，使整个体系中的电导均匀。否则，如果局部电导过小，就会产生极大的电位降，从而影响其他部分的电压，而不能保持 pH 梯度，致使各成分不能达到聚焦。

3）相对分子质量要小，便于用透析或分子筛过滤法将其与被分离的大分子物质分开。

4）化学组成应与被分离物质不同。

5）与被分离物质不起反应或不使之变性。

（三）等电聚焦技术与 pH 梯度

等电聚焦技术要求有稳定的 pH 梯度，要求有防止对流和防止已分离区带再混合的措施，其办法有三，密度梯度等电聚焦、聚丙烯酰胺凝胶等电聚焦和区带对流等电聚焦，本文仅介绍以聚丙烯酰胺凝胶为支持物的等电聚焦的技术。聚丙烯酰胺凝胶等电聚焦电泳其原理已与普通聚丙烯酰胺凝胶电泳不同，它不利用凝胶的分子筛作用。

测定 pH 梯度的方法有 4 种。

1）将胶条切成小块，用水浸泡后，用精密 pH 试纸或进口的细长 pH 复合电极测定 pH，然后作图。

2）用表面 pH 微电极直接测定胶条各部分的 pH，然后作图。

3）用一套已知不同的 pI 值的蛋白质作为标准，测定 pH 梯度的标准曲线。

4）将胶条于－70℃冰冻后切成 1 mm 的薄片，加入 0.5 mL 0.01 mol/L KCl，用微电极测其 pH。

(四) 类型

早期的等电聚焦电泳是垂直管式的，其特点是体系是封闭的，不与空气接触，可防止样品氧化。平板型等电聚焦具有操作简便，可同时测定多个样品，分辨率高等优点，深受分析工作者欢迎。胶层的厚度直接影响到电泳的时间、分辨率、胶的保存等问题，所以电泳的趋势是向着薄层和超薄层的方向发展。

薄层（0.5 mm 以下）聚丙烯酰胺凝胶等电聚焦电泳具有以下优点。

1）节省试剂。分析 1 个样品只需数十微升两性电解质载体，降低了实验成本。

2）胶板比较大。可在一块板上同时分析十几个，甚至几十个样品，易于进行样品分析比较。

3）样品量少。1～2 μL 的样品即可分析。

4）电泳时间短。一般 1～2 h 即完成聚焦。

5）分辨率高。一般小于 0.01 pH。

6）可用表面电极直接在胶板上测定 pH，快速精确地测得蛋白质的等电点。

7）容易制成永久保存的胶板。

(五) 影响薄层等电聚焦电泳的因素

1. 稳定介质的选择

电泳一般都需要稳定作用来抗对流，所以在电泳中必须使用稳定介质，常用的稳定介质有滤纸、淀粉、凝胶等。在分析等电聚焦中通常使用聚丙烯酰胺和琼脂糖作为稳定介质，它们各有优缺点。

1）聚丙烯酰胺稳定性好，是目前用于分析等电聚焦最稳定的介质。

2）聚丙烯酰胺几乎不结合带电基因，所以电渗作用小。琼脂糖常有带电基团，电渗作用大，影响 pH 梯度的形成和蛋白质的分离。

3）0.5 mm 薄层琼脂糖凝胶的电聚焦时间短，一般只需 1 h，而聚丙烯酰胺凝胶则需要 1～2 h，时间较长，染色通常需要过夜。

4）聚丙烯酰胺凝胶只可分析相对分子质量小于 20 万～30 万的蛋白质；而琼脂糖凝胶可分析相对分子质量大于百万的大分子。

5）聚丙烯酰胺是强神经性毒物，使用时需小心，勿直接接触皮肤，但琼脂糖无毒。

用于等电聚焦的合适的聚丙烯酰胺凝胶浓度约为 5%，交联度约为 3%；琼脂糖浓度约为1%。凝胶的种类、机械性能、弹性是否合适对电泳均有影响。

2. 两性载体电解质和pH范围的选择

两性载体电解质是等电聚焦最关键的试剂，它直接关系到pH梯度的形成和蛋白质区带的聚焦，对于科研来讲，一般多采用进口的两性电解质。国产的两性电解质导电性能略差些，往往需要提高电压或延长电泳时间来弥补其不足。

pH梯度的线性依赖于两性电解质的性质，凝胶板的pH梯度范围是由所加的两性电解质的pH范围决定的，如欲制成pH 3.5～10的胶板，就加pH 3.5～10的两性电解质，依此类推。pH梯度范围的选择取决于被分析蛋白质的等电点。对于一个未知样品，通常先用宽pH范围的两性电解质来找出其pI的位置，然后再用合适窄pH范围的两性电解质，以更好地分辨这些谱带，精确测得其等电点。

3. 电极溶液的选择

阳极和阴极电极溶液的作用是为了避免样品或两性载体电解质在阳极氧化或在阴极还原。电极液不应该在电极上产生挥发物。阳、阴极电极溶液的pH应该比pH梯度的阳、阴极端的pH略低和略高。

4. 聚丙烯酰胺的聚合

丙烯酰胺凝胶的聚合有两种方式，即光聚合和化学聚合。

光聚合是一个光激发的催化反应。光聚合的优点是聚合作用所需时间可以较自由地控制。并且对所分析的样品没有任何不良影响。

化学聚合是使用过硫酸铵催化聚合。这种催化作用需要在碱性条件下进行。温度过低、有氧分子或不纯物存在时都影响凝胶的聚合，因而，在加过硫酸铵发生聚合之前，最好对溶液分别抽气，这一步有时是很关键的。

酸性范围（pH<5）的丙烯酰胺凝胶的聚合和电泳比较困难，这可能是由于过硫酸铵在酸性条件下不能充分的产生出游离的氧原子，使单体成为具有游离基的状态，从而阻碍聚合作用。可通过添加适量的$AgNO_3$、TEMED、KNO_3作为促速剂来促进聚合。

5. TEMED对聚丙烯酰胺凝胶的聚合和pH梯度影响

TEMED是一种芳香胺，在聚丙烯酰胺凝胶的化学聚合和光聚合中作为加速剂，可通过与受氢体反应，而与核黄素和单体复合，从而促使聚合。Karisson 等认为在等电聚焦的丙烯酰胺溶液中如果含有两性载体，就不需要再加入TEMED。因为两性载体电解质本身含有足够的第三氨基作为加速剂促使凝胶聚合，后来人们发现TEMED可以加速pH 3.6～10的聚丙烯酰胺凝胶的聚合，但对酸性pH范围（pH<5）则无加速作用。

在pH4.5以上，TEMED还能增加聚丙烯酰胺凝胶的pI梯度的碱性侧的pI。这对于一些碱性蛋白质的pI测定是很有意义的。在20 mL凝胶溶液中，50 μL的TEMED能在离阴极0.3 mL的地方增加0.7 pH。100 μL的TEMED能使pH增加1.3，从而使pH 3.5～9.5的薄层凝胶系统的最高pH从9.5升高到10.8以上。

6. 样品的处理和加样方法

等电聚焦的样品应溶解在水中或低盐的缓冲液中，样品要充分溶解，不得有小颗粒，否则会出现拖尾现象。样品必须避免使用高盐缓冲液，因为盐离子会干扰pH梯度的形成并使电泳区带畸变。一些蛋白质在水中或低盐浓度缓冲液中难于溶解，为此可加入1%甘氨酸，它是两性离子，不影响 pH 梯度，但由于溶剂的偶极矩作用可以增加蛋白质的可溶性，也可在样品和凝胶板中加入一定量的尿素来助溶，但含有尿素的样品和凝胶板只能当天使用，以免由于氰酸盐引起蛋白质的氨基甲酰化。

加样量决定于样品中蛋白质的种类和数目以及检测方法的灵敏度，如用考马斯亮蓝 R-250 染色时，加样量可为 50～150 μg；如用银染色法加样量可减少到 1 μg。样品浓度以 0.5～3 mg/mL 为宜，最适加样体积为 10～30 μL。

根据等电聚焦原理，每个蛋白质都被浓缩在它的 *pI* 位置。因而样品加在凝胶面的任何位置，都可以得到相同的结果，初次实验时，可用不同浓度的样品，加在凝胶面的不同位置来摸索，以确定合适的样品浓度和加样位置。对不稳定的样品可先将凝胶预电泳，再将样品放在靠近等电点的位置以缩短样品电泳时间，但不要将样品加在其等电点位置和紧靠阳、阴极的地方，以免引起蛋白质区带的畸变。聚焦 0.5 h 后去掉加样滤纸，以避免拖尾现象。

7. 功率、时间、温度的影响

功率是电压和电流的乘积。在等电聚焦过程中，随着样品的迁移会越来越小，为了使各种组分更好地分离，必须不断地增高电压。当然，电压越大越好，不但可以提高分辨率，又可减少形成 pH 梯度和蛋白质分离所需要的时间。但过高的电压会使凝胶局部由于低传导性和高阻抗而过热被烧。

等电聚焦的时间取决于样品和凝胶所加的电压。电压越高、时间越短，对未知样品应先进行不同时间的试验性电泳。虽然延长聚焦时间可以增加分离效果，但有损害生物活性的危险。有时可将有颜色的蛋白质（如血红蛋白、肌红蛋白）作为指示，将其放在不同位置，当聚焦带走到同一位置时说明已达到稳态。

电泳时间也决定于 pH 范围。一般窄 pH 范围所需的电泳时间比宽范围长。这是因为在窄 pH 范围蛋白质已接近它的等电点，带电少，故迁移慢。

为了在短时间内得到高分辨率，必须采用较高的电压。但在凝胶板上所加的电压决定了系统的冷却能力。冷却不好，在等电聚焦过程中产生的热会把胶烧坏。这也是为什么胶层越薄，分辨率越高，电泳时间越短的原因。适宜的冷却水温度为 4～10℃、流量 5～10 L。避免使用过低的温度，以免冷凝水滴形成。

8. pH 梯度对 *pI* 测定的影响

温度的影响。温度升高时 *pI* 下降。故所有的 pH 测定（包括 pH 的校正）应尽可能接近电聚焦时的温度来进行。大部分等电聚焦实验的冷却水温度为 4～10℃。但这不是凝胶介质中的真正温度，因为在电泳期间所加的电压产生热。据报道，温度相差 2℃，*pI* 可能使 pH 改变 0.01，这恰好接近等电聚焦的分辨率。

溶剂的影响。众所周知，由于溶剂的不同可引起成分的 pH 变化。例如，乙酸在水中与在 50%乙醇中的 pH 就不同，5 mol/L 的尿素可改变百分之几单位的 pI。

空气中的 CO_2 对 pH 的影响。碱性两性电解质极易吸收空气中的 CO_2 而降低其 pH，且这种情况在平板等电聚焦系统中更为严重，克服的办法是使聚焦和 pH 测定在氮气中进行。另外一个办法是前面所提到的在凝胶溶液中加适量的 TEMED 以提高碱性侧的pH。如无表面电极，可将胶切成段，在蒸馏水中浸泡后，测定浸泡液的pH，也可得到pH梯度，但此方法不能用于测定pH 9以上的pH梯度，因为浸泡液同样将吸收空气中的CO_2，而干扰pH测定。

【实验材料】

1. 器材

稳流稳压电源，水冷式平板等电聚焦电泳电槽，玻璃板（11.5 cm×11.5 cm×0.2 cm），大铁文具夹，塑料模具（厚0.5 mm，中间开孔9.0 cm×9.0 cm），小眼科剪子，镊子，解剖刀，1 mL注射器，50 μL和100 μL微量注射器，擦镜纸，滤纸，精密pH试纸，凝血板，培养皿（120 mm），脱脂棉，棕色试剂瓶，吸液管，吸耳球，玻璃纸，坐标纸。

2. 试剂

双蒸水，丙烯酰胺（重结晶），甲叉双丙烯酰胺（重结晶），过硫酸铵，TEMED，载体两性电解质（pH 3.5～10），考马氏亮蓝R-250，液状石蜡，乙醇（95%），硅油，磺基水杨酸，三氯乙酸，甲醇，乙酸（36%），已知*pI*蛋白质样品和标准等电聚焦样品（市售），磷酸，氢氧化钠。

3. 溶液配制

1）单体储液：丙烯酰胺2.91 g，甲叉双丙烯酰胺0.9 g，双蒸水溶解，定容到100 mL，过滤备用（在棕色瓶中4℃可保存两周）。

2）电极液：阳极1 mol/L磷酸（H_3PO_4）：原磷酸试剂的浓度约为16 mol/L，故配制时用双蒸水稀释16倍即可。

阴极1 mol/L氢氧化钠（NaOH）：称取4 g固体溶于100 mL双蒸水中。

3）固定液：甲醇35 mL，三氯乙酸10 g，磺基水杨酸3.5 g加水定容到100 mL。

4）染色液：乙醇35 mL，冰醋酸10 mL，考马氏亮蓝R-250 0.1 g加水定容到100 mL，溶解后过滤备用。

5）脱色液：乙醇25 mL，冰醋酸10 mL，加水定容到100 mL。

6）保存液：甘油1～5 mL，乙醇25 mL，冰醋酸10 mL，加水定容到100 mL。

7）样品：牛血清白蛋白1 mg/ mL，糜蛋白酶原A 1 mg/mL，肌红蛋白1 mg/mL，卵清蛋白1 mg/mL，标准等电聚焦样品。

8）大鼠肌肉提取液：1 g鼠肌肉，加水5 mL，匀浆提取，离心取上清液透析备用。

9）10%过硫酸铵：称1 g溶在10 mL双蒸水中（纯过硫酸铵溶解时会有响声）。

【实验方法】

1. 凝胶配制

单体储液2.0 mL，双蒸水5.3 mL，载体两性电解质0.6 mL，真空抽气15 min后加TEMED（原液）8 μL和10%过硫酸铵60 μL，混匀立即灌胶。

2. 灌胶

(1) 准备

1) 取 3 mm 洗净晾干的玻璃板，涂上一层薄薄的防水硅油，以双蒸水冲洗，使硅油分布均匀。

2) 平板电泳槽调水平，电泳槽上放上一张滤纸。

3) 滤纸上放一厚 2 mm 的玻璃板，玻璃板上面放上塑料模具，如图 7-3 (a) 所示。

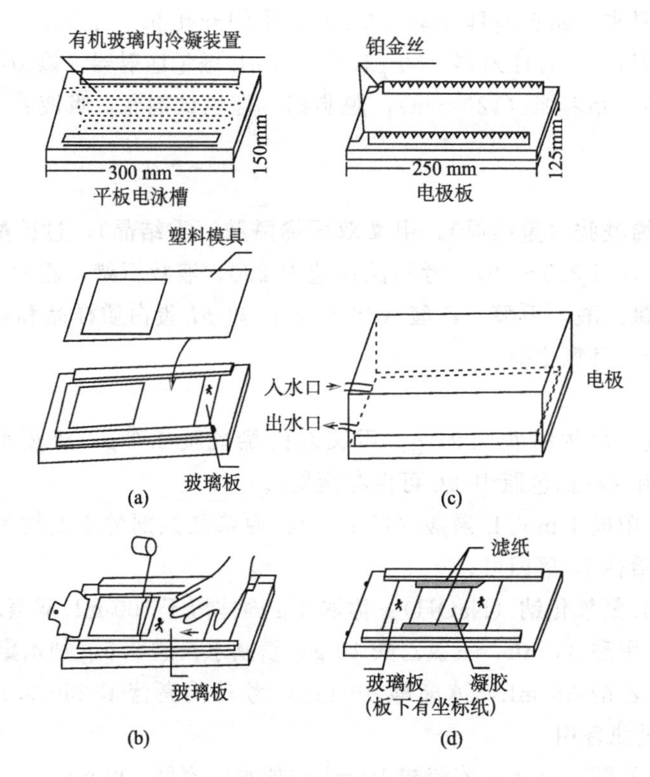

图 7-3　聚丙烯酰胺凝胶平板电泳操作示意图

4) 用文具夹将模具和玻璃板固定在平板电泳槽上。

5) 在模板上面，文具夹的另一端再放上涂有硅油的玻璃板。

(2) 灌胶

小心、迅速地将混匀的胶灌到模具的框内。灌胶时胶液沿着上面有硅油的玻璃板的一端，即文具夹的另一端，向文具夹方向推进，边灌胶边推上面的玻璃板，使模具框内充满胶液。框内不能有气泡，为赶走气泡可移动玻璃板，待气泡释放后再向前进，一直推到接触文具夹，使两块玻璃把胶封在框内，模具框内充满胶液，切不可有气泡，否则要重新制胶和灌胶［图 7-3 (b)］。

在正式灌胶之前调电泳槽水平之后，以 8 mL 水代替胶液练习灌胶，直到不产生气泡为止。操作熟练后，洗净玻璃板、模具、晾干备用。抽气后再加 TEMED 和过硫酸铵，混匀后迅速灌胶。过硫酸铵溶液要新鲜，必须当天配制。

(3) 去掉上面的玻璃板和模具

灌胶后室温静止 1 h，在模具和胶的边缘可观察到折光，这是胶已凝固的特征。再老化 0.5 h，然后小心将两块玻璃打开，凝胶和模具会自然地贴附在其中一块玻璃板上，去掉上面的模具及凝胶板周围的和渗出边缘的残胶，即可作加样准备。

3. 加样、电泳

(1) 加样前准备

1) 在电泳槽上涂一层液状石蜡，再铺一张方格坐标纸（点样时作定位用）。

2) 用一塑料片刮去电泳槽与坐标纸之间的气泡，并使坐标纸浸透石蜡。

3) 将带胶的玻璃板放至涂有石蜡的坐标纸上面，赶走气泡。

4) 接通冷凝水，再调一次水平。

5) 铺电极条：将 1 cm 宽、9 cm 长的 3 层滤纸条浸透电极液（阳极用磷酸 1 mol/L，阴极用氢氧化钠 1 mol/L）后，放在另一张滤纸上吸干面上的电极液，用镊子将电极条铺在凝胶两端，轻压电极，使电极条和胶贴紧，一定要平直，多余部分剪去，胶面上的残液用滤纸吸净［图 7-3 (d)］。

(2) 加样

1) 取 8 层擦镜纸重叠在一起，剪成约 5 mm×5 mm 小块，浸透样品，放在离电极 1 cm 以外的胶面上。pI 6 以下的样品置于负极附近，pI 6 以上样品位于正极附近，贴紧。微量标准样品可少几层擦镜纸或直接加样在胶面上。根据玻璃板下坐标纸所显示的格子，自由选择待测样品和标准样品放置的部位。

2) 压好电极板，盖好盖子，接通冷凝水，再调一次水平［图 7-3 (c)］。

(3) 电泳

1) 开始：恒压 60 V，15 min 后，恒流 8 mA，电泳时电压不断上升，直到电压升为 550 V 时，关电源。

2) 开盖去掉加样纸，以免纸上残留的样品在染色时干扰结果的判断。

3) 调节电源，恒压 580 V，继续电泳，至电流降为 0 (2～3 h)，电泳结束，关闭电源。

4. 检测 pH 梯度、固定、染色、脱色和制干板

(1) pH 梯度的检测

从胶板上顺电场方向切下一条胶条，并切成 0.5 cm 等距离的小块，顺序放入小试管内，加入 0.5 mL 双蒸水，浸泡 10 min。用 pH 试纸或微电极测定 pH，或以表面微电极直接测定 pH 梯度，并绘制 pH-迁移距离 (cm) 图谱。也可以用已知 pI 蛋白质样品所在位置的距离与 pI 值绘图。

(2) 固定染色

1) 将凝胶取下，放入固定液中固定 4 h，或过夜（换一次固定液）。

2) 去掉固定液，用脱色液漂洗一次。

3) 将染色液倒入培养皿内，染色 30 min。

一定注意取胶时，先用固定液淋洗一下，使胶滑润，防止破裂，用固定液冲胶入培

养皿，或将胶面向下，用小钢铲将胶铲下掉入培养皿内。

(3) 脱色，保存

1) 将染色液倒掉，加脱色液浸泡至基本无底色。

2) 用保存液浸泡 10 min 后，将胶板放在浸泡过保存液的二层玻璃纸之间，赶走气泡、下面垫块玻璃板，室温下自然干燥。

【实验结果】

1) pH 梯度曲线的制作：以胶条长度（mm）为横坐标，各区段对应的 pH 的平均值为纵坐标，在坐标纸上作图，可得到一条近似直线的 pH 梯度曲线。由于测得的每一管的 pH 是 5 mm 长一段凝胶各点 pH 的平均值，因此作图时可把此 pH 视为 5 mm 小段中心区的 pH，于是第 1 小段的 pH 所对应的凝胶条长度应为 2.5 mm；第 2 小段的 pH 所对应的凝胶条长度应为（5×2－2.5＝7.5）mm；由此类推，第 n 小段的 pH 所对应的凝胶条长度应为（$5n$－2.5）mm。

2) 待测蛋白质样品等电点的计算：按下列公式计算蛋白质聚焦部位距凝胶柱正极端的实际长度（以 L_p 表示）：

$$L_p = l_p \times \frac{l_1}{l_2}$$

式中，l_p 为染色后蛋白质区带中心至凝胶柱正极端的长度；l_1 为凝胶条固定前的长度；l_2 为凝胶条染色后的长度。根据上式计算待测蛋白质的 L_p，在标准曲线上查出所对应的 pH，即为该蛋白质的等电点。

【注意事项】

1. 对两性电解质的要求

两性电解质是等电聚焦的关键试剂，所以对两性电解质的质和量都要特别注意。两性电解质含量 2%～3%较适合。能形成好的 pH 梯度。载体两性电解质由多乙烯胺与丙烯酸进行加成反应生成的混合物，放置时间过长会长菌，分解变质，不能使用。

2. 制胶注意的问题

1) 丙烯胺最好是重结晶的。

2) 过硫酸铵一定要新配制的（参看 SDS 电泳）。

3) 所有水要用双蒸水。

4) 制胶时，玻璃板和模板必须水平放置。

5) 模板要平直光滑，不然灌胶时易溅漏。

3. 对样品的要求

1) 样品必须无盐，否则电泳时样品条带可能走歪，拖尾或根本不成条带。

2) 加样的量要适当，电泳后蛋白质条带才能清晰规整。

3) 加样方法可以多样，可用样纸加样；或把样品混在凝胶里；也可把样品直接点在不同位置。

4. 防止烧胶

1）平板等电聚焦电泳的胶很薄（0.6 mm），当稳流在 8 mA 时，电压可上升到 550 V 以上，由于阴极飘移，造成局部电流过大，胶承受不了而被烧断。

2）防止烧胶的办法：注意观察，稳流 8 mA，电压上升到 550 V 时，立即关电源。用恒功率电泳仪，控制输出功率在指定范围。在一定功率范围内，改进冷却条件，使因电流产生的热量及时散去。

3）如果胶被烧了，可在烧断的位置换上一个宽的电极条压过断缝或在电源电极条内侧加一个电极条，以此补救。

5. 胶板制作注意事项

固定液可使蛋白质变性，不再扩散，故一定要多换一次；在电泳后取胶、固定、染色直至制干板都必须仔细，防止胶被损坏。

实验二十五　聚丙烯酰胺凝胶浓度梯度电泳测定蛋白质的相对分子质量

【实验原理】

1968年以来Margolis和Slater等先后采用了凝胶浓度梯度电泳（gel concentration gradient electrophoresis）或称孔径梯度电泳（pore gradient electeophoresis）作为分离鉴定蛋白质的方法，并首次将此方法用于相对分子质量的测定。后来Rodbord等比较了线性梯度和非线性梯度电泳以及在均一胶浓度中的电泳，证明梯度凝胶电泳分辨率更好。Slater等采用梯度凝胶电泳发现所实验的13种已知蛋白质中有12种蛋白质的迁移率与其相对分子质量的对数呈线性关系，说明此方法测定蛋白质的相对分子质量有一定的可靠性。在线性梯度凝胶电泳中，蛋白质在电场中向着凝胶浓度逐渐升高的方向，即孔径逐渐减小的方向迁移；随着电泳的继续进行，蛋白质受到孔径的阻力越来越大。起初，蛋白质在凝胶中的迁移速度主要受两个因素的影响，一是蛋白质本身的电荷密度，电荷密度越高，迁移速度越快；二是蛋白质本身的大小，相对分子质量越大，迁移速度越慢。当蛋白质迁移所受到的阻力大到足以完全停止它前进时，低电荷密度的蛋白质将“赶上”与它大小相似、但具有较高电荷密度的蛋白质。因此，在梯度凝胶电泳中，蛋白质的最终迁移位置仅决定于它本身分子的大小，而与蛋白质本身的电荷密度无关。在梯度凝胶电泳中，分子筛效应体现得更为突出。由于蛋白质的相对迁移率与其相对分子质量的对数在一定范围内呈线性关系，因此通过制作标准曲线，在相同条件下进行未知样品的电泳，便可测定出未知蛋白质的相对分子质量。

梯度凝胶电泳与均一凝胶电泳相比有如下优点。

1）具有使样品中各个组分浓缩的作用，在样品太稀的情况下，可在电泳过程中分2或3次加样，由于大小不同的相对分子质量最终都滞留于与其相应的凝胶孔径中而得到分离。

2）可提供更清晰的蛋白质谱带，因此能用于鉴定蛋白质的纯度。

3）可以在一个凝胶片上同时测定相对分子质量范围相当大的蛋白质。例如，胶浓度为4%～30%梯度胶可以分辨的相对分子质量为50 000～2 000 000。

4）可以直接测定天然状态蛋白质的相对分子质量，不需解离为亚基。这一方法可与SDS凝胶电泳测定相对分子质量的方法相互补充。

梯度凝胶电泳主要适宜于测定球蛋白的相对分子质量，而对纤维蛋白将会产生较大的误差。再者，由于相对分子质量的测定仅仅是在未知蛋白质和标准蛋白质到达了被限定的凝胶孔径时（即完全被阻止迁移时）才成立，在电泳时要求足够高的伏特小时（一般情况下不低于2000 V·h），否则将得不到预期的效果。因此，采用这一方法测定蛋白质的相对分子质量有一定的局限性。

【实验材料】

1. 器材

垂直板型电泳槽，电泳仪，梯度混合器，电磁搅拌器，蠕动泵，5 mL 玻璃注射器，微量注射器，滴管，电泳脱色仪，半对数坐标纸。

2. 试剂

1）储液（用于制备梯度胶的储液）。

储液①：称取 10.75 g Tris，5.04 g 硼酸，0.93 g EDTA（EDTA-Na_2 · $2H_2O$），溶于蒸馏水中，检查 pH 为 8.3 后，定容至 1000 mL。

储液②：称取 57.6 g 丙烯酰胺，2.4 g 甲叉双丙烯酰胺，溶于储液①中，定容至 100 mL 后过滤。

储液③：称取 7.68 g 丙烯酰胺，0.32 g 甲叉双丙烯酰胺，溶于储液①中，定容至 100 mL。

储液④：取 0.3 mL TEMED，溶于储液①中，定容至 100 mL。

储液⑤：称取 0.2 g 过硫酸铵，溶于储液①中，定容至 100 mL，临用前配制。

2）电极缓冲液［0.09 mol/L Tris-0.08 mol/L 硼酸-0.0025 mol/L EDTA (pH 8.4)］：称取 10.98 g Tris，4.95 g 硼酸，0.93 g EDTA（EDTA-Na_2 · $2H_2O$），加水溶解，定容至 1000 mL。

3）250 mL/L 乙醇。

4）1 g/L 溴酚蓝指示剂。

5）固定液：100 g/L 磺基水杨酸溶液。

6）染色液：称取 1 g 考马斯亮蓝 R-250，溶于 250 mL 甲醇，再加入 100 mL 冰醋酸，用水定容至 1000 mL。

7）脱色液：取 250 mL 甲醇，100 mL 冰醋酸，加水定容至 1000 mL。

8）70 mL/L 乙酸。

9）标准蛋白质，5 种标准蛋白质如表 7-6 所示。

表 7-6　5 种标准蛋白质

蛋白质名称	分子质量/Da	来 源
甲状腺球蛋白	668 000	猪甲状腺
铁蛋白	440 000	马肺
过氧化氢酶	232 000	牛肺
乳酸脱氢酶	140 000	牛心
血清白蛋白	67 000	牛血清

【实验方法】

1. 仪器的准备

1）电泳槽：本实验所用的电泳槽为垂直板型电泳槽。使用前装好，试漏。

2）梯度混合器：本实验所用的梯度混合器容积小，其直径为 3.0 cm，高 5.0 cm。

3）用直径 1.5～2.0 mm 的聚乙烯管将梯度混合器、蠕动泵、凝胶模相连。

2. 梯度胶的准备

预先准备好配胶的全部储液，计算出凝胶模所需的体积。

1）40 g/L 胶液的配制：储液③∶储液④∶储液⑤＝2∶1∶1（体积比），取4.2 mL 储液③，加 2.1 mL 储液④，混合后抽气。再取 2.1 mL 储液⑤，单独抽气后将两溶液混合。

2）300 g/L 胶液的配制：储液②∶储液④∶储液⑤＝2∶1∶1（体积比），取 4.2 mL储液②，加 2.1 mL 储液④，混合后抽气。再取 2.1 mL 储液⑤，单独抽气后将两溶液混合（注意：储液⑤在灌入梯度混合器前临时混合，以免胶液过早聚合）。

3）制备 40～300 g/L 的梯度胶（灌胶）：将 8.4 mL 40 g/L 的胶液加入储液瓶 A，8.4 mL 300 g/L 的胶液加入混合瓶 B。打开电磁搅拌器及梯度混合器的开关，接着启动蠕动泵，将梯度混合器中的溶液缓缓输入凝胶模中。事先将输液管出口由凝胶膜上口中央伸向底部，随着凝胶模内液面的升高逐渐提高输液管，使管口始终接近液面而不伸进液体内部。控制流速 1～2 mL/min，约 10 min 灌胶完毕。

4）于梯度胶液面上小心加入 250 mL/L 乙醇约 3 mm 高。静置 30 min 后即可聚合。

5）待胶液聚合后，取出上面含醇的水层，取 2 mL 40 g/L 胶液洗梯度胶面，吸出后，再加 5 mL 40 g/L 胶液于梯度胶上。于此胶液中插入梳板，使其下沿刚好接触梯度胶面而不要伸进胶内。静置，待聚合后，于室温放置老化 0.5 h 后方可使用。

3. 预电泳

小心取出梳板，用滤纸条吸去槽内的水分。于两个电极槽内加入电极缓冲液，接通电源，上槽接负极，下槽接正极，维持电压 70 V，预电泳 20 min。

4. 加样

标准蛋白质样品的制备：将 5 种标准蛋白质样品按 1 mg/mL 的浓度溶于含 200 g/L 蔗糖的电极缓冲液中，加入 5 μL 溴酚蓝溶液作指示剂染料，混合后加入样品槽内。通过指示染料在样品槽内的分布可以直接观察加样情况。

待测样品的制备同标准蛋白质。

在测定相对分子质量时，待测样品和标准样品要在同一个凝胶片进行电泳。

5. 电泳

1）接通电源，将电压调至 70 V，电泳 15 min 后样品缓缓进入胶内（30 min 后染料可跑出胶片）。

2）将电压升高到 350 V，维持恒定电压，6～8 h。电泳至少要 2000 V·h。

6. 固定、染色、脱色

1）固定：电泳结束后，取出凝胶片，置培养皿内，用固定液浸泡 30 min。

2）染色：将固定过的胶片用染色液浸泡过夜。

3）脱色：①电泳脱色：将染过的胶片夹在两片塑料纱之间，垂直放在装满 70 mL/L乙酸的电泳槽内，电极位于塑料纱两侧，维持电压 24 V，电泳 45 min；②扩散脱色：将胶片浸于脱色液内，每隔 2 h 换一次脱色液，直到胶片无色透明显出清晰的谱带。若同时采用低于 50℃的水浴加温，可缩短脱色时间。

7. 相对分子质量的测定

1）标准曲线的制作：以凝胶片的前沿或迁移距离最大的标准蛋白质为参考点，计算每种标准蛋白质的相对迁移率（m_R）。

$$m_R = \frac{\text{蛋白质从原点迁移的距离}}{\text{从原点到参考点的距离}}$$

以 m_R 值为横坐标，标准蛋白质分子质量为纵坐标，在半对数坐标纸上制作标准曲线。

2）未知样品相对分子质量的测定：测量出未知蛋白质的相对迁移率，利用标准曲线便可计算出相对分子质量。

实验二十六　琼脂糖凝胶电泳分离血清乳酸脱氢酶同工酶

【实验原理】

乳酸脱氢酶（LDH）广泛存在于人体各组织的细胞质中，其总活性的测定缺乏组织器官特异性，临床应用有限。而其同工酶的测定具有器官特异性和更高的灵敏度。因此目前除总活性测定外，还结合LDH同工酶的测定来提高LDH测定的临床应用价值。

LDH在体内共有5种同工酶形式（LDH1、LDH2、LDH3、LDH4和LDH5），血清LDH同工酶可用多种方法进行分离测定，方法主要有4种：电泳法、层析法、免疫沉淀法（immunoprecipitation assay）和化学抑制法。电泳法操作简单、价格低廉，可以知道5种同工酶的全貌，但不耐热，LDH4和LDH5易失活，且测定费时。层析法可将5种同工酶分开，用分析仪定量测定，且可避免失活，但较费时。免疫沉淀法是分别将抗M亚基（或抗H亚基）的抗血清加入待测血清中，抗原抗体形成复合物后在一定条件下可变为不溶性沉淀，离心去除沉淀后测定上清液中酶的活性，可反映LDH1（或LDH5）的活性；有商品试剂盒出售。化学抑制剂法是利用1，6-己二醇具有抑制LDH分子中M亚基的特性，当终浓度为0.75 mol/L时，血清中LDH2～LDH5活性被完全抑制，可直接测定LDH1活性。

电泳法分离LDH同工酶使用的支持介质包括琼脂糖凝胶和醋酸纤维薄膜、聚丙烯酰胺凝胶等。琼脂糖凝胶电泳法灵敏度高，易于定量分析，由阳极至阴极分别为LDH1、LDH2、LDH3、LDH4和LDH5。电泳结束后可用光密度计扫描、比色法和荧光法测定每种同工酶的相对含量。琼脂糖电泳是目前进行LDH同工酶分离的常用方法，操作简便、重复性好、标本用量少，适合于临床实验室采用，但明显的溶血会导致假阳性，另外标本量较大会很费时。

琼脂（agar）是一种多聚糖，主要由琼脂糖（agarose，约80%）和琼脂胶（agaropectin）两种成分组成。前者是由半乳糖及其衍生物构成的中性物质，后者是一种含有硫酸根和羧基的多糖。这些基团都带有电荷，能产生较强的电渗现象，影响电泳的分离效果。同时硫酸根又能与某些蛋白质相互作用。严重影响电泳速度。因此，目前除对流免疫电泳以外，已多采用琼脂糖代替琼脂为电泳支持物，以取得较好的分离效果。

琼脂糖凝胶电泳操作方法简便，电泳速度快，分析的样品可不必事先经过处理。琼脂糖凝胶具有结构均匀，含水量大（占有98%～99%），对蛋白质吸附极微等特点，因此电泳图谱清晰、分辨力高、重复性好。琼脂糖透明不吸收紫外光，可以直接利用紫外光吸收法作定量测定。琼脂糖凝胶电泳所得区带易染色，样品易洗脱，干胶可长期保存，所以，琼脂糖凝胶电泳既适于定性、定量测定，又适宜作制备用。琼脂糖凝胶电泳一般都采用平板式。

本实验用琼脂糖凝胶电泳法分离人血清乳酸脱氢酶5个同工酶（LDH1、LDH2、LDH3、LDH4、LDH5）。LDH各同工酶的一级结构和等电点不同，在一定的电泳条件下，使其在支持介质上分离，然后利用酶的催化反应进行显色。以乳酸钠作为底物，

LDH催化乳酸脱氢生成丙酮酸，同时使NAD^+还原为NADH。吩嗪二甲酯硫酸盐（PMS）将NADH的氢传递给氯化碘代硝基四唑蓝（INT），使其还原为紫红色的甲化合物。有LDH活性的区带就会显紫红色，且颜色的深浅与酶活性成正比，利用光密度仪或扫描仪可求出各同工酶的相对含量。

具体显色反应如下：

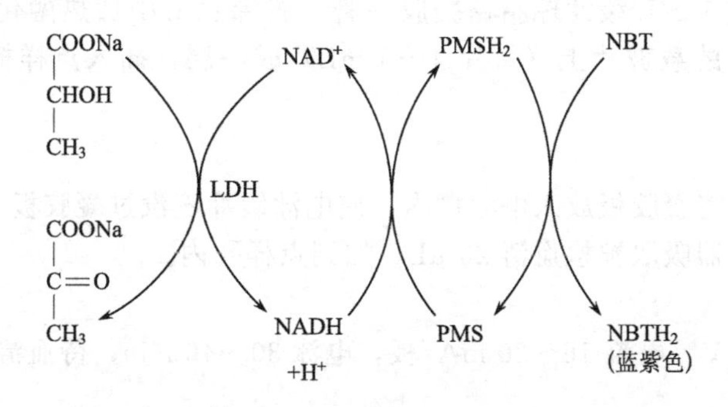

各区带酶活力大小即决定凝胶板上区带染色的深浅，所显现的电泳图谱叫做LDH同工酶谱。将酶谱用光密度计进行扫描或用洗脱法定量，根据总酶活力来计算出各同工酶的活力。

【实验材料】

1. 器材

分光光度计，电泳仪，电泳槽，坐标纸，微量加样器50 μL（×1），载玻片2.5 cm×7.5 cm（×2），滤纸，剪刀、镊子，培养皿（10 cm），吸管0.2 mL（×1）、1 mL（×2）、2 mL（×1），凝胶成像系统。

2. 试剂

1）巴比妥-HCl缓冲液（pH8.4 0.1 mol/L）：溶17.0 g巴比妥钠于600 mL水，加入1 mol/L HCl溶液23.5 mL，再加蒸馏水至1000 mL。

2）0.5 mol/L乳酸钠溶液：60%乳酸钠10 mL，溶于蒸馏水并稀释到100 mL。

3）0.001 mol/L $EDTA-Na_2$（乙二胺四乙酸钠盐）溶液：称取$EDTA-Na_2 \cdot 2H_2O$ 372 mg，溶于蒸馏水并稀释至100 mL。

4）0.5%琼脂糖凝胶：溶50 mg琼脂糖于5 mL巴比妥-HCl缓冲液（pH 8.4，0.1 mol/L），加蒸馏水5 mL，沸水浴加热，待琼脂糖溶化后，再加0.001 mol/L $EDTA-Na_2$溶液0.2 mL，保存于冰箱中备用。

5）显色液：溶50 mL NBT（硝基蓝四唑）于20 mL蒸馏水（25 mL棕色量瓶），溶解后，加入NAD^+ 125 mg及PMS（吩嗪二甲酯硫酸盐）12.5 mg，再加蒸馏水至25 mL，该溶液应避光低温保存，一周内有效，如溶液呈绿色，即失效。

6）电泳用缓冲液（pH 8.6，0.075 mol/L）：巴比妥钠15.45 g，巴比妥2.76 g溶于蒸馏水，稀释至1000 mL。

7）固定液：无水乙醇50 mL，蒸馏水40 mL，冰醋酸10 mL，混合后，可反复使用 2 次或 3 次。

8）人血清。

【实验方法】

1. 琼脂糖凝胶板的制备

取冰箱保存的 5 g/L 缓冲琼脂糖凝胶一管，置沸水浴中加热融化。用 10 mL 吸管吸取注在水平放置的载玻片上（每片 4～5 mL）成一层，插入点样梳，待凝结后（约 20 min）便可使用。

2. 加样

取出点样梳，将凝胶板放入电泳槽内，使电泳缓冲液没过凝胶板，点样孔内充满缓冲液。用微量注射器吸取被检血清 20 μL，加到点样孔内。

3. 电泳

电压 75～100 V，电流 16～20 mA/板，电泳 30～40 min，待血清蛋白部分泳动3～4 cm 即可。

4. 显色

在电泳结束前 5～10 min，将底物-显色液与沸水浴融化的 8 g/L 缓冲琼脂糖凝胶，按 4∶5 的比例混合，制成显色凝胶液，置 50℃热水中备用，注意避光。

终止电泳后，取下凝胶板置于铝盒内，立即用滴管吸取显色凝胶约 6 mL，迅速滴加在凝胶板上，使其自然展开覆盖全板，待显色凝胶凝固后，加盖避光，铝盒在 37℃水浴中保温 1 h。

5. 固定与漂洗

取出显色的凝胶板，浸入固定漂洗液中 20～40 min，直至背景无黄色为止，再于蒸馏水漂洗多次，每次 10～15 min。

6. 透明与干燥

将玻璃纸裁成适当大小，用蒸馏水洗干净，包于载玻片上，抹干，将凝胶块小心转移于其上，置 37℃温箱中干燥，即得透明薄片，可长期保存。

7. 定量

LDH 同工酶琼脂糖凝胶电泳后分成 5 条区带，移动在最前面的为 LDH1，最后面的为 LDH5，LDH1～LDH4 移向正极，LDH5 移向负极。

（1）光密度计扫描定量：将透明后的薄片放于光密度计中扫描，用光密度计在波长 570 nm 扫描，自动划出各区带的光吸收峰，并可计算出各吸收峰的相对百分数，即各 LDH 同工酶活力的相对百分数。

（2）洗脱定量：在无光密度计条件下，如需要定量结果，可将各同工酶区带用小刀切开，分别放入试管中，加 0.4 mol/L NaOH，放入沸水中，加温 5～10 min，取出冷却后，以空白凝胶管 560 nm 波长（取大小相同但无同工酶区带的凝胶用尿素液溶解制成）调零，比色，根据各管吸光度计算各同工酶的百分率。

【注意事项】

1）红细胞中 LDH1 与 LDH2 活性很高，因此标本严禁溶血。

2）LDH4 与 LDH5（尤其是 LDH5）对热很敏感，因此底物-显色液的温度不能超过 50℃，否则易变性失活。

3）LDH4 和 LDH5 对冷不稳定，容易失活，应采用新鲜标本测定。如果需要，血清应放置于 25℃条件下保存，一般可保存 2～3 天。

4）PMS 对光敏感，故底物-显色液须避光，否则显色后凝胶板背景颜色较深。

5）可用 0.5～1.0 mol/L 的乳酸锂溶液（pH 7.0）代替上述乳酸钠溶液。乳酸锂化学性质稳定，易称量，还可避免乳酸钠长期放置后产生的酮类物质对酶促反应造成的抑制作用。

6）所用器材必须绝对清洁，整个试验过程必须控制温度和时间，以防酶失活，使结果准确可靠。

实验二十七　醋酸纤维薄膜电泳分离血清蛋白质

【实验原理】

醋酸纤维薄膜由二乙酸纤维素制成，它具有均一的泡沫样的结构，厚度仅 120 μm，有强渗透性，对分子移动无阻力。作为区带电泳的支持物进行蛋白质电泳具有简便、快速、样品用量少，应用范围广，分离清晰，没有吸附现象等优点。目前已广泛用于血清蛋白、脂蛋白、血红蛋白、糖蛋白和同工酶的分离及用在免疫电泳中。

醋酸纤维薄膜电泳具有以下几个特点。

1）没有吸附现象，可从无蛋白质拖尾现象证明。

2）样品用量少，几微升（μL）即够。

3）检定时间短。血清蛋白电泳时仅用 1～2 h，染色、脱色仅用若干分钟即可做出报告。

4）各区带（组分）分界清楚。在血清蛋白电泳中各组分 $\alpha 1$、$\alpha 2$、$\beta 1$、$\beta 2$ 球蛋白与清蛋白一样分界明显。

5）醋酸纤维薄膜可用冰醋酸、二氧六环（dioxane）液或液状石蜡透明，透明后可直接用光电比色或光密度分析，这样可避免由于光的散射等因素引起的误差。

6）应用范围广，已广泛用在血清蛋白、脂蛋白、血红蛋白、糖蛋白、同工酶的分离及免疫电泳中。

【器材及试剂】

1. 器材

醋酸纤维薄膜（2 cm×8 cm），常压电泳仪，点样器，培养皿（染色及漂洗用），粗滤纸，玻璃板，竹镊，白磁反应板。

2. 试剂

1）巴比妥缓冲液（pH 8.6，离子强度 0.06）1000 mL：巴比妥 2.76 g，巴比妥钠 15.45 g，加蒸馏水至 1000 mL。

2）染色液（可重复使用）100 mL：含氨基黑 10B 0.25 g，甲醇 50 mL，冰醋酸 10 mL，蒸馏水 40 mL。

3）漂洗液 100 mL：含甲醇或乙醇 45 mL，冰醋酸 5 mL，蒸馏水 50 mL。

4）透明液 100 mL：冰醋酸 25 mL，无水乙醇 75 mL。

5）浸出液：0.4 mol/L 氢氧化钠。

【操作步骤】

1. 浸泡

用镊子取醋酸纤维薄膜 1 张（识别出光泽面与无光泽面，并在角上用笔做上记号）放在缓冲液中浸泡 20 min。

2. 点样

把膜条从缓冲液中取出，夹在两层粗滤纸内吸干多余的液体，然后平铺在玻璃板上（无光泽面朝上），将点样器先在放置在白磁反应板上的血清中沾一下，再在膜条一端2～3 cm处轻轻地水平地落下并随即提起，这样即在膜条上点上了细条状的血清样品。

3. 电泳

在电泳槽内加入缓冲液，使两个电极槽内的液面等高，将膜条平悬于电泳槽支架的滤纸桥上（先剪裁尺寸合适的滤纸条，取双层滤纸条附着在电泳槽的支架上，使它的一端与支架的前沿对齐，而另一端浸入电极槽的缓冲液内）。用缓冲液将滤纸全部润湿并驱除气泡，使滤纸紧贴在支架上，即为滤纸桥（它是联系醋酸纤维薄膜和两极缓冲液之间的桥梁）。膜条上点样的一端靠近负极。盖严电泳室，通电。调节电压至160 V，电流强度0.4～0.7 mA/cm膜宽，电泳时间约为25 min。

4. 染色

电泳完毕后将膜条取下并放在染色液中浸泡10 min。

5. 漂洗

将膜条从染色液中取出后移至漂洗液中漂洗数次至无蛋白区底色脱净为止，可得色带清晰的电泳图谱。

6. 定量

将漂净的膜吸干，剪下蛋白质各色带，并剪取相同大小的无色带膜条做空白对照，在A_{650}进行比色。分别浸入4 mL 0.4 mol/L氢氧化钠溶液中0.5 h，振摇数次，约2 h后使色泽浸出，取出贴于洁净玻璃板上，干后即为透明的薄膜图谱，可用光密度计直接测定。于580～620 nm波长处比色，测各部光密度为A、α_1、α_2、β、γ。计算方法如下：光密度总和$T=A+\alpha_1+\alpha_2+\beta+\gamma$。各部分蛋白质的百分数为

$$白蛋白(\%)=\frac{A}{T}\times 100\%$$

$$\alpha_1 球蛋白(\%)=\frac{\alpha_1}{T}\times 100\%$$

$$\alpha_2 球蛋白(\%)=\frac{\alpha_2}{T}\times 100\%$$

$$\beta 球蛋白(\%)=\frac{\beta}{T}\times 100\%$$

$$\gamma 球蛋白(\%)=\frac{\gamma}{T}\times 100\%$$

7. 透明

待薄膜完全干燥后，浸入透明液中约5～10 min，取出平贴于玻璃板上，待完全干燥即成透明的膜。可于光密度计上比测或作标本永久保存。

【注意事项】

1）醋酸纤维薄膜孔径小、含水量少，且比较薄，因此它对热很敏感。故应注意控制电流电压，高压、高电流热效应强，膜上水分蒸发严重，影响电泳质量。

2）点样量不可过多，只需几微升即可，用加样器、微量注射器加样。

3）注意醋酸纤维薄膜的质量，浸泡很久仍有大块白色硬点者可弃之不用。

4）加样一定要呈直线、垂直、分布均匀，这样泳动的区带整齐、不歪。

实验二十八　琼脂糖凝胶电泳分离DNA

【实验目的】

1）学习琼脂糖凝胶电泳的基本原理。

2）掌握使用水平式电泳仪的方法。

【实验原理】

琼脂糖凝胶电泳是分离鉴定核酸的常规方法。核酸是两性电解质，其等电点为pH 2～2.5，在常规的电泳缓冲液中（pH约8.5），核酸分子带负电荷，在电场中向正极移动。核酸分子在琼脂糖凝胶中泳动时，具有电荷效应和分子筛效应，但主要为分子筛效应。因此，核酸分子的迁移率由下列几种因素决定。

1）DNA的分子大小。线状双链DNA分子在一定浓度琼脂糖凝胶中的迁移速率与DNA相对分子质量对数成反比，分子越大则所受阻力越大，也越难于在凝胶孔隙中移动，因而迁移得越慢。

2）DNA分子的构象。当DNA分子处于不同构象时，它在电场中移动距离不仅和相对分子质量有关，还和它本身构象有关。相同相对分子质量的线状、开环和超螺旋质粒DNA在琼脂糖凝胶中移动的速度是不一样的，超螺旋DNA移动得最快，而开环状DNA移动最慢。例如，在电泳鉴定质粒纯度时发现凝胶上有数条DNA带难以确定是质粒DNA不同构象引起还是因为含有其他DNA引起时，可从琼脂糖凝胶上将DNA带逐个回收，用同一种限制性内切核酸酶分别水解，然后电泳，如在凝胶上出现相同的DNA图谱，则为同一种DNA。

3）电源电压。在低电压时，线状DNA片段的迁移速率与所加电压成正比。但随着电场强度的增加，不同相对分子质量的DNA片段的迁移率将以不同的幅度增长。片段越大，因场强升高引起的迁移率升高幅度也越大，因此电压增加，琼脂糖凝胶的有效分离范围将缩小。要使大于2 kb的DNA片段的分辨率达到最大，所加电压不得超过5 V/cm。

4）离子强度影响。电泳缓冲液的组成及其离子强度影响DNA的电泳迁移率。在没有离子存在时（如误用蒸馏水配制凝胶），电导率最小，DNA几乎不移动；在高离子强度的缓冲液中（如误加10×电泳缓冲液），则电导很高并明显产热，严重时会引起凝胶熔化或DNA变性。

溴化乙锭（ethidium bromide，EB）能插入DNA分子中形成复合物，在波长为254 nm紫外光照射下EB能发射荧光，而且荧光的强度与核酸的含量成正比，如将已知浓度的标准样品作电泳对照，就可估算出待测样品的浓度。由于溴化乙锭有致癌的嫌疑，所以现在也开发出了安全的染料，如Sybergreen。

常规的水平式琼脂糖凝胶电泳适合于DNA和RNA的分离鉴定；但经甲醛进行变性处理的琼脂糖电泳更适用于RNA的分离鉴定和Northern杂交，因为变性后的RNA

是单链，其泳动速度与相同大小的 DNA 相对分子质量一样，因而可以进行 RNA 分子大小的测定，而且染色后条带更为锐利，也更牢固结合于硝酸纤维素膜上，与放射性或非放射性标记的探针发生高效杂交。

【实验材料】

1. 仪器及耗材

电泳仪，水平电泳槽，样品梳子，琼脂糖等。

2. 试剂

1）TAE（1000 mL，50×）：242 g Tris，57.1 mL 冰醋酸，18.6 g EDTA。

2）EB 溶液：100 mL 水中加入 1 g 溴化乙锭，磁力搅拌数小时以确保其完全溶解，分装，室温避光保存。

3）DNA 加样缓冲液：0.25%溴酚蓝，0.25%二甲苯青，50%甘油（*W*/*V*）。

【实验方法】

制备琼脂糖凝胶：按照被分离 DNA 分子的大小，决定凝胶中琼脂糖的百分含量；一般情况下，可参考表 7-7：

表 7-7 分离线状 DNA 分子的相对分子质量范围与琼脂糖含量的关系

琼脂糖的含量/%	分离线状 DNA 分子的有效范围/kb
0.3	5～60
0.6	1～20
0.7	0.8～10
0.9	0.5～7
1.2	0.4～6
1.5	0.2～4
2.0	0.1～3

1）制备琼脂糖凝胶：称取琼脂糖，加入电泳缓冲液，待水合数分钟后，置微波炉中将琼脂糖融化均匀。在加热过程中要不时摇动，使附于瓶壁上的琼脂糖颗粒进入溶液；加热时应盖上封口膜，以减少水分蒸发。

2）胶板的制备：将胶槽置于制胶板上，插上样品梳子，注意观察梳子齿下缘应与胶槽底面保持 1 mm 左右的间隙，待胶溶液冷却至 50℃左右时，加入最终浓度为 0.5 μg/mL的 EB（也可不把 EB 加入凝胶中，而是电泳后再用 0.5 μg/mL 的 EB 溶液浸泡染色 15 min），摇匀，轻轻倒入电泳制胶板上，除掉气泡；待凝胶冷却凝固后，垂直轻拔梳子；将凝胶放入电泳槽内，加入 1×电泳缓冲液，使电泳缓冲液液面刚高出琼脂糖凝胶面。

3）加样：点样板或薄膜上混合 DNA 样品和上样缓冲液，上样缓冲液的最终稀释倍数应不小于1×。用 10 μL 微量移液器分别将样品加入胶板的样品小槽内，每加完一个样品，应更换一个加样头，以防污染，加样时勿碰坏样品孔周围的凝胶面（注意：加样前要先记下加样的顺序和点样量）。

4）电泳：加样后的凝胶板立即通电进行电泳，DNA 的迁移速度与电压成正比，最高电压不超过 5 V/cm。当琼脂糖浓度低于 0.5%，电泳温度不能太高。样品由负极（黑色）向正极（红色）方向移动。电压升高，琼脂糖凝胶的有效分离范围降低。当溴酚蓝移动到距离胶板下沿约 1 cm 处时，停止电泳。

5）观察和拍照：电泳完毕，取出凝胶。在波长为 254 nm 的紫外灯下观察染色后的或已加有 EB 的电泳胶板。DNA 存在处显示出肉眼可辨的橘红色荧光条带。于凝胶成像系统中拍照并保存。

【注意事项】

1）EB 是强诱变剂并有中等毒性，易挥发，配制和使用时都应戴手套，并且不要把 EB 洒到桌面或地面上。凡是沾污了 EB 的容器或物品必须经专门处理后才能清洗或丢弃。简单处理方法为：加入大量的水进行稀释（达到 0.5 mg/mL 以下），然后加入 0.2 倍体积新鲜配制的 5%次磷酸（由 50%次磷酸配制而成）和 0.12 倍体积新鲜配制的 0.5 mol/L 的亚硝酸钠，混匀，放置 1 天后，加入过量的 1 mol/L 碳酸氢钠。如此处理后的 EB 的诱变活性可降至原来的 1/200 左右。

2）由于 EB 会嵌入到堆积的碱基对之间并拉长线状和带缺口的环状 DNA，使 DNA 迁移率降低。因此，如果要准确地测定 DNA 的相对分子质量，应采用跑完电泳后再用 0.5 μg/mL 的 EB 溶液浸泡染色的方法。

实验二十九　蛋白质双向电泳

【实验目的】

掌握双向电泳分离蛋白质的原理，第一向等电聚焦电泳（IEF）和第二向聚丙烯酰胺凝胶电泳（SDS-PAGE）操作步骤，掌握凝胶染色方法及凝胶分析软件的使用，了解对分离出的特异蛋白质的进一步分析方法。

【实验原理】

从广义上讲，双向电泳是将样品电泳后为了不同的目的在垂直方向再进行一次电泳的方法。目前蛋白质双向电泳常用的组合第一向为等电聚焦（载体两性电解质 pH 梯度或固相 pH 梯度），根据蛋白质等电点进行分离；第二向为 SDS-PAGE，根据相对分子质量分离蛋白质。这样经过两次分离后，在凝胶上显示出的蛋白点可以获得蛋白质等电点和相对分子质量信息。双向电泳技术作为分离蛋白质的经典方法，目前得到了相当广泛的应用。在植物研究中，成功建立了拟南芥、水稻、玉米等植物种类的双向电泳图谱数据库，对推动植物蛋白质组研究起到重要作用。

第一向等电聚焦：等电聚焦（isoelectrofocusing，IEF）是在凝胶柱中加入一种称为两性电解质载体（ampholyte）的物质，从而使凝胶柱在电场中形成稳定、连续和线性 pH 梯度。以电泳观点看，蛋白质最主要的特点是它的带电行为，它们在不同的 pH 环境中带不同数量的正电荷或负电荷，只有在某一 pH 时，蛋白质的净电荷为零，此 pH 即为该蛋白质的等电点（isoelectric point，pI）。在电场中，蛋白质分子在大于其等电点的 pH 环境中以阴离子形式向正极移动，在小于其等电点的 pH 环境中以阳离子形式向负极移动。如果在 pH 梯度环境中将含有各种不同等电点的蛋白质混合样品进行电泳，不管混合蛋白质分子的原始分布如何，都将按照它们各自的等电点大小在 pH 梯度某一位置进行聚集，聚焦部位的蛋白质质点的净电荷为零，测定聚焦部位的 pH 即可知道该蛋白质的等电点。

第二向 SDS-聚丙烯酰胺凝胶电泳：SDS 是一种阴离子表面活性剂，当向蛋白质溶液中加入足够量的 SDS 时，形成了蛋白质-SDS 复合物，这使得蛋白质从电荷和构象上都发生了改变。SDS 使蛋白质分子的二硫键还原，使各种蛋白质-SDS 复合物都带上相同密度的负电荷，而且它的量大大超过了蛋白质分子原的电荷量，因而掩盖了不同种蛋白质间原有的天然的电荷差别。在构象上，蛋白质-SDS 复合物形成近似“雪茄烟”形的长椭圆棒，这样的蛋白质-SDS 复合物，在凝胶中的迁移就不再受蛋白质原来的电荷和形状的影响，而仅取决于相对分子质量的大小，从而使我们通过 SDS-PAGE 来测定蛋白质的相对分子质量。

单体丙烯酰胺和交联剂 N，N-甲叉双丙烯酰胺，在催化剂存在的条件下，通过自由基引发的聚合交联形成聚丙烯酰胺凝胶，这提供了蛋白质泳动的三维空间凝胶网络。在 SDS - PAGE 电泳时相对分子质量小的蛋白质迁移速度快，相对分子质量大的蛋白质迁移速度慢，这样样品中的蛋白质可以分开形成蛋白质条带。

【实验材料】

1. 实验设备

垂直电泳仪，水平电泳仪，低温循环水浴，脱色摇床，扫描仪，ImageMaster 2D platinum version 5.0 软件。电泳仪及其配套制胶设备、脱色摇床。

2. 实验试剂

1）溶胀液：8 mol/L Urea，2% CHAPS，20 mmol/L DTT，0 .5%或 2% IPG buffer，少许溴酚蓝。

2）平衡缓冲液储液：50 mmol/L Tris（pH 8.8），6 mol/L Urea，30%甘油，2% SDS，少许溴酚蓝。

3）单体储液：30%（*m* /*V*）丙烯酰胺，0.8%（*m* /*V*）甲叉双丙烯酰胺。

4）分离胶缓冲液：1.5 mol/L Tris（pH8.8）。

5）浓缩胶缓冲液：1.0 mol/L Tris（pH6.8）。

6）SDS 电泳缓冲液：25 mmol/L Tris，192 mmol/L 甘氨酸，0.1% SDS。

7）染色液：0.25%考马斯亮蓝 R-250，45%甲醇，45%水，10%冰醋酸。

8）脱色液：45%甲醇，45%水，10%冰醋酸。

9）10%SDS。

10）10%过硫酸铵。

【实验方法】

1）样品的制备：细胞样品的一般处理步骤如下所述。

① 吸出培养液，用胰酶消化。

② 加入 PBS，1500 *g* 离心 10 min，弃上清。重复 3 次。

③ 加入 5 倍体积裂解液，混匀（或在 2×10^6 细胞中，加入 1 mL 裂解液）（或将 1×10^6细胞悬于 60～100 μL 裂解液中）。

④ 液氮中反复冻融 3 次。

⑤ 加 50 μg/ml RNase 及 200 μg/mL DNase，在 4℃放置 15 min。

⑥ 15 000 r/min，4℃离心 60 min（或 40000 r/min，4℃离心 30 min）。

⑦ 收集上清。

⑧ 分装样品，冻存于－70℃。

组织样品的一般步骤如下：

① 碾钵碾磨组织，碾至粉末状。

② 将适量粉末状组织转移至匀浆器，加入适量裂解液，进行匀浆。

③ 加 50 μg/mL RNase 及 200 μg/mL DNase，在 4℃放置 15 min。

④ 15 000 r/min，4℃离心 60 min（或 40 000 r/min，4℃离心 30 min）。

⑤ 收集上清。

⑥分装样品，冻存于－70℃。

2）上样：一般采取加样品溶胀法，取 30～60 μg 的蛋白质与溶胀液混合，总体积为 250 μL。

3）第一向等电聚焦：设置 IPGphor 仪器的运行参数。工作温度 20℃，每胶条最大电流 50 μA，表 7-8 为电压设定情况。

表 7-8　等电聚焦 IPGphor 仪器的电压设定

电压/V	升压模式	电泳时间/h	电压/V	升压模式	电泳时间/h
30	Step-n-hold	12	1000	Step-n-hold	1
200	Step-n-hold	1	8000	Gradient	3
500	Step-n-hold	1			

4）一向到二向胶条的平衡：将胶条放入 10 mL 平衡缓冲液Ⅰ中（含 1% DTT）封口，在摇床上振荡 15 min。将胶条取出放入 10 mL 平衡缓冲液Ⅱ中（含 2.5%碘乙酰胺）封口，在摇床上振荡 15 min。用去离子水润洗胶条 1 s，将胶条的边缘置于滤纸上几分钟，以去除多余的液体。

5）灌胶模具的安装：按仪器说明书装好灌胶模具，称之为“三明治”，见图 7-4。

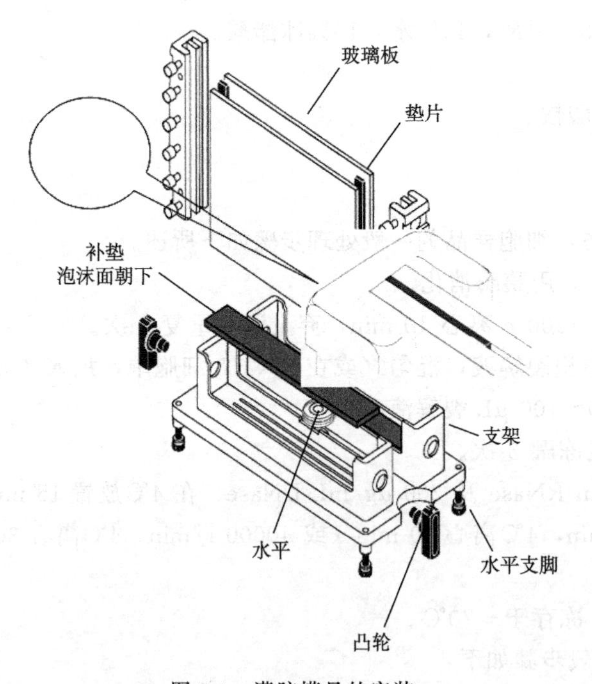

图 7-4　灌胶模具的安装

6）凝胶浓度确定：根据预分离蛋白质相对分子质量范围确定需配置的凝胶浓度，主要指分离胶浓度。

一般实验中多采用浓度 10%或 12.5%的分离胶及浓度为 5%的浓缩胶，胶浓度的确定参照表 7-9。胶的配制见表 7-10（分离胶）和表 7-11（浓缩胶）。

表 7-9　蛋白质相对分子质量范围与凝胶浓度的关系

凝胶浓度/%	分离范围/kDa
5	36～200
7.5	24～200
10	14～200
12.5	14～100
15	14～60

表 7-10　配制 Tris-甘氨酸 SDS-PAGE 聚丙烯酰胺凝胶电泳分离胶所用溶液

（单位：mL）

溶液成分	不同体积凝胶液中各成分所需体积							
	5	10	15	20	25	30	40	50
6%								
水	2.6	5.3	7.9	10.6	13.2	15.9	21.2	26.5
30%丙烯酰胺溶液	1	2	3	4	5	6	8	10
1.5 mol/L Tris（pH8.8）	1.3	2.5	3.8	5	6.3	7.5	10	12.5
10% SDS	0.05	0.1	0.15	0.2	0.25	0.3	0.4	0.5
10%过硫酸铵	0.05	0.1	0.05	0.2	0.25	0.3	0.4	0.5
TEMED	0.004	0.008	0.012	0.016	0.02	0.024	0.032	0.04
8%								
水	2.3	4.6	6.9	9.3	11.5	13.9	18.5	23.2
30%丙烯酰胺溶液	1.3	2.7	4	5.3	6.7	8	10.7	13.3
1.5 mol/L Tris（pH8.8）	1.3	2.5	3.8	5	6.3	7.5	10	12.5
10% SDS	0.05	0.1	0.15	0.2	0.25	0.3	0.4	0.5
10%过硫酸铵	0.05	0.1	0.15	0.2	0.25	0.3	0.4	0.5
TEMED	0.003	0.006	0.009	0.012	0.015	0.018	0.024	0.03
10%								
水	1.9	4	5.9	7.9	9.9	11.9	15.9	19.8
30%丙烯酰胺溶液	1.7	3.3	5	6.7	8.3	10	13.3	16.7
1.5 mol/L Tris（pH8.8）	1.3	2.5	3.8	5	6.3	7.5	10	12.5
10% SDS	0.05	0.1	0.15	0.2	0.25	0.3	0.4	0.5
10%过硫酸铵	0.05	0.1	0.15	0.2	0.25	0.3	0.4	0.5
TEMED	0.002	0.004	0.006	0.008	0.01	0.012	0.016	0.02
12%								
水	1.6	3.3	4.9	6.6	8.2	9.9	13.2	16.5
30%丙烯酰胺溶液	2	4	6	8	10	12	16	20
1.5 mol/L Tris（pH8.8）	1.3	2.5	3.8	5	6.3	7.5	10	12.5
10% SDS	0.05	0.1	0.15	0.2	0.25	0.3	0.4	0.5
10%过硫酸铵	0.05	0.1	0.15	0.2	0.25	0.3	0.4	0.5

续表

溶液成分	不同体积凝胶液中各成分所需体积							
	5	10	15	20	25	30	40	50
TEMED	0.002	0.004	0.006	0.008	0.01	0.012	0.016	0.02
15%								
水	1.1	2.3	3.4	4.6	5.7	6.9	9.2	11.5
30%丙烯酰胺溶液	2.5	5	7.5	10	12.5	15	20	25
1.5 mol/L Tris (pH8.8)	1.3	2.5	3.8	5	6.3	7.5	10	12.5
10% SDS	0.05	0.1	0.15	0.2	0.25	0.3	0.4	0.5
10%过硫酸铵	0.05	0.1	0.15	0.2	0.25	0.3	0.4	0.5
TEMED	0.002	0.004	0.006	0.008	0.01	0.012	0.016	0.02

表 7-11 配制 Tris-甘氨酸 SDS-PAGE 聚丙烯酰胺凝胶电泳 5%积层胶所用溶液

(单位：mL)

溶液成分	不同体积凝胶液中各成分所需体积							
	1	2	3	4	5	6	8	10
6%								
水	0.68	1.4	2.1	2.7	3.4	4.1	5.5	6.8
30%丙烯酰胺溶液	0.17	0.33	0.5	0.67	0.83	1	1.3	1.7
1.5 mol/L Tris (pH8.8)	0.13	0.25	0.38	0.5	0.63	0.75	0	1.25
10% SDS	0.01	0.02	0.03	0.04	0.05	0.06	0.08	0.1
10%过硫酸铵	0.01	0.02	0.03	0.04	0.05	0.06	0.08	0.1
TEMED	0.001	0.002	0.003	0.004	0.005	0.006	0.008	0.01

7）灌注分离胶和浓缩胶：按配比配制分离胶，配制完成后即可加入到制作好的制胶模具中，该过程需均匀注入，防止产生气泡，同时动作要迅速［图 7-5 (a)］。灌注一定量的分离胶后迅速注入水覆盖在凝胶溶液上层，将“三明治”充满。

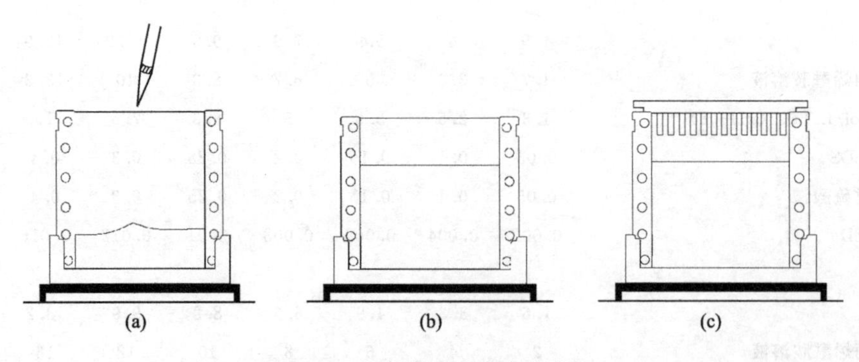

图 7-5 分离胶及浓缩胶的灌注

分离胶凝结后会形成清晰的胶平面［图 7-5 (b)］，此时可参照浓缩胶配方配制浓缩胶。

倒掉覆盖液，注入浓缩胶后立即插入梳子［图 7-5（c）］。待浓缩胶凝结后可上样。

8）将固定制胶模具与底座的凸轮取下，用其将上层电泳槽与凝胶模具连接。按照顺序一次固定好电泳设备，见图 7-6。

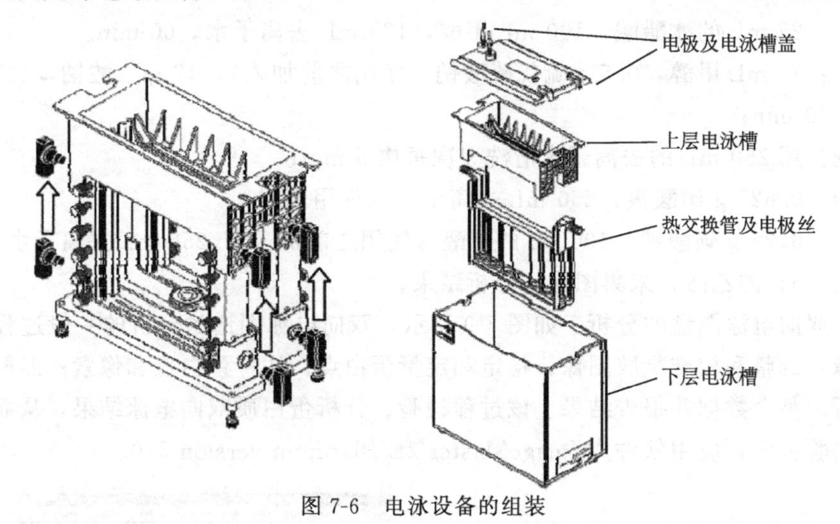

图 7-6　电泳设备的组装

9）小心拔出梳子，将灌注好的制胶模具放入到盛有 1×SDS 电泳液的电泳槽中，如图 7-7 所示。

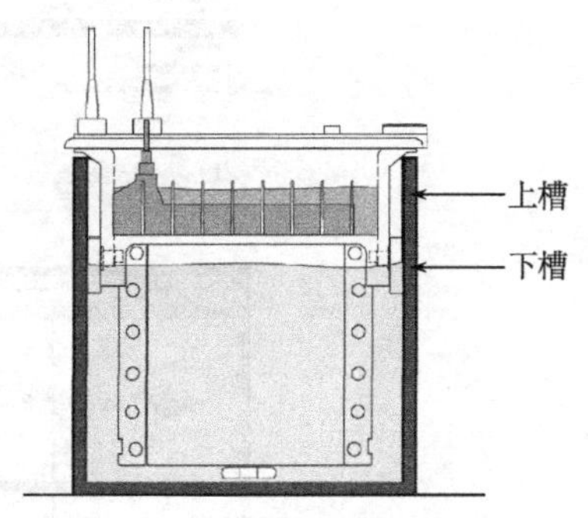

图 7-7　电泳槽内缓冲液的灌注

上槽电泳液为新配制的，约需 1 mL，下槽电泳液可为回收的电泳缓冲液，一般需 4 mL

然后在制胶模具内注入 1×SDS 电泳液。

10）上样：将准备好的样品加入到上样孔中(图 7-8)。

11）电泳：可选择恒压或恒流方式，通常 SDS-PAGE 电泳条件为浓缩胶部分为 100 V，50 mA，约 30 min；分离胶部分为 250 V，50 mA，约需要 3 h，电泳温度为 15℃。

12）凝胶的检测：当溴酚蓝染料迁移到胶的底部边缘即可结束电泳，取下胶放入染色盒中进行染色。

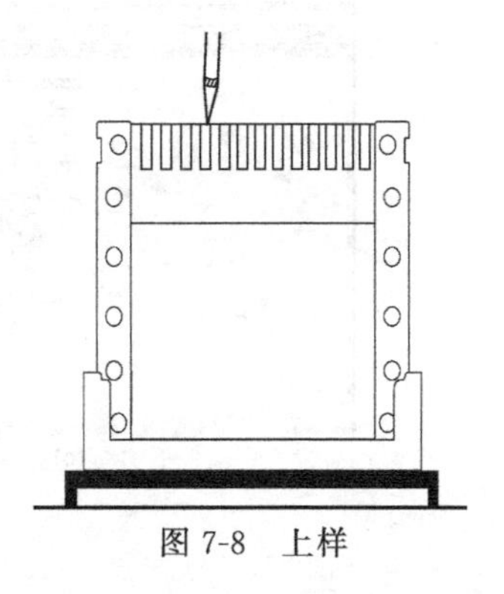

图 7-8　上样

考马斯亮蓝染色和脱色。染色液染色 4 h，也可染色过夜。加入适量脱色液，可多次更换直到脱色干净为止。

硝酸银染色。

固定：25 mL 的冰醋酸，100 mL 甲醇，125 mL 去离子水，60 min。

敏化：75 mL 甲醇，0.5 g 硫代硫酸钠（使用之前加入），17 g 乙酸钠，165 mL 去离子水，30 min；

清洗：用 250 mL 的去离子水清洗 3 次每次 5 min；

银染：0.625 g 硝酸银，250 mL 去离子水（现用现配）。

显色：6.25 g 碳酸钠，100 μL 的甲醛（使用之前加入），250 mL 去离子水。

终止：5%的乙酸。采集图像，分析结果。

13）双向电泳图谱的分析：如图 7-9 所示，双向电泳图谱的分析的一般过程为获取凝胶图像；调整和校准凝胶图像；检定和定量蛋白点；注释蛋白点和像素；匹配凝胶图像；分析、整合数据并报告结果。该过程检验、分析蛋白质双向电泳结果，从而决定下一步的实验去向，应用软件为 ImageMaster 2D Platinum version 5.0。

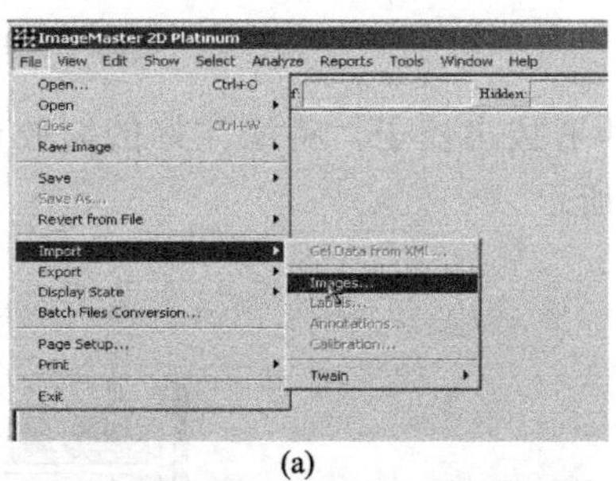

(a)

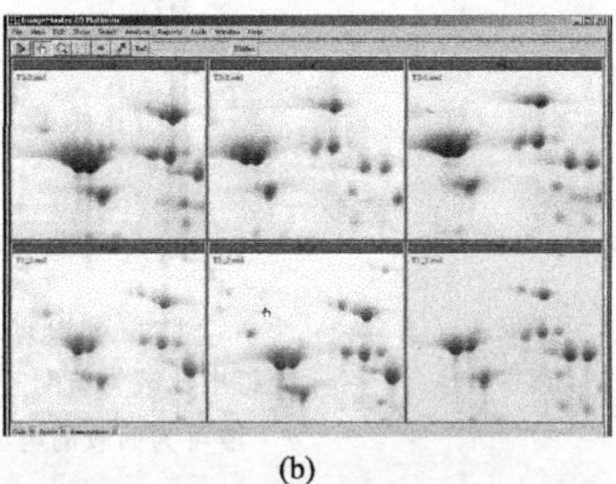
(b)

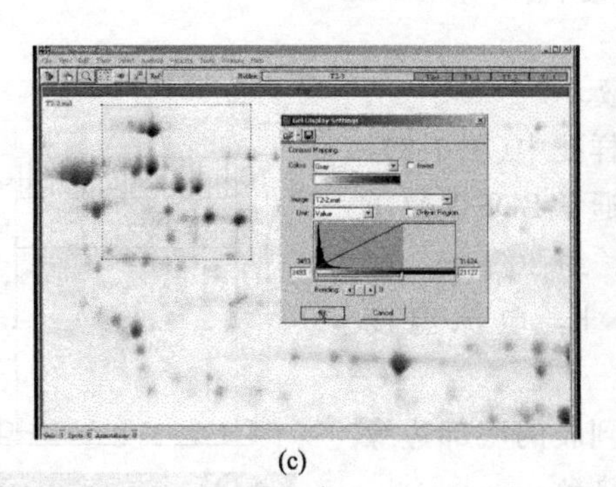
(c)

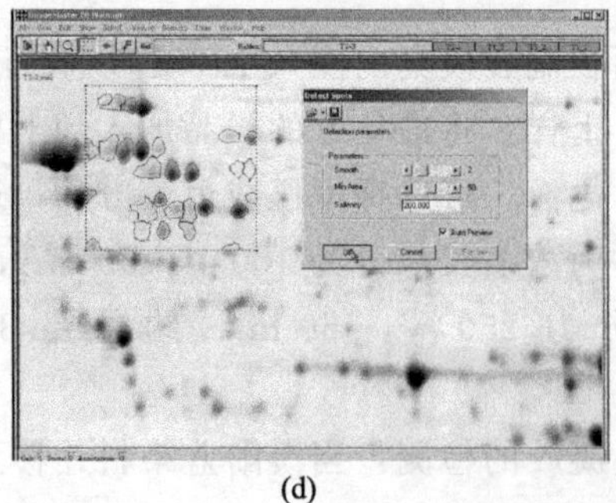
(d)

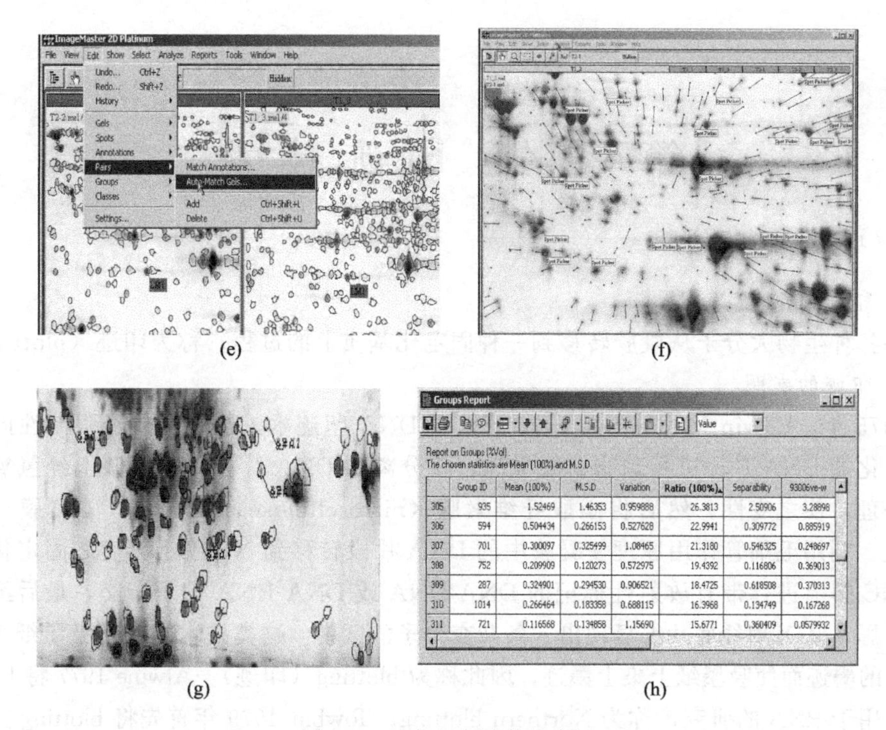

图 7-9　双向电泳图谱的分析

①利用扫描仪扫描得到凝胶图像；②导入凝胶图像［图（a）、（b）］；③凝胶图像选点［图（c）、（d）］；④设置 landmark［图（e）］；⑤自动匹配［图（f）、（g）］；⑥分析数据［图（h）］

【注意事项】

1）根据预分离蛋白质的相对分子质量范围确定使用的凝胶的浓度。

2）凝胶染色方法众多，其主要区别是灵敏度不同，需根据实际需要选择。通常考马斯亮蓝染色能检测到约含量为 1 μg 的蛋白质点，硝酸银染色法能检测到含量为纳克级的蛋白质点。

3）离子是等电聚焦过程中比较大的干扰因素，在实验过程中应该尽量避免引入离子。如蛋白质提取方法的确定，使用去离子水等。

4）如果双向电泳分离的蛋白质点需进行质谱鉴定，那么需要注意选择对质谱没有干扰的染色方法。

5）重复性是双向电泳需要注意的问题之一，所以在操作过程中应保持试剂、操作过程、实验条件的一致性，以确保双向电泳的重复性，从而获得可靠的可比性。

第八部分　印迹技术

一、印迹的概念和分类

1. 印迹的概念

将各种生物大分子从凝胶转移到一种固定化基质上的过程，称为印迹（blotting）。

2. 印迹的发明

1975年，Edwin Mellor Southern 开创了 DNA 印迹术。他将预先经限制性内切核酸酶消化的DNA片段进行琼脂糖凝电泳，将分离的DNA片段就在凝胶上经氢氧化钠溶液处理，使之变性。然后将硝酸纤维素膜（nitrocellulose membrane，NC膜）放在凝胶上，利用毛细管作用原理使凝胶中的DNA片段转移到NC膜上，使之固定化，然后在NC膜上进行带有放射性标记的DNA-DNA或DNA-RNA分子杂交，最后经过放射自显影，从X射线底片上显现出一条杂交分子的区带。这类技术类似用吸墨纸去吸干作品上的墨迹而使吸墨纸上染上墨迹，因此称为blotting（印迹）。Alwine 1977将blotting方法应用于RNA的研究，称为Northern blotting；Towbin 1979年首先将blotting方法应用于抗原检测，称为immunoblotting；1981年Burnette将免疫印迹术谐称为Western印迹术；1982年Reinhart报道了双向蛋白质印迹法，叫做Eastern印迹法。

所以Southern blotting是DNA印迹，Northern blotting是RNA印迹，Western blotting是蛋白质印迹，Eastern blotting是双向蛋白质印迹。而Dot blotting斑点印迹是将样品直接吸附于固相载体上，再进行检测。

下面将Southern blotting、Northern blotting和Western blotting进行比较（表8-1）。

表8-1　Southern blotting、Northern blotting和Western blotting的比较

指标\方法	Southern blotting	Northern blotting	Western blotting
分子检测	DNA（ds，双链）	mRNA（ss，单链）	蛋白质
凝胶电泳	琼脂糖凝胶	变性琼脂糖凝胶	聚丙烯酰胺凝胶
凝胶预处理	脱嘌呤、变性和中和	—	—
印迹方法	毛细管转移	毛细管转移	电转移
探针	DNA（同位素或非同位素）	cDNA，cRNA（同位素或非同位素）	一抗
检测系统	放射自显影、化学发光、显色	放射自显影、化学发光、显色	化学发光、显色

二、印迹的流程

1. 探针

用化学物质将有识别能力的物质（如抗原、激素、核酸等）和酶（如辣根过氧化物酶、碱性磷酸酶）或同位素（如^{3}H、^{35}S、^{32}P）或荧光物质（如地高辛等）结合成的复合物称为探针。

2. 固相载体

固相载体用于吸附生命大分子物质的固体材料。这类材料有硝酸纤维素（nitrocellulose，NC）膜、尼龙膜（nylon-desed membranes，NDM）、重氮苄氧甲基（diazobenzyloxymethyl，DBM）膜和重氮苄硫醚（diazophenylthiaether，DPT）纸等。较常用的是孔径为 0.45 μm 的 NC 膜，其优点是成本低廉、结合力强，背景较清晰。而对于检测核酸和酸性蛋白质来说，理想的载体是带正电荷的尼龙膜，其优点是与负电荷物质结合力很强，操作简单；缺点是与负离子型染料易结合，背景值高。

3. 印迹

把经凝胶电泳后的组分，通过吸附或电泳方法转移或以直接点样方式吸附到固相载体上，此过程称电泳印迹或称点印迹。

4. 封阻

用一种与待测物不反应的物质（如蛋白质、核酸、Tween-20 等）封阻载体印迹区域以外的剩余吸附位点，使探针仅与印迹物反应，且不吸附到载体上。封阻后，获得的结果背景干净、印迹的斑点或谱带更清晰。

5. 探针作用

将探针与固相载体上的样品在适宜条件下作用，使其被特异结合。

6. 显色或自显影

对探针进行显色反应或自显影。

三、免疫印迹过程

免疫印迹过程大致按下列步骤进行。细胞裂解液→样品在凝胶上电泳→分离好的蛋白质转移到膜上→封闭非特异性位点→与特异性抗体一起温育→与检测试剂一起温育→显色［辣根过氧化物酶（HRP）、碱性磷酸酶（AP）］。

1. 样品凝胶电泳

利用 5%～20%梯度的 SDS-PAGE、尿素-PAGE、等电点聚焦凝胶（isoelectric focusing，IEF-PAGE）或双向凝胶作为介质，将蛋白质样品进行电泳分离，其基本操作与凝胶电泳一样。不同之处是，凝胶厚度需 0.8 mm，经分离后的胶（SDS-PAGE 除外）要浸泡在含 SDS 的缓冲液中，使蛋白质带上负电荷，以利于凝胶中的蛋白质在电场中转移到正极侧的 NC 膜上。因此，在分离蛋白质时，大多数是用 SDS-PAGE 系统进行。

2. 转移

(1) 电泳转移的原理

在电泳转移的过程中，膜和含蛋白质的凝胶与滤纸一起放在两个电极之间。蛋白质在电场中电压的作用下向膜迁移，电压与电流的关系符合欧姆定律：

$$V = I \cdot R$$

式中，R 为放在电极间材料的电阻，这些材料包括转移缓冲液、凝胶、膜和滤纸。

两电极间形成的电场强度（V/cm）是电泳转移的驱动力。尽管许多其他因素，包括蛋白质的大小、形状和带电量及转移缓冲液的 pH、黏度和离子强度及凝胶的 T%可能影响蛋白质颗粒从凝胶中的洗脱，但所用电压的电极间的距离对蛋白质从凝胶洗脱的速度起主要作用。由于在转移过程中产热，对所用的电场强度有限制。

转移过程中产生的热（焦耳热）是电能消耗的部分，电能等于电流（I）与电压（V）的乘积。

$$P = I \cdot V = I^2 \cdot R$$

焦耳热增加温度，降低转移缓冲液的电阻。电阻的这种改变可能引起电场强度和转移的不连续，也可引起转移缓冲液失去缓冲能力。此外，过量的热可能使凝胶损坏及与膜粘连。各种电泳转移方法都受到转移槽散热能力的限制。

（2）电泳转移的类型

有两种主要类型的电泳转移装置和过程。一种是湿法转移，凝胶和膜浸在转移槽内。另一种是半干转移，凝胶和膜夹在缓冲液浸湿的滤纸之间，滤纸直接与平板电极接触。两类转移系统的比较见表 8-2。

表 8-2 蛋白质电泳转移系统的比较

项目	湿法转移	半干转移
灵活性	灵活的电压设定、转移时间及冷却装置；灵活的电极位置	用最少缓冲液，在无冷却情况下，快速转移
定量及定性结果	因为此法结合到膜上的效率高，定量转移低相对分子质量的蛋白质成为可能	由于不能定量结合，一些小相对分子质量分子在转移过程中能穿过膜
相对分子质量范围	宽相对分子质量范围	对于分子质量＞120 kDa 的分子转移效率变化大（用不连续缓冲体系能改进）。低相对分子质量蛋白质转移过程中能穿过膜
转移时间	缓冲液的量能维持扩展转移（可达 24 h）；在高强度条件下可快速转移（15～60 min）	快速转移；由于缓冲液量不够，不能进行扩展转移
温度控制	含有冷凝管，用低温循环器能进行温度控制，允许低温（4～10℃）转移，如有活性的酶的转移．	不能外接冷凝进行温度调节
缓冲能力	缓冲液量大，转印时间的长度不会因缓冲液量小而受到限制	缓冲液量小。每次实验不到 250mL；能降低试剂的费用和实验时间

（3）湿法转移

在湿法转移系统中，夹心中的凝胶和膜完全浸在槽内的缓冲液中。一个非导电的盒载着膜，使其与凝胶紧紧贴着。盒按在槽中的电极间，横在电场中，浸在导电的缓冲液中。尽管缓冲液槽中的大体积缓冲液能对转移过程中的热进行散热，但扩展转膜条件下，各种转印系统都提供另外的冷却装置。

湿法转移系统含有下列组件：缓冲液槽和盖、载胶盒（gel holder cassette）、电极、冷却装置。

因为能有效和定量的进行蛋白质转移，并转移大多数的蛋白质，所以常规蛋白质转印多数采用湿法转移系统。

(4) 半干转移

在半干转移（semi-dry blotting）中，凝胶和膜夹在两叠滤纸间，直接与平板电极接触。“半干”一词表示缓冲液的量少，仅存在于两叠滤纸中。

在半干转移系统中，电极间的距离仅限定在夹心中的凝胶和膜的厚度。所以，以高的电场强度和高强度的转印条件进行转印。在高的电场强度下，一些小蛋白质分子可能穿透膜。然而，由于低的缓冲能力限定了转印时间，一些大分子蛋白质转移效率可能较低。用不连续缓冲液系统可能使高分子蛋白质（>80 kDa）在半干转移中转移能力得到加强。由于半干转移所需缓冲液量少，且转移槽易安装，因此，在进行大量转印时，实验室多采用此法转移。

(5) 微滤点膜

简单、大批量溶液中蛋白质的转移可用移液器或注射器点膜。用移液器或注射器手动点膜通常用于小样品体积的点膜。微滤点膜（micro filtration，Dot-blotting）装置则能用于较大体积、含不同探针的多重点样，大量样品的快速可重复性筛查。

3. 膜的选择

尽管一开始时，硝酸纤维素膜是蛋白质印迹的唯一选择，但膜化学的进展使得有多种类型的膜可供选择。各种膜的选用指南见表 8-3。

表 8-3　印迹膜指南

膜	孔径大小/μm	结合能力/(μg/cm²)	备注
硝酸纤维素膜	0.45 0.2	80～100	通用蛋白质印迹膜
带支撑物的硝酸纤维素膜	0.45 0.2	80～100	安装在惰性支持物上的纯硝酸纤维素膜；增加了强度，易于操作并可重复杂交
序列印迹 PVDF 膜	0.2	170～200	高机械强度和化学稳定性；适于蛋白质测序
免疫印迹 PVDF 膜	0.2	150～160	高机械强度和化学稳定性；推荐用于免疫印迹

常见膜的孔径有两种：0.45 μm 孔径膜可用于大多数印迹分析实验，而 0.2 μm 孔径膜最适于转移低分子质量<15 kDa 蛋白质可能穿过更大的膜孔径。

(1) 硝酸纤维素膜和带支撑物的硝酸纤维素膜

硝酸纤维素膜现仍为免疫印迹的常用膜。蛋白质与膜结合是不可逆的，并且结合量可达 80～100 $\mu g/cm^2$。硝酸纤维素膜易于在水中浸湿，转至缓冲液和兼容多种蛋白质检测系统。带支撑物的硝酸纤维素膜是带惰性支撑结构的硝酸纤维膜，支撑结构增加膜的强度和弹性。带支撑物的硝酸纤维素能抵抗再次检测和高压消毒（121℃），并且保留硝酸纤维素易浸湿和蛋白质结合特性。

(2) PVDF 膜

PVDF 膜是一种进行 N 端测序、氨基酸分析和印迹蛋白质的免疫测定的理想载体。PVDF 在存在有机溶剂和暴露在酸性和碱性条件下仍能截留蛋白质。在测序操作期间，更大量蛋白质的截留通过增加初始的结合和更高的产率增强了从低丰度蛋白质获得信息的可能性。此外，PVDF 膜还显示了在转移缓冲液中存在 SDS 时，有更高的电泳转印结合效率。在使用前，PVDF 膜必须在 100%甲醇中浸湿，但是可以在不含甲醇的转移缓冲液中使用。

Bio-Rad 公司提供两种 PVDF 膜，分别用于测序和免疫检测。两种都有预切好成张包装的、成卷包装的及夹心式包装的供应。

a. 用于蛋白质测序的 Sequi-Blot® PVDF

该膜原名为 Bio-Rad® PVDF 膜。能抵抗 N 端测序的条件，样品丰度低时，仍能提高测序所需的结合能力。

b. 用于免疫印迹的 Immun-Blot® PVDF

Immun-Blot® PVDF 膜可用于化学发光检测和比色检测免疫印迹，因为它能留住目的蛋白，且防止非特异蛋白的结合，而非特异蛋白的结合会模糊高敏感性检测。Immun-Blot® PVDF 有达 150～160 $\mu g/cm^2$ 的结合能力，是硝酸纤维素膜的两倍，且不脆，不易撕破，适于多次检测。

(3) 印迹滤纸

印迹滤纸由 100%棉花纤维构成，使缓冲液以相同的流速通过凝胶。滤纸中不含可能干扰转移过程的其他成分。半干转移过程应该用超厚滤纸，因为它的吸液能力强。

4. 转移缓冲液的选择

不同的凝胶类型和印迹实验要求不同的缓冲液（表 8-4），但是，一般来说，转移缓冲液必须能将蛋白质从凝胶中有效洗脱出来，同时，又将蛋白质结合到膜上。缓冲液的选择主要取决于所用凝胶和膜的类型，也要考虑感兴趣蛋白质的物理特性。

表 8-4　根据凝胶类型对转移缓冲液及印迹膜选择指南

凝胶类型	转移缓冲液	膜	备注
SDS-PAGE	Towbin 缓冲液，含或不含 SDS、CHAPS、碳酸盐、Bjerrum Schater-Nielsen	硝酸纤维素膜或带支撑物的硝酸纤维素膜（0.45 μm 或 0.2 μm）或 PVDF 膜	湿法转移或半干转移
Tris-Tricine SDS-PAGE	Towbin 缓冲液、CHAPS	硝酸纤维素膜或带支撑物的硝酸纤维素膜（0.2 μm）或 PVDF 膜	推荐湿法转移；需要高容量、小孔径膜；缓冲液的 pH 可能要求严格
双向电泳胶	Towbin 缓冲液，含或不含 SDS、CHAPS、碳酸盐、Bjerrum Schater-Nielsen	硝酸纤维素膜或带支撑物的硝酸纤维素膜（0.45 μm 或 0.2 μm）或 PVDF 膜	湿法转移或半干转移
天然的，非变性胶	根据凝胶缓冲液的 pH 和感兴趣蛋白质的等电点确定	硝酸纤维素膜（0.45 μm 或 0.2 μm）或 PVDF 膜	为了保持活性，可能需要特殊控温装置
酸性尿素	0.7%乙酸	硝酸纤维素膜（0.45 μm 或 0.2 μm）	使用酸性胶转移程序（膜朝向阴极）
等电聚焦凝胶	0.7%乙酸	硝酸纤维素膜或带支撑物的硝酸纤维素膜（0.45 μm 或 0.2 μm）或 PVDF 膜	使用酸性胶转移程序（膜朝向阴极）

为了在转移过程中维持系统的导电性和 pH，转移缓冲液含导电的、强缓冲剂（如

Tris、CHAPS或碳酸盐）。此外，转移缓冲液中可能含醇类（如甲醇或乙醇），以促进蛋白质与膜的结合，转移缓冲液也可能加SDS，以促进蛋白质从凝胶中洗脱。

四、实验前要考虑的因素

1. 抗原表位性质

多数高分辨率凝胶电泳技术涉及抗原样品的变性，只有那些能识别耐变性表位的抗体可与其结合。多数多克隆抗血清中或多或少地含有这种类型的抗体，所以在免疫印迹中常选用多克隆抗体。相反，许多单克隆抗体不能与变性抗原反应，因为它识别的表位依赖于抗原蛋白正确折叠所形成的三维空间构象。检查一组抗体是否具有识别耐变性表位能力的最简单方法是用已知待测抗原中的蛋白质样品进行一次预实验。若所有可得到的抗体都仅识别天然表位，则应考虑使用变性蛋白样品免疫动物以获得具有相应特性的抗体。

2. 蛋白质原液的浓度

对于中等相对分子质量的蛋白质其浓度需达到 $1/10^6$ 左右时，才易于被检出。采用目前的技术，浓度低至0.1 ng的蛋白质亦可被检出。稀有蛋白质在进行凝胶电泳之前要进行部分纯化，常用免疫沉淀法，同时它还可扩大免疫印迹检测范围。

3. 抗体的选择

在选择合适的抗体时主要应考虑两个问题，一个是所选抗体是否能识别凝胶电泳后转印至膜上的变性蛋白，另一个是所选抗体是否会引起交叉反应条带。表8-5列出了不同抗体及其优缺点。

表8-5　不同抗体的比较

项目	多克隆抗体	单克隆抗体	混合的单克隆抗体
信号强度	较好	视不同抗体而异	最佳
特异性	良好，但有一定的背景	最佳，但有交叉反应	最佳
优点	多数能识别变性抗原	特异性好，抗体来源不受限制	信号强，特异性好，抗体来源不受限制
缺点	不易重复，有时背景较深，抗体需滴定	多数不能识别变性抗原	容易获得

实验三十　蛋白质印迹

【实验目的】

本书主要阐述蛋白质印迹（Western blotting）技术，核酸印迹技术主要参考分子生物学实验指导。通过蛋白质印迹技术的学习，掌握蛋白质印迹技术的原理、操作流程和应用。

【实验原理】

蛋白质印迹技术通常是将待分析的样品在SDS-聚丙烯酰胺凝胶上进行电泳后把已分开的蛋白质区带从凝胶上转移到固相底物上，形成完好的蛋白质区带复制物，由于区带转化后稳定而又更易与随后加入的抗体起反应（特异性探针作用），此抗体是对待测蛋白质专一的，故可用免疫检测法检出要分析的蛋白质区带或功能分子。这种方法包括蛋白质转移和免疫化学检测两个过程，所以它又称免疫印迹法。免疫印迹法可分为电印迹法和被动扩散印迹法，目前多采用电印迹法，其优点在于电泳转移后，将蛋白质浓缩印迹在固相底物上，不产生扩散，能得到原凝胶上蛋白质区带的真实复制物。这样就给各种处理和检测带来许多有利条件，可以在固相底物上进行染色或放射自显影，省去了凝胶上染色和制成干片的繁琐操作，易于保存，既省事，又简便。同时在转移过程中样品中的SDS、巯基乙醇等干扰物质易被除去，从而能使蛋白质恢复天然构象和生物活性，这样就可使在凝胶上很难进行的同位素标记抗体和酶标抗体法能在固相底物上得以标记，灵敏的检出极微量的抗原，大大提高印迹效率和缩短实验周期，转移电泳可应用于一切依赖于形成蛋白质-配体复合物的分析检测。总之，蛋白质印迹技术，因为它设备简单、操作方便、灵敏度高、专一性强、试剂用量少，所以得到越来越广泛应用。

【实验材料】

1. 器材

高压锅，玻璃匀浆器，高速离心机，分光光度仪，－20℃低温冰箱，垂直板电泳转移装置，恒温水浴摇床，多用脱色摇床，各种规格的吸头，离心管和加样器，各种规格的烧杯，量筒和平皿等玻璃器材，硝酸纤维素膜，乳胶手套，保鲜膜，搪瓷盘（>20 cm×20 cm），X射线片夹，X射线片，玻棒长短各一根，计时器，吸水纸。

2. 试剂

单去污剂裂解液，0.01 mol/L PBS（pH7.3），10%分离胶，4%浓缩胶，考马斯亮蓝G-250溶液，0.15 mol/L NaCl溶液，2×（5×）SDS上样缓冲液，电泳缓冲液，转移缓冲液，10×丽春红染液，封闭液，TBST，TBS，洗脱抗体缓冲液，显影液，定影液，抗体，化学发光试剂。

(1) 母液

a. 1.0 mol/L Tris-HCl

Tris 30.29 g，蒸馏水 200 mL。

溶解后，用浓盐酸调 pH 至所需点（表 8-6），最后用蒸馏水定容至 250 mL，高温灭菌后室温下保存。

表 8-6　调 pH 所需浓盐酸量

pH	HCl
7.4	约 17 mL
7.5	约 16 mL
7.6	约 15 mL
8.0	约 10 mL

b. 1.74 mg/mL（10 mmol/L）PMSF

PMSF 0.174 g，异丙醇 100 mL。

溶解后，分装于 1.5 mL 离心管中，－20℃保存。

c. 0.2 mol/L NaH_2PO_4

NaH_2PO_4 12 g，蒸馏水至 500 mL。

溶解后，高压灭菌，室温保存。

d. 0.2 mol/L Na_2HPO_4

$Na_2HPO_4 \cdot 12H_2O$ 71.6 g，蒸馏水至 1000 mL。

溶解后，高压灭菌，室温保存。

e. 10% SDS

SDS 10 g，蒸馏水至 100 mL。

50℃水浴下溶解，室温保存。如在长期保存中出现沉淀，水浴溶化后，仍可使用。

f. 10%过硫酸铵（AP）

过硫酸铵 0.1 g，超纯水 1.0 mL。

溶解后，4℃保存，保存时间为一周。

g. 1.5 mol/L Tris · HCl（pH 8.8）

Tris 45.43 g，超纯水 200 mL。

溶解后，用浓盐酸调 pH 至 8.8，最后用超纯水定容至 250 mL，高温灭菌后室温下保存。

h. 0.5 mol/L Tris · HCl（pH 6.8）

Tris 15.14 g，超纯水 200 mL。

溶解后，用浓盐酸调 pH 至 6.8，最后用超纯水定容至 250 mL，高温灭菌后室温下保存。

i. 40%Acr/Bis（37.5 ∶ 1）

丙烯酰胺（Acr）37.5 g，甲叉双丙烯酰胺（Bis）1 g，超纯水至 100 mL。

37℃下溶解后，4℃保存。使用时恢复至室温且无沉淀。

j. 20% Tween 20

Tween 20 20 mL，蒸馏水至 100 mL。

混匀后 4℃保存。

(2) 使用液

a. 单去污剂裂解液（50 mmol/L Tris-HCl pH 8.0，150 mmol/L NaCl，1%Triton X-100，100 μg/mL PMSF）

1 mol/L Tris-HCl（pH 8.0）2.5 mL，NaCl 0.438 g，Triton X-100 0.5 mL，蒸馏水定容至 50 mL。

混匀后，4℃保存。使用时，加入 PMSF 至终浓度为 100 μg/mL（0.87 mL 裂解液加入 1.74 mg/mL PMSF 50 μL）。

b. 0.01 mol/L PBS（pH 7.2～7.4）

0.2 mol/L NaH_2PO_4 19 mL，0.2 mol/L Na_2HPO_4 81 mL，NaCl 17 g，蒸馏水定容至 2000 mL。

c. 考马斯亮蓝 G-250 溶液（测蛋白含量专用）

考马斯亮蓝 G-250：100 mg，95%乙醇 50 mL，磷酸 100 mL，蒸馏水定容至 1000 mL。

配制时，先用乙醇溶解考马斯亮蓝染料，再加入磷酸和水，混匀后，用滤纸过滤，4℃保存。

d. 0.15 mol/L NaCl

NaCl 0.877 g，蒸馏水至 100 mL。

高温灭菌后，室温保存。

e. 100 mg/mL 牛血清白蛋白（BSA）

BSA 0.1g，0.15 mol/L NaCl 1 mL。

溶解后，－20℃保存。制作蛋白质标准曲线时，用 0.15 mol/L NaCl 进行 100 倍稀释成 1 mg/mL，－20℃保存。

f. 10%分离胶和 4%浓缩胶

试剂	10%分离胶	4%浓缩胶
超纯水	4.85 mL	3.16 mL
40% Acr/Bis	2.5 mL	0.5 mL
1.5 Tris-HCl	2.5 mL	—
0.5	—	1.26 mL
10% SDS	100 μL	50 μL
10% AP	50 μL	25 μL
TEMED	5 μL	5 μL

加 TEMED 后，立即混匀即可灌胶。

g. 还原型 5×SDS 上样缓冲液［0.25 mol/L Tris · HCl pH6.8，0.5 mol/L 二硫叔糖醇（DDT），10% SDS，0.5%溴酚蓝，50%甘油］

0.5 mol/L Tris-HCl（pH6.8）2.5 mL，DTT 0.39 g，SDS 0.5 g，溴酚蓝 0.025 g，甘油 2.5 mL。

混匀后，分装于 1.5 mL 离心管中，4℃保存。

h. 电泳液缓冲液（25 mmol/L Tris，0.25 mol/L 甘氨酸，0.1% SDS）

Tris 3.03 g，甘氨酸 18.77 g，SDS 1 g，蒸馏水定容至 1000 mL。

溶解后室温保存，此溶液可重复使用 3～5 次。

i. 转移缓冲液（48 mmol/L Tris，39 mmol/L 甘氨酸，0.037% SDS，20%甲醇）

甘氨酸 2.9 g，Tris 5.8 g，SDS 0.37 g，甲醇 200 mL，蒸馏水定容至 1000 mL。

溶解后室温保存，此溶液可重复使用 3～5 次。

j. 10×丽春红染液

丽春红 S 2 g，三氯乙酸 30 g，磺基水杨酸 30 g，蒸馏水至 100 mL。

使用时将其稀释 10 倍。

k. TBS 缓冲液（100 mmol/ L Tris-HCl pH7.5，150 mmol/L NaCl）

1 mol/ L Tris-HCl（pH7.5）10 mL，NaCl 8.8 g，蒸馏水定容至 1000 mL。

l. TBST 缓冲液（含 0.05% Tween 20 的 TBS 缓冲液）

20% Tween 20 1.65 mL，TBS 700 mL。

混匀后即可使用，最好现用现配。

m. 封闭液（含 5%脱脂奶粉的 TBST 缓冲液）

脱脂奶粉 5 g，TBST 100 mL。

溶解后 4℃保存。使用时，恢复室温，用量以盖过膜面即可，一次性使用。

n. 洗脱抗体缓冲液（100 mmol/L 2-Mercaptoethanol，2% SDS，62.5 mmol/L Tris-HCl pH 6.8）

14.4 mol/L 2-Mercaptoethanol（β-巯基乙醇）700 μL（于通风橱内操作），SDS 2 g，0.5 mol/L Tris-HCl（pH6.8）12.5 mL，超纯水至 100 mL。

配制时，在通风橱内进行。4℃保存。可重复使用 1 次。

o. 显影液（5×）（可购买）

水（加热至50℃）375 mL（以下药品加到温水中），米吐尔 1.55 g，亚硫酸钠（无水）22.5 g，碳酸钠（无水）33.75 g，溴化钾 20.95 g，补水至 500 mL。

配制时，上述药品应逐一加入，待一种试剂溶解后，再加入后一种试剂。4℃保存。使用时用水稀释至1倍。

p. 定影液（可购买）

水（50～60℃）700 mL（以下药品按顺序加入前者溶解后再加后者），硫代硫酸钠 240 g，亚硫酸钠（无水）15 g，冰醋酸 12.6 mL，硼酸 7.5 g，钾明矾 15 g（水温冷至 30℃以下时再加入）。

加水定容至 1000 mL，室温保存。

【实验方法】

1. 蛋白质样品制备

蛋白质样品加入等体积的上样 Buffer，然后放在沸水浴中加热 3～4 min 使蛋白质变性，瞬时离心后可以准备上样。

2. SDS-PAGE 电泳

（1）清洗玻璃板

一只手扣紧玻璃板，另一只手蘸点洗衣粉轻轻擦洗。两面都擦洗过后用自来水冲，再用蒸馏水冲洗干净后立在筐里晾干。

（2）灌胶与上样

1）玻璃板对齐后放入夹中卡紧。然后垂直卡在架子上准备灌胶（操作时要使两块玻璃对齐，以免漏胶）。

2）按前面方法配 10%分离胶，加入 TEMED 后立即摇匀即可灌胶。灌胶时，可用 10 mL 加样枪吸取 5 mL 胶沿玻璃放出，待胶面升到绿带中间线高度时即可。然后胶上加一层水，液封后的胶凝的更快（灌胶时开始可快一些，胶面快到所需高度时要放慢速度。操作时胶一定要沿玻璃板流下，这样胶中才不会有气泡。加水液封时要很慢，否则胶会被冲变型）。

3）当水和胶之间有一条折射线时，说明胶已凝固了。再等 3 min 使胶充分凝固就可倒去胶上层水并用吸水纸将水吸干。

4）按前面方法配 4%的浓缩胶，加入 TEMED 后立即摇匀即可灌胶。将剩余空间灌满浓缩胶然后将梳子插入浓缩胶中。灌胶时也要使胶沿玻璃板流下以免胶中有气泡产生。插梳子时要使梳子保持水平。由于胶凝固时体积会收缩减小，从而使加样孔的上样体积减小，所以在浓缩胶凝固的过程中要经常在两边补胶。待到浓缩胶凝固后，两手分别捏住梳子的两边竖直向上轻轻将其拔出。

5）用水冲洗一下浓缩胶，将其放入电泳槽中（小玻璃板面向内，大玻璃板面向外。若只跑一块胶，那槽另一边要垫一块塑料板且有字的一面向外）。

6）加样（上样总体积一般不超过 15 μL，加样孔的最大限度可加 20 μL 样品）加足够的电泳液后开始准备上样（电泳液至少要漫过内测的短玻璃板）。用微量进样器贴壁吸取样品，将样品吸出不要吸进气泡。将加样器针头插至加样孔中缓慢加入样品（加样太快可使样品冲出加样孔，若有气泡也可能使样品溢出）。加入下一个样品时，进样器需在外槽电泳缓冲液中洗涤三次，以免交叉污染。

（3）电泳

把电泳装置与电源连接好，将电压调至 100 V 电泳 10～20 min，待溴酚蓝迁移出积层胶位置再换用 200 V，30～40 min 后关闭电源。

3. 转膜

1）转一张膜需准备 6 张 7.0～8.3 cm 的滤纸和 1 张 7.3～8.6 cm 的 PVDF 膜。切滤纸和膜时一定要戴手套，因为手上的蛋白质会污染膜。将切好的 PVDF 膜置于水上浸湿。

2）在加有转移液的搪瓷盘里放入转膜用的夹子、两块海绵垫、一支玻璃棒、滤纸和浸过的膜。

3）将夹子打开使黑的一面保持水平。在上面垫一张海绵垫，用玻璃棒来回擀几遍以擀走里面的气泡（一手擀另一手要压住垫子使其不能随便移动）。在垫子上垫三层滤纸（可三张纸先叠在一起在垫于垫子上），一手固定滤纸一手用玻璃棒擀去其中的气泡。

4）要先将玻璃板撬掉才可剥胶，撬的时候动作要轻，要在两个边上轻轻的反复撬。撬一会儿玻璃板便开始松动，直到撬去玻璃板（撬时一定要小心，玻璃板很易裂）。除去小玻璃板后，将浓缩胶轻轻刮去（浓缩胶影响操作），要避免把分离胶刮破。小心剥下分离胶盖于滤纸上，用手调整使其与滤纸对齐，轻轻用玻璃棒擀去气泡。将膜盖于胶上，要盖满整个胶（膜盖下后不可再移动）并除气泡。在膜上盖 3 张滤纸并除去气泡。最后盖上另一个海绵垫，擀几下就可合起夹子。最后从负极到正极依次是：海绵/三层滤纸/凝胶/PVDF 膜/三层滤纸/海绵。整个操作过程中要不断地擀去气泡。若用半干转膜，则膜两边的滤纸不能相互接触，接触后会发生短路（转移液含甲醇，操作时要戴手套，实验室要开门以使空气流通）。

5）将夹子放入转移槽中，要使夹的黑面对槽的黑面，夹的白面对槽的红面。电转移时会产热，在槽的一边放一块冰来降温。一般用 60 V 转移 2 h 或 40 V 转移 3 h。或 100～150 mA 转移 2 h。

6）转完后将膜用 1×丽春红染液染 5 min（于脱色摇床上摇）。然后用水冲洗掉没染上的染液就可看到膜上的蛋白质。将膜晾干备用。

4. 免疫反应

1）将膜用 TBS 从下向上浸湿后，移至含有封闭液的平皿中，室温下脱色摇床上摇动封闭 1 h。

2）将一抗用 TBST 稀释至适当浓度（在 1.5 mL 离心管中）；撕下适当大小的一块保鲜膜铺于实验台面上，四角用水浸湿以使保鲜膜保持平整；将抗体溶液加到保鲜膜上；从封闭液中取出膜，用滤纸吸去残留液后，将膜蛋白面朝下放于抗体液面上，掀动膜四角以赶出残留气泡；室温下孵育 1～2 h 后，用 TBST 在室温下脱色摇床上洗两次，每次 10 min；再用 TBS 洗一次，10 min。

3）同上方法准备二抗稀释液并与膜接触，室温下孵育 1～2 h 后，用 TBST 在室温下脱色摇床上洗两次，每次 10 min；再用 TBS 洗一次，10 min，进行化学发光反应。

5. 化学发光

用约 2 mL DAB（二氨基联苯胺）显色液不断在膜的一个角向整个膜吹吸显色液，约 5 min 后就能看到显示的条带。

6. 凝胶图像分析

将胶片进行扫描或拍照，用凝胶图像处理系统分析目标带的相对分子质量和净光密度值。

实验三十一　核酸印迹

【实验原理】

核酸印迹主要包括DNA印迹（Southern blotting）和RNA印迹（Northern blotting）。

DNA印迹法是将其限制性内切核酸酶（简称RE）裂解片段先通过琼脂糖凝胶电泳分离，得到按片段的相对分子质量大小而依次分开的酶切图谱。经碱变性、中和处理被转移固定到NC膜上，其谱带形状和相对位置均与原凝胶谱相同，印迹在NC膜上的DNA片段可用分子杂交法进行检测，由于膜上的DNA已经过碱液处理而导致变性，其中的互补碱基对的氢键被打开，故将NC膜浸入预先经变性处理的放射性探针（DNA）溶液中，在适宜条件下，含有互补序列的DNA片段上，杂交过的NC膜经充分洗涤，干燥后进行放射性扫描或放射自显影，就能探知有互补序列DNA所在位置。通常待测的DNA只有某些片段（或某段基因）与探针DNA的序列有互补关系，而其他酶切片段则不能与探针杂交，最后不被检出。此外，NC膜先经预杂交是目前使用较多的一种降低杂交后放射性本底的手段，反应液中与NC膜上DNA无互补性DNA不影响杂交效率，却能有效地减少NC膜对探针DNA的吸附，从而降低了本底。

制备检测核酸印迹的同位素标记探针方法较多，通常采用最多的是切口移位法（又称缺口平移或缺口翻译等），它是利用大肠杆菌DNA聚合酶I的5′-3′外切核酸酶活性和5′-3′聚合酶活性相互协调作用完成的，在最适反应条件下，使未标记DNA分子被反应系统中微量的DNA酶I作用，在其一条链打开缺口（其位置是随机确定的），此时，DNA聚合酶I（5′-3′外切作用）就能依次从双链DNA的缺口处5′端将脱氧核苷酸逐个切下，同时，该酶（5′-3′聚合作用）能将反应系统中相应的脱氧三磷酸核苷酸从3′羟基端逐个补上，替换DNA链中原有的脱氧核苷酸形成沿DNA双链5′-3′方向的缺口移动，这种核苷酸的切补和缺口移过程可被用于将同位素标记的核苷酸标记在DNA链上，这样就可以制备出相应DNA放射性探针（另外制备探针的方法还有转录法、制备单链RNA探针、用随机六核苷酸引物制备DNA探针等），放射性探针的比活主要取决于所选用α-^{32}PdNTP的比活及其参入百分率。制备核酸探针所用的标记物种类较多，常用的有放射性标记、酶标、荧光标记。其中放射性同位素标记是用得最广泛的一种，它有α-^{32}P、^{35}S等。α-^{32}P标记的核苷酸，其优点为检测灵敏度高，受其他因素影响较小。但其半衰期较短（14.3天），故受交通运输等条件的限制。^{35}S的半衰期较长（87.1天），可在一定程度上解决这个问题，并且α-^{35}S比α-^{32}P的β射线较弱，显带较为密集而清晰，对邻近的带相互干扰小，易探测，辐射危害小，操作也较安全，这对于从事分子生物及基因工程的工作者极为有利。

放射性同位素标记探针的制备和应用，受到一定条件的限制，存在着放射性同位素的检测、完全防护、污染处理、运输、价格贵等问题，目前在一般实验室还不能普遍采用。因而，此方法尚不能被广泛应用。但是非放射性物质标记却能弥补上述方法的缺陷和不足，酶标法通常多采用间接酶标检测法，即用较小分子或半抗原［如生物素、毛地黄苷等标记在脱氧三磷酸上（如 Bio-11-dCTP，Bio-11-dUTP)]。在最适条件下进行切口平移反应，制备出非放射性标记的 DNA 分子，使其与印迹的核苷酸分子进行杂交，然后，再通过一个既能与 DNA 分子上的小分子（生物素）结合又能与酶结合的抗体（抗生物素蛋白）将酶间接地与 NC 膜上的核酸分子结合，以酶的抗体标记物作检测试剂，即酶促反应产生不溶性有色物质，从而使印迹核酸得到显示和检测。

常用的标记酶有碱性磷酸酶（AP），该酶检测灵敏度高，检测单拷贝基因达到约 5 pg水平，但稳定性较差，其底物或显色剂为 5-溴-4，3-吲哚磷酸/氮蓝四 2 唑（BCIP/NBT），反应产物为紫色。辣根过氧化物酶（HRP）的灵敏度较差，AP 比 HRP 的灵敏度约大 10 倍，但 HRP 的稳定性较好，β-半乳糖苷酶的稳定性和灵敏度介于 AP 和 HRP 两者之间。

本实验用 PBR_{322} 质粒 DNA 为材料，经限制性内切核酸酶 *Bam*H Ⅰ水解后，进行琼脂糖凝胶电泳，通过 Southern 印迹法，将凝胶上已分开的 DNA 片段转移至 NC 膜上，同时，将 PBR_{322} 质粒 DNA 通过切口移位法进行放射性同位素 ^{32}P 标记，然后用此探针在 NC 膜上的 DNA 片段进行分子杂交，经过放射自显影技术，即可显示出本探针的顺序互补的酶切段位置，得到分子杂交的谱带。

同样，也可用凝胶电泳分离 RNA，把相应或特殊片段转移到 NC 膜上之后，用杂交方法来鉴定它，Northern blotting 和 Southern blotting 在操作上基本没有差别。

【实验材料】

1. 器材

电泳仪，平板电泳槽，水浴锅，恒温水浴，真空泵，真空干燥器，微量取样器，薄膜手套，旋涡混合器，紫外分析仪，照相及翻拍机装置，烧杯（10 mL、50 mL、100 mL、250 mL、500 mL），移液管（1.0 mL、2.0 mL、5.0 mL），容量瓶（10 mL、50 mL、100 mL、500 mL），硝酸纤维素膜，塑料袋及塑料膜，恒温水浴振荡器，滤纸，保鲜膜，烘箱，同位素自动定标器，放射性污染监测器，台式高速离心机，DE-81 滤膜，玻璃板（10 cm×20 cm、5 cm×10 cm），玻璃平皿（*Φ* 10 cm、*Φ* 20 cm），吸水纸，剪刀，镊子，刀片等，低温冰箱（－20℃），医用 X 射线底片，暗盒、增感屏及曝光夹装置，搪瓷盘。

2. 试剂

1）PBR_{322} 质粒 DNA 溶液（－20℃）。

2）*Bam*H Ⅰ（－20℃）。

3）牛胰 DNase Ⅰ溶液（0.1 μg/μL），（－20℃）保存。

4）大肠杆菌聚合酶Ⅰ（－20℃）。

5）琼脂糖（电泳纯）。

6）dTTP 溶液（0.5 mmol/L），（－20℃）保存。

7）dGTP 溶液（0.5 mmol/L），（－20℃）保存。

8）[α-^{32}P] dATP。

9）[α-^{32}P] dCTP。

10）限制性内切核酸酶缓冲液（10×）：

500 mmol/L NaCl，100 mmol/L Tris-HCl（pH7.5），100 mmol/L $MgCl_2$，10 mmol/L DTT。

11）牛血清白蛋白（BSA）溶液（1 g/L）。

12）0.2 mol/L EDTA-Na_2 溶液（pH 7.0）。

13）电泳缓冲液（10×TAE）称取 Tris 48.5 g，无水乙酸钠 16.4 g，EDTA-$Na_2$3.7 g，加适量蒸馏水溶解。用冰醋酸调至 pH 8.0，再加水定容至 1000 mL。

14）溴化乙锭（EB），溶液（5 μg/mL）。

15）500 mL/L 甘油溴酚蓝溶液，称取 2 g 溴酚蓝加蒸馏水 100 mL，室温过夜溶解后，再加入甘油 500 mL，混匀后补水定容至 1000 mL。

16）变性溶液（1.5 mol/L NaCl-0.5 mol/L NaOH）。

17）中和溶液（pH7.0），称取 Tris 60.5 g，NaCl 175.5 g，加适量蒸馏水溶解后用 HCl 调至 pH 7.0，再补水定容至 1000 mL。

18）印迹缓冲液（20×SSPE）称取 NaCl 210 g，加适量蒸馏水溶解，再加入 $Na_2HPO_4 \cdot H_2O$ 27.6 g，EDTA-$Na_2$7.4 g，溶解后用 50% NaOH 调至 pH 7.0，加水定容至 1000 mL。

19）缺口平移缓冲液（10×），0.5 mol/L Tris-HCl（pH7.4），0.1 mol/L $MgCl_2$，1 mmol/L DTT，500 μg/ml BSA，混匀，−20℃保存备用。

20）0.5 mol/L Na_2HPO_4 溶液。

21）无水乙醇。

22）Tris-HCl 缓冲液（pH 7.4）。

23）10 mol/L NaOH 溶液。

24）1 mol/L HCl 溶液。

25）100×Denhardt 溶液，称取聚蔗糖（Ficolle，MW=400 000）2 g，聚乙烯吡咯烷酮（PVP，MW=360 000）2 g 和 BAS 2 g，加蒸馏水定容至 100 mL，低温（−20℃）保存备用。

26）100 g/L SDS 溶液。

27）20×SSC 缓冲液（pH 7.0），称取柠檬酸三钠（含 $2H_2O$）88.2 g（0.3 mol/L），NaCl 175.3 g（3mol/L），加适量蒸馏水溶解后，用 1 mol/L HCl 调至溶液 pH 7.0，补水定容至 1000 mL。

28）预杂交缓冲液，取 20×SSC 缓冲液 4 mL，100×Denhardt 溶液 0.2 mL，蒸馏水 16 mL，混匀。

29）6×SSC 1 g/L SDS 溶液。

【实验方法】

1. 限制性内切核酸酶消化

向灭菌的 Eppendorf 管中加纯 pBR_{322} 质粒 DNA 溶液 5～10 μL（含 0.2～5 μg DNA），内切核酸酶缓冲液 2 μL，BAS 溶液（1 mg/ml）2 μL，补加无菌双蒸水至 19 μL，最后加 1 μL *Bam*H Ⅰ（适当稀释）混匀，37℃水浴保温 1～2 h，酶解完成后，

加入 2 μL 0.2 mol/L EDTA-Na_2 溶液，混匀，以终止酶反应。

一般限制性内切核酸酶活力单位是指在最适反应条件下，1 h 能完全水解 1 μg DNA 底物的酶量定为 1 个单位，实际上常使用相当于完全水解所需酶量的 2～3 倍的单位，但不宜加入太过量的酶，否则要干扰实验结果。

酶切反应液中的 DNA 用量应根据不同生物来源和要求而定，如检测重组分子或病毒仅需几个纳克就足够了，但分析高等真核生物基因组中的单拷贝基因序列则需要 5～10 μg DNA 被消化样品。

2. 琼脂糖凝胶分析

(1) 平板凝胶的制备

称取 0.7 g 琼脂糖，加 100 mL 电泳缓冲液，高压灭菌（105℃）15 min，取出冷却到 60℃，加入 1 mL 溴化乙锭溶液（5 μg/ml），混匀，置 60℃恒温水浴中备用。

将平板凝胶成型装置及样品槽梳子水平安放好以后，把 60℃凝胶液灌入其中，静置使之聚胶，小心取出样品梳，保持样品槽的完整性。

(2) 加样

将制好的平板凝胶放入水平的电泳槽中，加入电泳缓冲液，使其浸没凝胶板，注意排除样品槽内的气泡，浸泡 10 min 以上再加样。

取 *Bam*H Ⅰ酶解液和未加酶解液（标准 pBR_{322} 质粒 DNA）样品各 10 μL，分别加入 10 μL 电泳缓冲液和 10 μL 500 mL/L 甘油溴酚蓝溶液，混匀，然后小心将样品注入样品槽内，每槽注入稀释样品 15 μL。

(3) 电泳

加样毕，接上电泳仪，样品端为负极，切勿接错。打开电源调节电压，先采用较高电压（约 100 V），使样品进入凝胶，随后改用较低电压（约 70 V），控制电压降为 3.5 V/cm，当指示染料溴酚蓝泳动到距凝胶板正极端 2 cm 处左右时可关闭电源，电泳需 4 h 左右完成。

(4) 检测和拍照

将电泳后的凝胶板移置于显色板上，在凝胶板一侧安置透明标尺，借助紫外分析仪 (245 nm) 于暗室中观察电泳结果，能显示清晰可见的酶切图谱（呈明亮的橘红色谱带）。

3. 核酸的印迹（Southern 印迹法）

(1) 变性处理

照相后用刀片切去凝胶上无样品部分，然后将此凝胶移置瓷盘中，加入碱变性溶液浸没胶面，不时轻轻摇动，室温浸泡变性 15 min，倾去变性溶液，重复处理步骤 2 次，随后用蒸馏水重复漂洗 3 次，再加中和溶液浸泡，轻轻搅动 20 min，倾去中和液，重复中和步骤 1 次。

(2) 印迹

凝胶中和后再将 DNA 从胶中转移到纤维素滤膜上，有多种转移方法，一是吸印法，二是电泳转移法，三是真空转移法。本实验采用吸印法，取玻璃平皿（或平底盘）一个，在其上架设一块适当大小的玻璃（或塑料板），水平放置，把 10 张与凝胶同样大小的滤纸（新华 1 号）用 20×SSPE 缓冲液浸透，叠整齐后铺在玻璃上，滤纸的两个长边应下垂于 20×SSPE 缓冲液中，然后小心将凝胶移置于滤纸上，再切取 1 张与凝胶同样大小的 NC 膜与凝胶的相对位置。若 NC 膜放得不正，可另换 1 张，但不得挪动，以免造成误差，NC 膜放好后，依次将 5 张大小完全一致用蒸馏水浸湿的滤纸和一叠厚约 3 cm 的干吸水纸覆盖于其上，再盖上一块玻璃板，压上 500 g 重物。然后向平皿中注入适量 20×SSPE 印迹缓冲液。吸水纸吸湿后可不断更换，宜在低温（4℃），印迹约 12 h 或放置过夜。印迹结束后取出 NC 膜，用 2×SSPE 缓冲液浸泡 10 min，然后将 NC 膜夹在 4 层滤纸中，置 80℃烘箱或真空烘箱中烘烤 2 h，把已烘干的 NC 膜放入塑料袋中，低温保存（4℃）待杂交之用。

在上述操作过程中应戴薄膜手套，不能用手直接触摸凝胶、NC 膜及纸，各层间均需紧贴和排除气泡（可用 5 mL 移液管玻璃滚动以排除夹层滞留气泡）。

4. 印迹核酸的检测

(1) 放射性标记探针的制备

a. 反应溶液的配制

向 1.5 mL Eppendorf 离心管中分别加入：0.5 μL pBR_{322} 质粒 DNA（含 DNA 0.2 μg），1 μL dTTP（0.5 mmol/L），1 μL dGTP（0.5 mmol/L），10 μ C_i [α-^{32}dATP]，10μ C_i [α-^{32}dCTP]，0.5 μL DNA 聚合酶 I（4 U），2 μL DMA 酶 I（0.1 μg/μL），2 μL 10×缺口平移缓冲液和 9.5 μL 无菌双蒸水，反应液总体积为 20 μL。

b. 制备标记 DNA 探针（缺口平移法）

将上述反应液混匀后，置 14℃恒温水浴中保温，进行标记反应 30 min 后，加入 3 μL 0.2 mol/L EDTA-Na_2 溶液以终止反应。

c. 探针标记率的检测

在制备探针时，同位素加入的初始和反应结束时，各取 0.5 μL 反应液滴在 DE-81 滤膜上，晾干后洗去未被标记的同位素，先用 0.5 mol/L Na_2HPO_4 溶液洗 5 次，每次 5 min，再用双蒸水洗 3 次，每次 1 min，最后用无水乙醇洗 2 次，每次 1 min，吹干。将吹干了的滤膜置样品盘中，在同位素定标器上测定探针的标记率。每一样品滴在滤膜上应同时双份，其中一份不需洗脱，一般标记率可达 30%，如果小于 20%，则表明标记不成功，不能再进行下一步杂交检测。

(2) 分子杂交

a. 双链 DNA 探针的变性

取 10 μL 标记 DNA 探针放入 Eppendorf 离心管中，加入 2.5 μL 10 mol/L NaOH，室温静置 5 min 后，加入 600 μL Tris-HCl 缓冲液（pH 7.4），随后缓缓加入 400 μL 1 mol/L HCl，边加边轻轻旋转混匀，碱变性后即转化为标记的单链 DNA 可供进行印迹杂交之用。

b. 杂交

向装有已印迹的 NC 膜的塑料袋中加入 5 mL 预杂交液，赶出袋内气泡，封口检查，不漏液后放入盛有水的平皿中，置 65℃恒水浴中保温 4 h（或置 42℃恒温振荡水浴中保温 1 h），然后用注射器小心地从袋内吸出预杂交液，并将变性后的探针和 3 mL 预杂交液注入袋内。注意排出 NC 膜上滞留的气泡，封闭针口。把塑料袋放入盛水的平皿中，加盖，置65℃恒温水浴中保温过夜。次日从袋内取出杂交过的NC膜，将其放入盛有6×SSC-1 g/L SDS溶液（pH 7.0-1 g/L SDS溶液）的平皿中，漂洗2次，每次10 min，随后再将NC膜转入6×SSC-1 g/L SDS溶液中，置65℃恒温水浴中，继续漂洗10 min，把漂洗后的NC膜夹在4层滤纸中，放入65℃烘箱中烘烤20 min后取出。

c. 放射自显影影响

将干NC膜用保鲜膜包好，固定在滤纸上，在暗室中把X射线胶片覆盖于NC膜上，并用两张增感屏将NC膜和X射线胶片夹住。随后放入暗盒中，曝光20 min，取出X射线胶片，置显影液中显影15 min，定影液中定影20 min，用水充分冲洗晾干后观察和分析出结果。

本实验中有关放射性操作均应在标准放射性同位素实验室中完成，操作者必须穿戴防护衣物（如工作服、手套等），杂交实验要在铺有吸水纸的托盘中进行，所有放射性废物应按规定妥善放置或集中处理，切不可随意到处乱扔，放射性废液也不得排入普通下水道或自然水域。

5. 结果分析及数据处理

(1) *Bam*H Ⅰ降解 pBR_{322} 质粒DNA酶切图谱的标绘

根据在紫外分析仪下观察到的各DNA片段所显示的橘红色区带，按实物同样大小标绘出*Bam*HI对 pBR_{322} 质粒DNA的酶切电泳图谱。

(2) 放射性标记率的测定

根据同位素定标器上所测定的一系列数据进行整理和计算，从经过洗膜处理标记DNA的放射性和未经洗膜样品总放射性的测定，计算出DNA探针的标记率及其比活性。

a. 标记率计算

$$\frac{\text{标记 DNA 放射性测量计数}}{\text{样品总放射性测量计数}}\times 100$$

b. 比活性计算

$$\frac{\text{标记 DNA 计数}}{\text{DNA 量}\ (\mu g)}=cpm/\mu g$$

$$\frac{cpm}{dpm}=\text{计数效率}\ (F)$$

式中，cpm为每分钟的放射性计数；dpm为每分钟放射粒子的衰变数；计算效率是指在同一时间过程中，测量的放射性计算值与实际放射性衰变数的比值。

(3) 印迹DNA分子杂交的检测

根据放射自显影测定结果，确定*Bam*HI对 pBR_{322} 质粒DNA有几个特异的识别顺序（即切点）和酶解片段，并与琼脂糖凝胶电泳后的酶切图谱进行对照和分析。按照本实验选用与印迹DNA完全相同的DNA制备标记探针，故NC膜上全部印迹的酶切片段都被杂交和检出。

第九部分　酶联免疫吸附测定技术

免疫酶技术（immunoenzymatic technique）是20世纪60年代在免疫荧光和组织化学基础上发展起来的一种新技术，它把抗原抗体间的特异免疫反应和酶的高效催化作用有机地结合，故可用于抗原或抗体的定位、定性和定量测定，其灵敏度接近或相当于放免测定的水平。

免疫酶技术包括酶免疫组织化学技术（enzyme immunohistochemical technique）和酶免疫测定技术（enzyme immunoassay，EIA）两大类。酶免疫组织化学技术与荧光抗体定位技术（fluor immunoassay，FIA）类似。酶免疫测定技术又可以分为均相酶免疫测定法（homogeneous enzyme immunoassay）和非均相酶免疫测定法（heterogeneous enzyme immunoassay）两类。前者的测定过程中不需要进行相的分离，主要形式为酶放大免疫测定法（enzyme-multiplied immunoassay）；后者应用固相的分离，主要形式是酶联免疫测定法（enzyme-linked immunoassay assay，ELISA）。

一、基本原理

酶是生物体活细胞产生的具有催化作用的特殊蛋白质，催化效率极高。其催化过程有两种基本形式：

1）$E+S \rightleftharpoons (ES) \rightleftharpoons E+P$

E为酶，S为酶作用的底物，P为底物分解后的产物。如果S为无色化合物，P为有色化合物，则可用呈色反应显示酶的存在。

2）$E+S \rightleftharpoons (ES)$ 和 $(ES)+D_1 \rightleftharpoons E+P+D_2$

在此类催化反应中，必须同时存在供氢体D_1，反应过程中D_1由还原型变为氧化型D_2，如D_1为无色化合物，D_2为有色化合物，在催化作用中即呈现颜色反应。

酶联免疫吸附测定法的基本程序是将酶分子与抗体或抗抗体分子共价结合，此种结合既不改变抗体的免疫反应，也不影响酶的生物化学活性。此酶标记抗体可与吸附于固相载体上的抗原或抗体发生特异性结合。滴加底物溶液后，底物可在酶作用下水解呈色，或使底物溶液中的供氢体由无色的还原型变为有色的氧化型，呈现颜色反应。因而可借底物的颜色反应来判定有无相应的免疫反应。颜色反应的深浅与标本中相应抗体或抗原的量成正比。此种有色产物可用肉眼观察，也可用分光光度计加以测定。这样，就将酶化学反应的敏感性和抗原抗体反应的特异性结合起来，用以在微克、纳克水平上测定抗原或抗体的量。所以ELISA是一种既特异又灵敏的方法。

二、用于标记的酶

用于标记的酶应具有下列特点：①有高度的特异活性和敏感性；②在室温下稳定；③易于获得并能商业化生产；④所催化的反应有颜色变化。

用于标记的酶有辣根过氧化物酶、碱性磷酸酶、葡萄糖氧化酶和β-半乳糖苷酶等，其中以辣根过氧化物酶应用最广。

1. 辣根过氧化物酶

辣根过氧化物酶（horse-radish peroxidase，HRP）是从辣根中提取的过氧化物酶，相对分子质量约40 000，约由300个氨基酸组成。等电点为pH 3～9，催化的最适pH因供氢体不同而稍有差异，一般多在pH 5左右，辣根过氧化物酶的每个分子中含有一个氯化血化素Ⅸ（protohemin Ⅸ），它在403 nm处有吸收峰，而其中的酶蛋白最大吸收峰为275 nm。因此酶的纯度可以用RZ（reinheit zahl）表示。

$$RZ=\frac{OD_{403\ nm}}{OD_{275\ nm}}$$

纯酶RZ值多在3.0以上，最高可达3.4。RZ在0.6以下的酶制剂为粗酶，非酶蛋白约占75%以上，不能供标记用。RZ在2.5以上者才能使用。

HRP的作用底物为过氧化氢，催化时需供氧体，使之产生一定颜色的产物，如以联苯胺为供氢体时，反应式为

$$HRP+H_2O_2 \underset{K_2}{\overset{K_1}{\rightleftharpoons}} (HRP \cdot H_2O_2)$$

$$(HRP \cdot H_2O_2)+\text{供氢体} \underset{K_4}{\overset{K_3}{\rightleftharpoons}} HRP+\text{供氢体}+2H_2O$$

供氢体应便宜安全，使用方便，实验时颜色反应明显、容易比较为好。凡能在HRP和H_2O_2存在，并在酶催化H_2O_2反应时声称有色产物的化合物（供氢体）都可以用作显色剂。过氧化物酶的供氢体很多，根据供氢体产物溶解性可分为不溶性和可溶性两类，ELISA常用可溶性类，主要有以下几种。

邻苯二胺（*o*-phenylenediamine）简称OPD，产物可溶，为橙色，敏感性高，最大吸收值为490 nm，可用肉眼判别。易被浓酸终止反应，颜色可数小时不变，是ELISA中最常用的一种。但其对光敏感，使用时要避光。此外，还发现其有致癌作用。

联大茴香胺（*o*-dianisidine）简称OD，产物为黄色，最大吸收值为400 nm，颜色较稳定，目前国内用得较多。

5-氨基水杨酸（5-amino salicylic acid）简称5-ASA。产物为深棕色，最大吸收值为449 nm，部分溶解，敏感性较差。

邻联甲苯胺（*o*-toluidine）简称OT，产物为蓝色，最大吸收值为630 nm，部分溶解，不稳定，不耐热，但反应快，颜色明显。

2. 碱性磷酸酶

碱性磷酸酶一般从小牛肠黏膜和大肠杆菌中提取。他们的底物种类很多，常用者为对硝基苯磷酸盐，价廉无毒性。酶解产物呈黄色，可溶，最大吸收波长在400 nm处。酶的活性以在pH 10反应系中37℃ 1 min水解1 μg磷酸苯二钠为一个单位。

3. 葡萄糖氧化酶

葡萄糖氧化酶可从曲霉提取，对底物葡萄糖的作用常借过氧化物酶及其显色底物来加以显现。其反应式如下：

$$葡萄糖 + O_2 \xrightarrow{葡萄糖氧化酶} H_2O_2$$

$$\underset{(无色)}{H_2O_2 + 还原型染料} \xrightarrow{过氧化物酶} \underset{(有色或有荧光)}{氧化型染料 + 2H_2O}$$

若显色底物为邻苯二胺，则反应后呈棕色，阴性者为淡黄色，极易用肉眼观察判别，其灵敏度较过氧化物酶标记抗体高。

三、抗体的酶标记

良好的结合物必须含有高效价的免疫抗体及高反应性的酶。抗体活性和纯度对制备标记抗体至关重要，因为特异免疫反应随抗体比活性和纯度的增加而增强。在酶标记过程中抗体的活性有所降低，故需用纯度高、效价高与抗原亲和力强的抗体球蛋白，以节省价格昂贵的酶，减少非特异性吸附。

理想的结合剂应具备产率高，结合物稳定，不影响酶的活性和免疫球蛋白的活性，不产生干扰物质，操作简便等条件。目前，将酶和抗体交联的大多数为双功能试剂，以戊二醛为交联剂的较多。其次也可用二硝基氟苯加过碘酸钠（$NaIO_4$）。

1. 戊二醛法

戊二醛商品为 25 mL/L 水溶液，标记免疫球蛋白的质量与其纯度有关。戊二醛纯品（单体）在 280 nm 波长具有最大的吸收值，保存时间较长的戊二醛，由于醛基可自身缩合而失去结合剂的作用。缩合的戊二醛在 235 nm 出现最大吸收值。通常以 $OD_{235\ nm}/OD_{280\ nm}$ 值作为戊二醛质量的指标，该比值小于 3 才适用，不纯物过多可抑制酶的活性。对不纯的制品，可通过重蒸馏或用葡聚糖凝胶 G10（Sephadex G-10）过滤提纯。

戊二醛通过它的醛基和酶与免疫球蛋白上氨基结合，形成酶-戊二醛-免疫球蛋白结合物。

戊二醛法又分为一步法、二步法两种。

一步法是将酶与抗体混合，加入戊二醛对两者进行化学联接。此法操作简单，但由于抗体分子上的氨基数比酶蛋白的多得多，所以抗体分子本身易通过分子间和分子内的交联而形成大的聚合物，影响抗体活性。一步法虽然较少用于 HRP 的标记，但其他的酶，如碱性磷酸酶、半乳糖苷酶等仍用一步法标记。

二步法是将酶先与戊二醛作用，然后洗去过量未结合的戊二醛，再加入抗体进行结合。二步法因 HRP 的-NH_2 基团较少，酶分子与过量的戊二醛反应，酶分子上游离的氨基仅与戊二醛上的醛基（-CHO）结合，形成酶-戊二醛结合物。戊二醛的另一个醛基与随后加入的抗体分子上的氨基结合，形成标记抗体。反应后加入赖氨酸，将过剩的醛基封闭。这样所得的产物均一性好、活性高、产率高，至少比一步法高 10 倍。二步法显然比一步法合理。

2. 过碘酸钠法

过碘酸钠法用于 HRP 的标记。在反应的第一阶段用 2，4-二硝基氟苯（DNFB）封闭酶蛋白上残存的 α 氨基和 ε 氨基，以避免酶的自身交联，然后用过碘酸钠将 HRP 中的低聚糖基氧化为醛基。反应的第二阶段是使已活化的 HRP 与抗体蛋白的自由氨基结合，形成希夫氏（Schiff）碱。最后用硼氢酸钠还原，形成稳定的结合物。

过碘酸氧化法的优点是标记率高，未标记的抗体量少，但结合物相对分子质量较大，穿透细胞的能力不如戊二醛二步法标记的抗体，故不适于在免疫电镜中应用。

3. 酶结合物的提纯

酶标记免疫球蛋白中不同程度地存在游离酶、游离免疫球蛋白、免疫球蛋白的聚合物。游离酶虽不严重影响特异反应，但其背景着色较深。游离球蛋白对标记球蛋白有竞争作用，可降低特异性反应强度。因此标记后的结合物还需进一步提纯。

酶结合物的提纯方法很多，一般应用50%饱和硫酸铵盐析法，即可使标记抗体与酶的单体或二聚体分子分开，但仍残留未标记的抗体。应用Sephadex G-200过滤则可将标记抗体与未标记的抗体分开。

4. 酶结合物的鉴定

酶结合物的鉴定包括：酶和抗体活性鉴定、结合物中酶含量和IgG含量、酶与IgG摩尔比值以及结合率的测定等。

（1）酶与抗体的活性

一般用琼脂免疫扩散或免疫电泳，使抗原与抗体形成沉淀线，经PBS漂洗1天再以蒸馏水浸洗1 h，将此琼脂凝胶片浸于酶底物溶液中着色。如果出现应有的显色反应，再用生理盐水浸泡后颜色不褪，表示结合物既有酶的活性，也有抗体活性。良好的结合物在显色后，琼扩滴度应在1∶16以上。

测定酶与抗体活性的另一个方法是用系列稀释的结合物直接以ELISA法进行滴定。此法不仅可以测定标记效果，还可以确定结合物的使用浓度。

（2）结合物定量测定

通常对结合物中的酶和IgG进行定量。用紫外分光光度计于$OD_{403\ nm}$和$OD_{280\ nm}$进行测定，然后按下列公式计算：

酶量（mg/mL）$=OD_{403\ nm}\times 0.4$

IgG量（mg/mL）$=(OD_{280\ nm}-OD_{403\ nm}\times 0.42)\times 0.94\times 0.62$

1）酶在403 nm波长上的OD值为1.0时，酶量约为0.4 mg/mL（0.4为根据实际测定酶含量与$OD_{403\ nm}$求出的换算因子）。

2）“$OD_{403\ nm}\times 0.42$”为酶蛋白本身在280 nm波长下应有的光密度与结合戊二醛后增加的光密度的总和。“$OD_{280\ nm}-OD_{403\ nm}\times 0.42$”为结合物中IgG在280 nm的光密度。抗体蛋白与酶戊二醛结合物结合后，$OD_{280\ nm}$约增加6%，故乘以0.94校正之。因IgG在$OD_{280\ nm}$波长下OD为1时，IgG量为0.62 mg/mL，故最后乘以0.62。此公式适用于纯IgG、纯酶用戊二醛法标记抗体的定量。过碘酸钠氧化法制备标记抗体的量按下法计算：

IgG量（mg/mL）$=(OD_{280\ nm}-OD_{403\ nm}\times 0.34)\times 0.62$

已知酶量和IgG量，即可计算出标记抗体的摩尔比值。

$$\text{HRP/IgG 摩尔比值}=\frac{\text{HRP（mg/mL）}}{\text{IgG（mg/mL）}}\times\frac{\text{160 000（IgG 相对分子质量）}}{\text{40 000（酶相对分子质量）}}$$

$$=\frac{\text{HRP（mg/mL）}}{\text{IgG（mg/mL）}}\times 4$$

结合物中酶总量＝HRP（mg/mL）×结合物溶液量

$$结合物产率=\frac{结合物中酶总量}{标记时加入的酶量}\times 100\%$$

用于ELISA的结合物得酶量400 μg/mL时效果一般，500 μg/mL时较好，达1000 μg/mL时效果最为理想。摩尔比值由于结合物中含的IgG并不完全可靠，所以不能作为主要参数。一般认为摩尔比值在0.7时效果一般，1.0时效果较好，1.5～2.0时最好。酶结合率为7%时效果一般，9%～10%时较好，30%以上时最好。

5. 酶结合物的保存

以硫酸铵盐析法提纯的结合物，可加纯甘油（最后浓度为33%）置4℃保存，保存期达半年至一年，活性不变。以Sephadex G-200洗脱的结合物，则应小量分装后，保存于－20℃冰箱，尽量避免反复冻融。

四、ELISA的基本过程

ELISA是当前应用最广、发展最快的一项新技术。其基本过程是将抗原（或抗体）吸附于固相载体，在载体上进行免疫酶染色，底物显色后用肉眼或分光光度计判定结果。

1. 固相载体

固相载体目前最常用的是聚苯乙烯微量滴定板。小孔呈凹形，操作简便，剂量小，有利于大批样品的检查。新板在应用前一般无需特殊处理，可用蒸馏水冲洗干净，自然干燥后备用，切勿洗刷和烘烤，也不要用清洁液浸洗。新板能否用于试验，每批应在购入时抽检其吸附蛋白质的能力，检查各孔是否均一。关于用过的微量滴定板的再生问题尚无确切办法，有人建议用超声波处理或以清洁液、200 mL/L乙二醇等浸泡处理等。

用于ELISA的另一种载体是聚苯乙烯珠。珠的直径0.5～0.6 cm，表面经过处理以增强其吸附性能，并可做成不同的色。此小珠可事先吸附或交联上抗原或抗体，制成商品。检测时将小珠放入特制的凹孔板或小管中，加入待检标本将小珠浸没进行反应，最后在底物显色后比较测定。本法现已有半自动化装置，用以检验抗原或抗体，效果良好。

此外，还有一种以磁性小珠为载体的ELISA法。将聚苯乙烯-琼脂糖及Fe_3O_4聚合成带有磁性的小珠上，即可在小管中进行ELISA测定。此法的特点是分离固相载体时不需离心，只要将试管放在带磁铁的试管架上，磁性小珠即被吸引沉下。此法重复性好，可达到较高的精密度。

2. 抗原（或抗体）包被

用于包被的抗原或抗体，必须能牢固地吸附在固相载体的表面，并保持免疫活性。各种蛋白质在固相载体表面的吸附能力不同，但大多数蛋白质可以吸附于载体表面。可溶性物质或蛋白质微粒的抗原，如病毒糖蛋白、血型物质、细菌脂多糖、脂蛋白、糖脂、变性的DNA等均较易包被上去。较大的病毒、细菌或寄生虫等难以吸附，需要将它们用超声波打碎或用化学方法提取抗原成分才能供试验用。

一种抗原是否能包被上去，须通过试验才能确定。纯化抗原和抗体是提高酶免疫试验的敏感性与特异性的关键。抗体最好用亲和层析或DEAE纤维素层析柱提纯。有些抗原含有多种杂蛋白，需用密度梯度离心等方法除去，否则易出现非特异性反应。

将蛋白质（抗原或抗体）吸附于固相载体表面的过程称载体的致敏，或称包被，只有在最适宜的条件下，才能达到最大容量的吸附，所以必须加以选择。

包被的蛋白质浓度通常为1～10 μg/mL，但个别蛋白质最适浓度可能很大，应通过试验选择最适浓度。

包被时如蛋白质浓度过低，固相载体表面可能因残留未吸附蛋白质的活性部位而吸附其他的物质，造成试验误差。故需再用含5 g/L牛血清白蛋白和0.5 mL/L Tween 20的PBS处理0.5 h，以封闭载体表面残留的活性部位，降低非特异性吸附所造成的误差。

高pH和低离子强度缓冲液一般有利于蛋白质包被，通常用0.1 mol/L pH9.8 Na_2CO_3 缓冲液作包被液。但不少蛋白质可在弱碱条件下有效地包被在塑料表面，所以亦可用0.02 mol/L pH 8.0 Tris-HCl缓冲液，但包被时间可能稍长。

一般包被均在4℃过夜，也有经37℃ 2～3 h达到最大反应强度。究竟选择哪一种温度最为适宜，应视不同的抗原抗体系统而定。包被后，蛋白质溶液仍可留在小孔内储于冰箱，可储存3周。用时充分洗涤。

为了增强聚苯乙烯对某些抗原或抗体的吸附作用，曾报道过各种处理方法，主要有以下几种。

1）鞣酸处理：用1 g/L鞣酸处理聚苯乙烯板，可降低背景颜色，致使标准阳性血清和标准阴性血清的光密度比提高1～4倍，有效地提高灵敏度和分辨力。

2）牛血清白蛋白处理：先将聚苯乙烯板用牛血清白蛋白包被，然后用戊二醛处理，充分洗涤后再进行抗体或抗原包被，此板用于ELISA效果很好。致敏聚苯乙烯板干燥后可保存3个月。

3）改变载体的表面电荷：某些抗原具有很强的阴电荷，不易吸附于聚苯乙烯板表面，如先用聚赖氨酸包被，使其表面涂上一层带有阳电荷的分子，再用于包被此类抗原，可获得满意结果。

4）引入化学基团：聚苯乙烯对抗原的吸附作用是一种出于动态平衡的物理现象，易受各种因素干扰。为了稳定包被步骤，可考虑采用化学方法在聚苯乙烯结构中引入活性基团，使蛋白质或其他化合物可通过共价交联结合在塑料板上。例如，先用硝酸使聚苯乙烯塑料表面亚硝基化，然后用 $Na_2S_2O_6$ 使亚硝基还原为氨基。这样就可使抗原或抗体通过化学键与载体稳定结合。

3. 洗涤

在ELISA的整个过程中，需进行多次洗涤，目的是防止重叠反应，引起非特异现象。因此，洗涤必须充分。通常采用含助溶剂Tween 20（最终浓度为0.5 mL/L）的PBS作洗液，以免发生非特异性吸附。洗涤时，先将前次加入的溶液倒空吸干，然后与洗液中泡洗3次，每次3 min，倒空，并用滤纸吸干。

4. 吸附试验方法

ELISA的核心是利用抗原抗体的特异性吸附，在固相载体上像搭积木似的一层层的叠加，可以是两层、三层甚至多层，最上一层必然与酶反应。整个反应都必须在抗原抗体结合的最适条件下进行。每层试剂均稀释至适于抗原抗体反应的稀释液（含0.5 mL/L Tween 20、10 g/L 的 BSA 0.01～0.05 mol/L pH7.4 PBS）中。加入后置4℃过夜或37℃ 2 h。每加一层均需充分洗涤。各种实验及检样的最适浓度均应选择。阳性、阴性应有明显区别，阳性血清吸收值高（颜色深），阴性血清吸收值低（颜色浅），而这吸收值的比值最大时的浓度为最适浓度。吸附实验的方法主要有以下几种。

1）间接法：用于测定抗体。用抗原将固相载体致敏，然后加入含有特异抗体的血清，经孵育一定时间后，固相载体表面的抗原和抗体形成复合物。洗涤出去其他成分，再加上酶标记的抗球蛋白结合物，加入底物，在酶的催化作用下底物发生反应（降解或氧化还原），产生有色物质。颜色改变深度及程度与被测样品中抗体含量有关。样品含抗体越多，出现颜色越快越深。

2）双抗体法：用于测定大分子抗原。将纯化的特异性抗体致敏于固相载体，加入含待测抗原的溶液孵育后，洗涤出去多余的抗原，再加入酶标记的特异抗体，使之与固相载体表面的抗原结合，再洗涤出去多余的酶抗体结合物，最后加入酶的底物，以酶催化作用后产生有色产物的量与溶液中的抗原成正比。

3）竞争法：用于测定小分子抗原及半抗原。用特异性抗体将固相载体致敏，加入含待测抗原的溶液和一定量的酶标记抗原共同孵育，对照仅加酶标记抗原，洗涤后加入酶底物。被结合的酶标记抗原的量由酶催化底物反应产生有色产物的量来确定。如待检溶液中抗原越多，被结合的酶标记抗原的量越少，有色产物就越少。根据有色产物的变化求出未知抗原的量。此法相似于典型的放射免疫测定。其缺点是每种抗原都要进行酶标记，而且因为抗原结构不同，还需应用不同的结合方法。此外，试验中应用酶标抗原的量较多。但此法的优点是出结果快，且可用于检出小分子抗原或半抗原。

4）双夹心法：此法是采用酶标抗体检查多种大分子抗原，它不仅不必标出每种抗体，还可提高实验的敏感性。将抗体（如豚鼠免疫血清 Ab_1）吸附在固相上；洗涤未吸附的抗体，加入待测抗原（Ag），使之与致敏固相载体作用，洗去未起反应的抗原，加入不同种动物制出的特异性相同的抗体（如兔免疫血清 Ab_2），使之与固相载体上的抗原结合，洗涤后加入酶标记的抗 Ab_2 抗体（如驴抗兔球蛋白 Ab_3），使之结合在 Ab_2 上。结果形成 Ab_1-Ag-Ab_2-Ab_3-HRP 复合物。洗涤后加底物显色，呈色反应的深浅与标本中的抗原量成正比。

5）酶-抗酶抗体（PAP）法：基本过程同免疫组织化学染色的 PAP 法，所不同的是免疫组织化学染色的载体是细胞本身，而本法载体为聚苯乙烯板。最后所用的底物也不同，前者需用反应后产物为不溶性的供氢体，而本法载体为聚苯乙烯板。最后所用的底物也不同，前者需用反应后产物为不溶性的供氢体，而本法则需用反应后产物为水溶性的色素供氢体。此方法虽可提高实验的敏感性，但因不易制作理想的抗酶抗体，实验中较多干扰因素影响结果的准确性，因此较少采用。

5. 底物显色

与免疫酶组化染色法不同，本法必须选用反应后的产物为水溶性色素的供氢体。最常用的是邻苯二胺（OPD），产物呈棕色，可溶，敏感性高，但对光敏感，因此要避光进行显色反应。底物溶液（OPD-H_2O溶液）应在试验前新鲜配制。底物显色以室温20～30 min为宜。反应结束，每孔加浓硫酸50 μL，终止反应。

测定HRP时，应用另一供氢体可使ELISA的灵敏度大大提高。如伊鲁米若（Isoluminol）在HRP催化下被H_2O_2氧化时，伴随着化学发光。应用这种反应进行的ELISA被称为CELISA，与ELISA不同之处是测定化学发光需用液闪计数器。用CELISA测定IgG，其敏感性较ELISA高100倍。

应用碱性磷酸酶时，除常用的对硝基苯磷酸盐（PNP）外，亦可采用能发荧光的4-甲基-伞形基磷酸盐（4-Methyl-Umbellifevyl Phosphate，MUP）作为底物，其产物可用荧光剂测定。用于测定IgG时，MUP的敏感性较PNP增强16～39倍。如使用β-半乳糖苷酶结合物和生荧光底物4-甲基-伞形基-β-D-半乳糖苷（4-Methyl-Umbelliferyl-β-D-Galactoside，MUG）进行免疫酶测定，其敏感性可与放射免疫相比。

6. 结果判定

ELISA实验结果可用肉眼观察，也可用分光光度计测定。肉眼观察也有一定的准确性。将塑料盘置于白色背景上，用肉眼观察结果。每批试管都需要阳性和阴性对照，如颜色反应超过阴性对照即判为阳性。如用不同稀释度的标本做试验，也可获得滴度。欲获得精确的试验结果，需分光光度计来测量光密度。所用波长因底物而异。

现在已有ELISA专用的分光光度计，使用与ELISA的微量比色测定。实验时应设阳性血清和阴性血清对照。微量滴定板每列第10孔为空白对照，在测光密度时用以调零。待测样品均设稀释相同的血清对照。抗原对照可根据需要而定。

结果可用不同的方法记录。

1）用“+”或“－”表示。超过规定吸收值（0.2～0.4）的标本均属阳性，此规定的吸收值是根据事先测定大量阴性标本取得的，是阴性标本的均值加两个标准差。

2）直接以吸收值表示。吸收值越大阳性反应越强，此数值是在固定实验条件下得到的结果，而且每次都伴有参考标本。

3）以重点滴度表示。将标本稀释，最高稀释度仍出现阳性反应（即吸收值仍大于规定的吸收值时），为该标本的滴度。

4）以P/N值表示。求出该标本的吸收值与一组阴性标本吸收值的比值，大于1.5倍、2倍或3倍，即判为阳性。

5）以单位表示。先测定一份含已知单位的阳性标准血清，以消光值为纵坐标，单位数为横坐标，绘制出一个标准曲线。根据未知标本的吸收值找出相应的单位数，再乘以血清标本的稀释倍数，即可得到该未知标本中的单位数。

实验三十二　酶联免疫法测定兔血清 IgG

【实验原理】

酶联免疫吸附测定（enzyme-linked immunosorbent assay，ELISA），或称酶标记免疫吸附测定，是指固相载体吸附技术和免疫酶测定技术相结合的一类方法。它先将抗原或抗体吸附（或称包被）在固相支持物表面，再通过免疫反应形成酶标记的抗原抗体复合物，然后加入该酶的适当底物使之生成有色产物，测定其吸光率以计算出抗原或抗体的数量。

此法的灵敏度一般要比同类型的放免测定（rakio-immunoassay，RIA）稍低，但是也已达到毫克至纳克/毫升水平。它不但具有 RIA 的特异性高、敏感性好、重复性强等优点，而且要比 RIA 安全和简便。

在应用本法定量测定抗体和抗原之前，要先确定几个参数。第一，要找出最适的固相载体吸附抗原或抗体量，通常是 1～10 μg/mL 的蛋白质。第二，是决定是否需要封闭空白结合位置的蛋白质，或确定它的用量。第三，选择酶联抗体的最适浓度，以得到符合定量测定要求的有色产物和最低的本底水平。

本实验采用标记的驴抗兔 IgG 抗体，用 ELISA 测定兔抗人血清类黏蛋白 IgG。

【实验材料】

1. 器材

DG-1 酶联免疫检测仪（国营华东电子管厂），BSZ-160 型部分收集器（上海市沪西仪器厂），磁力搅拌器（DSHK-4 型，温州市医疗电器厂），恒温培养箱，玻璃层析柱（2 cm×70 cm），微量进样器（100 μL），称量瓶，塑料洗瓶，聚苯乙烯反应板（96 孔，上海塑料三厂），透析袋。

2. 试剂

1）0.15mol/L 磷酸缓冲盐水，pH7.2：

$Na_2HPO_4 \cdot 2H_2O$	19.339 g
KH_2PO_4	2.858 g
NaCl	4.250 g

加蒸馏水溶解并定容至 2000 mL。

2）0.1mol/L 磷酸缓冲液，pH 6.8：

Na_2HPO_4	17.765 g
KH_2PO_4	6.859 g

加蒸馏水溶解并定容至 1000 mL。

3）12.5 mL/L 戊二醛溶液：取 1.25 mL 戊二醛，加 0.1 mol/L 磷酸缓冲液（pH 6.8）至 100 mL。

4）辣根过氧化物酶（中科院上海生物化学研究所）。

5）驴抗兔 IgG。

6）生理盐水：取 NaCl 0.8 g 加蒸馏水至 100 mL。

7）饱和硫酸铵溶液及半饱和硫酸铵溶液。

8）1 mol/L 碳酸盐缓冲液，pH 9.5。

9）0.2 mol/L 赖氨酸溶液。

10）0.05 mol/L 碳酸盐缓冲液，pH 9.5（包被缓冲液）。

11）辣根过氧化物酶底物溶液：

0.1 mol/L 柠檬酸	12.2 mL
0.2 mol/L Na_2HPO_4	12.8 mL
蒸馏水	25.0 mL
邻苯二胺	20 mg
双氧水（30%）	20.0 μL

临用前过滤。

12）含 0.5 mL/L 吐温 20、80 g/L 氯化钠的 0.01 mol/L 磷酸缓冲液，pH 7.4（PBST）：

NaCl	8.0 g
$Na_2HPO_4 \cdot 12H_2O$	2.9 g
KH_2PO_4	0.2 g
KCl	0.2 g
Tween 20	0.5 mL

加蒸馏水定容至 1000 mL。

13）含 0.5 mol/L Tween 20、10 g/L 牛血清白蛋白、0.8 g/L 氯化钠的 0.01 mol/L 磷酸缓冲液，pH 7.4（PBST-BSA）。

14）辣根过氧化物酶标记驴抗兔 IgG 抗体。

15）人血清类黏蛋白溶液（可溶性抗原溶液）：根据所测得的蛋白质浓度，用包被缓冲液稀释成 1～10 μg/mL 的溶液。

16）兔抗人血清类黏蛋白 IgG 提取液（待测抗体溶液）或抗血清：用 PBST 将提取液或抗血清稀释至适当浓度（一般的多克隆抗体需稀释 500～1000 倍）。

17）3 mol/L 硫酸（反应终止液）。

【实验方法】

1. 酶标抗体的制备（可用市售的酶标抗体）

本实验采用戊二醛二步法

1）取辣根过氧化物酶 10 mg，加入用 0.1 mol/L，pH 6.8 磷酸缓冲液配制的 12.5 mL/L戊二醛溶液 0.2 mL，置室温下过夜。

2）对生理盐水透析，以除去游离的戊二醛。

3）加入 5 mg 驴抗兔 IgG，用生理盐水稀释至 1 mL，即要求最终浓度为 5 g/L。

4）加入 pH 9.5，1 mol/L 碳酸盐缓冲液 0.1 mL，充分摇匀，4℃放置 24 h，使形成酶标抗体。

5）加入 0.2 mol/L 赖氨酸溶液 0.1 mL，于室温下搅拌 1 h，以封闭剩余的活性基团。

6）对生理盐水透析，除去未结合的赖氨酸。

7）取出透析袋中的液体，加等量饱和硫酸铵盐析，4000 r/min 离心 15 min，弃上清。

8）沉淀用 50%饱和硫酸溶液洗涤 2 次。将沉淀溶于少量 pH 7.2，0.15 mol/L 磷酸缓冲盐水。于 4℃下对同样缓冲液透析，直至无铵离子或硫酸根离子。

9）将透析袋内的液体于 10 000 r/min 离心 30 min。取上清液分装入小管内冰冻保存，或加等量 600 mL/L 甘油置 4℃冰箱中保存。

2. 酶标抗体的纯化和酶活性鉴定

1）酶标抗体可用 Sephadex G-150 柱进一步纯化。

2）酶标抗体的免疫反应和酶活性可用抗免疫球蛋白血清作双向琼脂扩散或免疫电流试验，看是否能生成沉淀，然后用酶的底物对沉淀弧显色。

3. 酶联免疫吸附测定间接法步骤

1）抗原包被。往聚苯乙烯反应板的小孔内加入 100 μL 人血清类黏蛋白溶液，然后将此板置 4℃冰箱内过夜（或 37℃，1 h）。吸去孔内的抗原液，加入 PBST 溶液，缓缓振荡 3 min 后倾去，如此重复洗涤 3 次。然后往小孔内加 PBST-BSA 溶液 150 μL，室温下放置 1 h（或 37℃，0.5 h）。同上法洗涤 3 次。包被后的反应板可立即使用，或置 −70℃冰箱保存。

2）加入待测的兔抗人血清类黏蛋白 IgG 提取液 100 μL/孔，室温下放置 2～3 h（或 27℃，1 h），同上法洗涤。

3）加入酶标抗体 100 μL/孔，室温下放置 2～3 h（或 37℃，1 h），同上法洗涤。

4）加入底物溶液 100 μL/孔，室温下黑暗处放置 1 h（或 37℃，0.5 h），时间必须准确一致。然后加入 3 mol/L 硫酸 100 μL/孔以终止反应。

5）在 DG-I 型酶联免疫测定仪上测定 492 nm（或 449 nm）处的吸光率。

第十部分　放射免疫测定技术

20 世纪 50 年代初期，Solomon Berson 和 Rosalyn Yalow 经过 10 余年的共同努力于 1959 年将同位素测量的高度敏感性和抗原抗体反应的高度特异性结合起来，成功地建立了放射免疫测定技术（radioimmunoassay，RIA）。由于这种检测方法可以精确的测定体液中的微量活性物质，是定量分析方面的一次重大突破，因而受到广泛重视，推动了此类方法的迅速发展，并于 1977 年获诺贝尔生物学医学奖。

RIA 具有特异性强、灵敏度高、准确性和精密度好等优点，是目前其他分析方法所无法比拟的。而且此法操作简便，便于标准化，其灵敏度可达纳克（ng）至皮克（pg）级，比一般分析方法提高了 1000～1 000 000 倍。本法的广泛应用，为研究许多含量甚微而又很重要的生物活性物质在动物体内的代谢、分布和作用机制提供了新的方法，大大促进了医学和生物学的发展。现在，它已成为生物学科和临床医学在实验研究和诊断疾病方面不可缺少的工具。

一、RIA 原理

1. 放射性同位素的概念

原子的中心是一个原子核。在原子核的周围是一些按照一定的轨道绕核运动的电子。原子核带正电荷，电子带负电荷。原子核外有多少个电子，核就带多少正电荷，通常用 Z 来表示原子核的正电荷数，称为原子序数。原子核由质子和中子组成，统称核子。质子（p）、中子（n）、电子（e）都是基本粒子。一个元素的原子序数（Z）就是该元素原子核中的质子数。组成一个原子核的质子数（亦即原子序数）加上中子数称为质量数（A）。

原子＝核子＋电子

核子＝质子（p）＋中子（n）

质量数（A）＝原子序数（Z）＋中子数（n）

如果有一个元素的化学符号为 X，通常以 ${}^{A}_{Z}X$ 表示这个元素，也可以简写 ${}^{A}X$，如常用的同位素 ${}^{131}I$、${}^{125}I$、${}^{3}H$ 等。

在原子中，中子和质子的比例不是任意的，而有一个特定的比值。对于 Z 较少的元素（即轻元素）$n/p=1$。随着 Z 变大，n/p 也跟着变大。当 Z 较大时，即重元素，$n/p=1.5$。当元素的原子核的 n/p 值偏离该特定比值时，则此元素是不稳定的，会发生放射性衰变，变成稳定元素。

一个元素的原子序数 Z，亦即核子中的质子数 p，决定了它在周期表中的位置和该元素的化学性质。有些元素 Z 相同质量数 A 不同，称为同位素。其中只有少数是稳定同位素，其余的凡偏离 n/p 特定值的都是放射性同位素。例如，碘，它的天然稳定元素是 ${}^{127}I$，而它的同位素的质量数自 120～139 都有，共有 20 个同位素，除 ${}^{127}I$ 外都是放射性同位素。又如氢的同位素有^{1}H、^{2}H和^{3}H，前二者是天然稳定同位素，^{3}H是人造的放射性同位素。

放射性同位素核衰变时会发射出α射线（氦核）、β射线（即电子）、γ射线（一种高能电磁波）和β^{+}射线（正电子），或从核外俘获一个电子等。各种射线都很容易用仪器探测出来，并且灵敏度很高。^{3}H衰变时放射出β射线，可用液体闪烁谱仪检测。^{131}I、^{125}I衰变时放出γ射线，可用#型闪烁计算计检测。放射免疫中主要用这些同位素作示踪原子。

2. 放射性强度和比度

放射性强度的单位是居里（Ci），1居里的放射性为每秒钟2.7×10^{10}次核衰变。居里的单位较大，因此，通常采用毫居里（mCi）或微居里（μCi）。

1居里（Ci）$=3.7\times10^{10}$ dps（每秒衰变数）

1毫居里（mCi）$=3.7\times10^{7}$ dps

1微居里（μCi）$=3.7\times10^{4}$ dps

放射性比度通常是用每单位质量或体积所含的放射性强度来表示的。例如，mCi/g或mCi/cm^3放射性比度有时也叫比放射性或比活性。而放射性的计量通常以每分钟脉冲数（cpm）或每秒钟脉冲数（cps）表示。

3. 竞争性放射分析原理

放射免疫测定的基本原理主要是利用了标记抗原（* Ag）和非标记抗原（Ag）对特异性抗体（Ab）的竞争性抑制反应。

$$
\begin{array}{ccc}
{}^{*}Ag+Ab & \rightleftharpoons & {}^{*}Ag-Ab \\
 & & + \\
 & & Ag \\
 & & \Updownarrow \\
 & & Ag-Ab
\end{array}
$$

从上述反应系统可能看出，当反应液中存在一定量的* Ag和Ab时，结合型* Ag-Ab（B）和游离型* Ag（F）的比例是一定的，它们保持着可逆的动态平衡。如在此反应液中加入待检的Ag，则Ag与* Ag竞相与Ab结合，Ag的量越多，B/F值或$B\%$越小。因此，只需把反应液中的B和F分开，然后分别测定B和F的放射性，即可计算出B/F值和结合百分率（$B\%$）。用已知浓度的标准物（Ag）和一定量的* Ag、Ab反应，测出不同浓度Ag的B/F值或$B\%$。以标准物的浓度为横坐标，B/F或$B\%$为纵坐标即可绘成竞争性抑制反应的标准曲线。用同样方法测出待检Ag的B/F值或$B\%$，即可在标准曲线上查出其含量。

以抗原浓度为横坐标，B/F为纵坐标作出的曲线是一条弧线。有人采用不同的表示形式，将曲线演变成直线。如果以结合率百分数的倒数值（即T/B）为纵坐标，就可得到直线反应曲线。$T=B+F$，是加入标记抗原的总放射性强度。

二、抗原准备

1. 完全抗原提纯

抗原纯度是影响放射免疫测定灵敏度和准确性的关键因素，尤其是作为标准品和标记用的抗原，必须达到高纯级，即以达到免疫纯为标准，在免疫电泳上出现单一沉淀线。蛋白质类激素、血液成分、肿瘤相关抗原、病原微生物和免疫球蛋白等，都是良好的完全抗原，但在使用时需检验其纯度，未达到免疫纯水平者，应按常规的凝胶过滤、离子交换层析和层析等方法进行纯化。

2. 人工复合抗原制备

在竞争性放射免疫分析的方法中，大部分检测项目是小分子生物活性物质，如多肽激素、类固醇素、核酸衍生物、前列腺素和某些药物等。一般说来，相对分子质量小于1000者无免疫原性，不能激发抗体产生；稍大一些的多肽激素，如17肽的胃泌素、29肽的高血糖素等，虽然相对分子质量大于1000，但抗原性很弱，亦不能制备高纯度抗体。因此，用于免疫动物制备抗血清时，均需与蛋白质载体结合制备人工抗原。半抗原与载体蛋白质结合，通常多使用蛋白质缩合剂。缩合剂的种类很多，其中最常用的是水溶性羰二亚胺和戊二醛。

用于人工复合抗原的载体主要是白蛋白，它的溶解度大，载体活性强，又有标准商品供应，容易取得。其中常用的有人血清白蛋白（HAS)、牛血清白蛋白（BSA）和兔血清白蛋白（RSA）等。另外，尚有人工合成的多肽聚合物，如多聚赖氨酸及其他大分子聚合物和聚乙烯吡咯烷酮（PVP）以及某些颗粒（如炭粉、乳胶）等，均可用以吸附某些抗原性较弱的多肽物质，以提高其免疫原性。

半抗原载体连接的方法，操作多比较简单，一般实验室均可进行。带羧基或氨基的半抗原可采用以下几种方法。

(1) 羰二亚胺法

水溶性羰二亚胺是一种理想的蛋白质连接剂，凡有活性羧基或氨基的半抗原均能借其与载体蛋白质的氨基或羧基结合，形成肽键。方法十分简便，只需将载体蛋白质和抗原按一定的比例混合溶解于适宜的溶液中，然后加入羰二亚胺，搅拌1～2 h，再置室温下反应24 h，经透析分离除去未结合的半抗原即可。

(2) 戊二醛法

戊二醛是带有两个活性醛基的五碳化合物，可使带氨基的半抗原与载体蛋白的氨基相互以共价键结合。

(3) 氯甲酸异丁酯法

其作用与羰二亚胺相似，能使半抗原上的羧基与蛋白质上的氨基结合形成肽键。目前类固醇激素人工抗原的合成多采用此法。

不带羧基或氨基的半抗原不能直接与载体蛋白质结合，就需要采用适当的化学方法改造，使其转变为带羧基或氨基的半抗原衍生物，然后再用以上方法与蛋白质结合。常用的方法有以下几种。

琥珀酸酐法：含有羟基的半抗原，如甾体激素、吗啡可与琥珀酸酐反应，形成带羧基的半抗原琥珀酸的衍生物，即可用羰二亚胺法或氯甲酸异丁酯法和载体蛋白质结合。

o-（羧甲基）羟胺法：带有酮基的半抗原可与o-（羧甲基）羟胺反应，生成带羧基的半抗原衍生物。

一氯酸钠法：有些药物半抗原，既无羧基又无酮基，只带有苯酚基。可将此类化合物与一氯酸钠反应，生成带有羧基的半抗原衍生物。

重氮化对氨基苯甲酸法：也可先将对氨基苯甲酸和亚硝酸钠反应使之偶氮化，然后再与带苯酚基的半抗原结合，即形成带羧基的半抗原衍生物。

3. 人工复合抗原的鉴定

半抗原结合在载体上的数目多少常常影响其免疫原性，一般以每 1 分子载体结合 10 分子左右的半抗原为宜。为了得到高质量的抗体，对人工抗原的质量需要进行鉴定。比较简易的方法有以下两种。

（1）紫外光谱法

半抗原和蛋白质均有各自不同的紫外线吸收曲线。这样，就可以按照半抗原和蛋白质在特定波长下的吸光度得知该化合物的摩尔消光系数。将结合后的产物配制成适当浓度测定其比值可算出掺入到蛋白质上的半抗原分子的数目。

例如，以芥酸（EA）与 BSA 连接形成 EA-BSA，冻干保存。检测时将 EA、BSA 和 EA-BSA 分别配成 0.1%浓度同时在紫外分光光度计上扫描，求得 EA-BSA 最大吸收峰的波长为 278 nm，分别记录 EA-BSA、EA 和 BSA 在这一波长的透光率（A）（表 10-1）。

表 10-1　EA-BSA、EA 和 BSA 在 278 nm 波长的透光率

样品	浓度/%	透光率（A）	相对分子质量
EA-BSA	0.1	0.39	待测
EA	0.1	0.017	338
BSA	0.1	0.012	68 000

已知 EA 的浓度为 0.1%，即 1 g/L，其摩尔浓度应为 $1/338=2.95\times10^{-3}$。

已知摩尔浓度（C）和透光率（A）即可按下式计算摩尔消光系数（ε）。

$$\varepsilon=\frac{A}{CL}$$

式中，L 为光程，即比色杯厚度，通常为 1 cm。

按上式 EA 的摩尔消光系数：

$$\varepsilon=\frac{0.017}{2.95\times10^{-3}\times1}=5.763$$

EA-BSA 和 BSA 在同一浓度时的透光率分别为 0.39 和 0.012。二者透光率之差（ΔA）为：$\Delta A=0.39-0.017=0.373$。造成 ΔA 所需 EA 的摩尔浓度可按下式计算：

$$C=\frac{\Delta A}{\varepsilon L}=\frac{0.373}{5.763\times1}=0.0656$$

造成 ΔA 所需 EA 的摩尔浓度与连接到一个 BSA 上的 EA 分子数成反比。即 EA-BSA 中：

$$\frac{\text{EA（摩尔数）}}{\text{BSA（摩尔数）}}=\frac{1}{C}=\frac{1}{0.0656}=15$$

在一个 EA-BSA 分子上连接有 15 个 EA 分子。

（2）同位素示踪法

在制备人工抗原时，加入一定量的同位素标记半抗原，反应后，未与蛋白质结合的半抗原经透析而分离，测定反应后产物的放射性强度。首先算出结合百分率，再依反应时加入的半抗原和蛋白质之比，直接算出每个蛋白质分子结合半抗原的数目。

例如，10 mg EA 加 40 mg BSA 同时加入 1 984 210 cpm，以羰二亚胺做交联剂。反应终止透析后取出结合物总体积的 1/40，测脉冲数为 1488 cpm。测出 EA 的结合率为

$$\frac{1488\times 40}{1\,984\,210}=30\%$$

BSA 相对分子质量 68 000，40 mg 相当于 40 000 μg/68 000＝0.58 μmol。EA 相对分子质量为 338，10 mg 相当于 10 000 μg/338＝29 μmol。故结合物中的 EA 和 BSA 的摩尔比为

$$\frac{29\times 30\%}{0.58}=15$$

即每个分子上约结合 15 个 EA 分子。

三、抗血清制备

1. 免疫动物的选择

放射免疫用的抗血清要求高效价、高亲和力和高特异性。免疫用动物的选择主要依据免疫原的性质、来源以及所需抗体的量而定。生产标准药盒的放射免疫中心或试剂厂多采用羊等较大动物；实验室自行制备一般以家兔或豚鼠为宜。但不论用哪种动物，为避免个体反应不同，每批应免疫足够数量的动物，以便从中挑选高质量的抗体。

2. 免疫方法

大分子完全抗原免疫原性强，一般在较短时间内即可诱发动物产生抗体。例如，人绒毛膜促性腺激素（HCG）的免疫，第一次基础免疫时，将 1 mg HCG 溶于 0.5 mL 生理盐水，加等量弗氏完全佐剂制成乳剂，在家兔背部皮下多点注射。以后每半月静脉注射 HCG 1 mg 加强免疫，连续 5 次，末次注射后 10 天采血。

人工抗原一般免疫原性较弱，需要长时间、多次注射免疫。以前列腺（PGE）抗血清为例。取 PGE-BSA 复合抗原 1 mg 溶于 1 mL 生理盐水中，加等量弗氏完全佐剂制成乳剂，于背部皮下多点注射，每 2 周一次，连续 3 次后改为每月一次，4 个月后于注射后 10 天，自耳静脉采血测滴度，一般经免疫注射 4～8 个月即可获得符合要求的血清。

3. 抗血清鉴定

抗血清效价主要用放射免疫法测定。将抗血清系列稀释后与一定量标记抗原混合、温育，使之充分反应。然后加入分离剂，将 B 和 F 分离，便可求得不同稀释度抗血清的结合率（$B\%$）。以 $B\%$ 为纵坐标，抗血清的稀释倍数为横坐标制图。求得能结合 50%抗原的抗血清稀释倍数，即该血清的效价。抗血清的工作浓度，一般选用 50%结合率的稀释度。

关于抗血清质量是否符合放射免疫要求的标准，效价高低并不是主要因素。主要的

还是它的亲和力和特异性。亲和力的大小，表现为抗原抗体结合的牢固程度。亲和力大者在反应中结合牢固，离解度小；反之如结合不牢固，易解离。两种不同亲和力的抗血清在建立标准曲线时，表现在剂量反应曲线的斜率上。特异性主要表现在对类似物质无交叉反应，应在鉴定后选择亲和力、特异性均佳的抗血清。

4. 单克隆抗体

单克隆抗体生产抗体的一项重大技术突破。本法可选用产生抗血清最佳的个体，将其脾细胞与骨髓瘤细胞杂交，获得产生抗体的单克隆细胞。此种单克隆抗体不仅亲和力强、特异性高，并且具有很高的纯度和均一性，是理想的放射免疫试剂。

四、同位素标记

1. 外标记

放射免疫中最常用的是外标记，所用的同位素有^{131}I、^{125}I和^{3}H。^{3}H半衰期长，它的标记需要在特殊装置中进行，故多由放射剂中心做成药盒供应，固醇类激素、核酸、前列腺素等多用^{3}H标记。因为^{3}H放射β射线，需用价格昂贵的液体闪烁计算器测定，不易普及。故多采用化学方法将被测物和酪氨酸甲酯（TME）生成带苯酚基的衍生物，便可与^{131}I或^{125}I标记。

放射性碘标记较易，并能放射γ射线，一般实验室均可进行检测。它的放射性衰变在单位时间比^{3}H快，放射比度高。多肽、蛋白质激素、微生物抗原、血液成分和肿瘤抗原等多用放射性碘标记。^{125}I半衰期为60天，^{131}I半衰期为8天，故实际上多用前者。

碘化标记的方法很多，最常用的为氯胺T法。氯胺T是一种氧化剂，它能使^{125}I液中带负电荷的碘离子氧化成带正电荷的碘，然后取代抗原酪氨酸残基芳香环上的氢。蛋白质或多肽类的碘化标记率大小与该化合物中酪氨酸残基的含量及其暴露程度有关。没有暴露酪氨酸残基的化合物，如甾体类，需先在其分子上接一个酪氨酸甲酯才能碘化标记。

以胃泌素（SHGI）标记为例。

SHGI　10 μL　（1μg）
Na^{125}I　20 μL　（1μCi）
氯胺T　20 μL　（40 μg）

混匀，振荡反应1 min，加入偏重亚硫酸钠20 μL（100 μg），终止反应。反应液立即加于预先用BSA饱和的Sephadex G-25 1×10 cm柱中，分离游离碘和碘化合物。本法对蛋白质碘化在非常温和的条件下进行，用量很小，放射性物质也可减少到最小限度。它可以作为微量标记，可获得高放化纯度的结合物。但结合时应尽量减少化学反应和放射性碘过量标记所造成的各种损伤，以免降低标记物的免疫活性，影响实验灵敏度。标记时需要下列最佳条件：①供标记用的放射性碘化钠的比活性应大于20 mCi/mL；②反应体积要小，使用氯胺T的剂量在不影响标记率的情况下，尽量减低；③反应时的pH宜保持在7.5为宜；④标记物比放射性应大于50 μCi/ μg。

此外，还可应用纯化的乳过氧化酶（lactoperoxidase）作催化剂以碘化蛋白质，这是一种最温和的碘化法，其原理是将酶与过氧化氢形成络合物，然后使碘氧化，其反应过程如下：

$$
\begin{array}{c}
H_2O_2 \\
\downarrow \text{酶} \\
[\text{酶-}H_2O_2] \\
\downarrow K^*I \\
\text{酶} + 2KOH + 2^*I \\
\downarrow \text{蛋白质} \\
\text{酶} + 2KOH + \text{蛋白质} \begin{cases} *1 \\ *1 \end{cases}
\end{array}
$$

2. 内标记

微生物抗原除外标记外，还可采用内标记。它是在生物合成中将同位素掺入到抗原结构中。内标记对抗原结构无影响，仅是简单地置换一个相应的非放射性原子而已。但其缺点是比放射性不高，有时不能达到所要求的灵敏度。这是由于高活的辐射对生物合成系统有损伤。同时，在生物合成的条件下，不可避免地存在有稳定性同位素的大量稀释作用。

微生物的内标记可因其营养需要不同而分为以下类型。

1）在人工培养基中加入放射性元素：如微生物需葡萄糖做唯一碳源时，可在培养基中加入^{14}C-葡萄糖；又如细菌的核酸、磷脂等也可分别以^{32}P或^{35}S加于培养基中，以取代非放射性磷酸盐或硫酸盐。

2）应用特异的标记前体：在标记DNA时，可在培养基中加入^{3}H-胸腺嘧啶。标记结核菌素衍生物，可在其生长培养基中加入^{14}C-氨基酸。

3）应用事先标记的生物来源做培养基：有些细胞需要十分复杂的生长培养基，往往难于标记。此时可用二步法标记。即先将一种生长需要简单的微生物通过上述方法将其标记，获得较高的比放射性。然后收获此标记细胞，制成提取物或水解物，作为第二步培养要求严格的微生物的培养基成分。

4）细胞培养：在细胞营养液中加入标记盐类、氨基酸或^{3}H-胸腺嘧啶，然后用以接种病毒。也可以从宿主体内收获感染病毒的细胞，然后将其孵育在含有标记物的维持液中，即可将细胞内微生物标记。

五、标记抗原鉴定

1. 放射化学纯度

放射化学纯度主要反映在标记物中有效放射性物质占总放射性强度的百分率。在碘标记抗原中，影响其放射化学纯度的主要是游离碘（$^*I$）和标记抗原辐射分解的碎片。结合物提纯后应不含上述物质，纸层析时应仅显示单一放射峰。测定放射化学纯度时，可取少量标记抗原加入10～20 g/L BSA及等量的150 g/L三氯乙酸，混匀静置数分钟，3000 r/min离心15 min，分别测上清液（含游离碘）和沉淀（标记抗原）的放射活性。一般要求游离放射性含量应占总放射性的5%以下。标记抗原储存时间太久，标记的放射性碘有可能部分脱离，故用前应先用纸层析、凝胶过滤或离子交换等方法提纯，除去游离碘，以免影响精确度。

2. 免疫化学活性

一般用^{3}H、^{14}C等标记时不会改变抗原的化学结构，也不影响免疫活性，但当采用碘标记时，多少会影响抗原的化学结构和免疫化学活性。检查方法是以小量标记抗原加入过量的抗体，充分反应后分离B和F，分别测定放射性，计算结合百分率。此值应在80%以上，该值越大，表示标记抗原的免疫化学活性损失越小。

3. 标记抗原用量测定

标记抗原的用量需根据测定所需范围和放射性测量的要求而定。一般标记物浓度和样品中待测物浓度在同一水平时，才能获得测定的最佳灵敏度。当要测定的抗原浓度范围提高时，标记抗原的用量也应增加，反之亦然。但减少是有一定限度的，抗原减少必须同时降低抗体用量；抗体亲和力不高时，过度稀释往往难以达到平衡。标记抗原用量初步选定后，还需在制作标准曲线的过程中适当增减标准抗原用量，使标准曲线的测定范围和灵敏度符合要求。

4. 放射性强度

标记物需有足够的放射性强度。放射性碘的半衰期都比较短，新标记的抗原计数率，用^{131}I时最好在20 000～40 000 cpm，用^{125}I时在10 000 cpm左右。随着时间的推移，由于放射性衰变，可相应延长测量时间，以达到所要求的精密度，但不要因放射性降低而随意增加标记抗原用量。

六、液相放射免疫测定

通常所指的放射免疫测定主要是指液相法。由于待测物的性质和所标记的同位素不同，液相放射免疫的具体方法千差万别。几种常见活性物质的液相放射免疫测定见表10-2。但均需先用标记抗原、已知量的标准抗原和抗血清进行预试，根据测定结果绘制标准曲线。标准曲线的纵坐标有很多表示方法，其中常用的有B/F、$B\%$、$B/B_0\times100$（B_0为零标准管的脉冲数）、$B/T\times100$等。横坐标的抗原量用pg或ng表示。有时要求横坐标用对数表示（用半对数值）。

表10-2　活性物质的液相放射免疫测定

测定物质	标记同位素	B、F分离方法	纵坐标
生长激素GH	^{125}I	双抗体法	$B/B_0\times100$（半对数）
肾上腺皮质激素	^{125}I	双抗体法	$B/B_0\times100$（半对数）
人绒毛膜促性激素	^{125}I	双抗体法	B/F
催乳素	^{125}I	双抗体法	$B/B_0\times100$（半对数）
高血糖素	^{125}I	右旋糖苷被覆的活性炭	$B\%$
胰岛素	^{125}I	双抗体法	B/F
胃泌素	^{125}I	双抗体法	$B/B_0\times100$（半对数）
肾素	^{125}I	右旋糖苷被覆的活性炭	B/F
血管紧张素	^{125}I	右旋糖苷被覆的活性炭	$B/F\times100$
甲状腺素	^{125}I	双抗体法	$B/T\times100$（半对数）

续表

测定物质	标记同位素	B、F分离方法	纵坐标
孕酮	^{3}H	镁吸附剂	$B/B_0\times100$（半对数）
睾丸酮	^{3}H	葡聚糖凝胶过滤	$F\%$
雌三醇	^{3}H	右旋糖苷被覆的活性炭	$B/B_0\times100$（半对数）
去氧皮质醇	^{3}H	30% PEG	$B/T\times100$
去氧异雄酮	^{3}H	饱和硫酸铵	$F\%$
前列腺素	^{3}H	白蛋白被覆的活性炭	B/B_0（半对数）
DNA	^{125}I	饱和硫酸铵	$B\%$

试验的基本过程是：①适当处理待测样品；②按一定要求加样，使待测抗原与标记抗原竞相与抗体结合或顺序结合；③反应平衡后，加入分离剂，将B和F分开；④分别测定B和F的脉冲数；⑤计算B/F、$B\%$等值；⑥在标准曲线上查出待测抗原的量。

加样和分离方法如下所述。

1. 平衡饱和法

平衡饱和法系利用标记抗原与待测抗原竞争性结合的原理，先将已知量的标记抗原（*Ag）和待测抗原（Ag）混合。然后加入抗血清（Ab），温育一定时间，使反应达到平衡，就分别形成结合型标记抗原*Ag-Ab，即B，以及游离型标记抗原*Ag，即F。如下式：

$$^*Ag+Ag+Ab\longrightarrow {}^*Ag-Ab+Ag-Ab+{}^*Ag+Ag$$

然后加入适宜的分离试剂，将结合型标记抗原（B）与游离型标记抗原（F）分开，分别测定放射性，计算B/F值、$B\%$、B_0/B等，即可从标准曲线的坐标上查出待测物的含量。

标记抗原的量应按制作标准曲线所用的量加入。抗血清应稀释成能结合50%标准抗原的稀释度。温育时间按被测物不同而异，一般多用4℃ 24 h。有的只需0.5 h即达到平衡，另一些要放在4℃ 7天后才能达到平衡。在建立方法时，除根据文献介绍外，还用不同的温度和时间进行实验对比，以选择最适宜的条件。

2. 顺序饱和法

顺序饱和法系先将待测抗原与限量的抗血清混合，温育一定时间后，再将标记抗原加入反应液中。反应式如下：

$$Ag+Ab\longrightarrow Ag-Ab+Ab$$

$$Ab+{}^*Ag\longrightarrow {}^*Ag-Ab+{}^*Ag$$

在本法中待测抗原优先与抗原结合，故较平衡法更为敏感。

3. 分离剂

在液相放射免疫分析法中，被测物和特异性结合剂反应所形成的复合物是可溶的，故需加入分离剂，使B和F分开。而分离剂的分离效果就成为影响测定结果准确性的一个重要因素。早期报道的方法，如电泳、层析、凝胶过滤等分离技术，尽管效果很好，但操作繁琐、费时，不适于大量样品的检测，故现已很少使用。目前比较常用的方法有以下4种。

（1）吸附法：活性炭对蛋白质、多肽类固醇和药物具有无选择性的吸附作用。但若在炭沫表面被覆一层右旋糖苷、白蛋白等化合物时，就限制了炭沫对大分子化合物吸附，只允许它吸附分子较小的 F，因此，只要经离心沉淀，就可将 B 和 F 分开。

在测定类固醇激素时，还可用硅镁吸附剂、漂白粉等硅酸盐化合物作分离剂。

(2) 化学沉淀法：用盐类、有机溶剂使 B 沉淀，从而达到分离的目的。其中以饱和硫酸铵法最为方便，但非特异性偏高。也可以采用聚乙二醇（PEG600）作分离剂，最终浓度为 20%，分离效果良好，方法简便易行，克服了硫酸铵沉淀的缺点。

(3) 双抗体沉淀法：在反应液中加入一定量的抗抗体，使 B 与抗抗体结合形成不溶性沉淀物，离心沉淀即可得到分离。还可将双抗体与 PEG 法结合。双抗体法非特异性低，缺点是流程过长；PEG 法简便快速，二者结合可以扬长避短。抗原体结合平衡后加入抗抗体，37℃水浴 1 h，再加等体积的 60～100 g/L PEG 液，离心沉淀。沉淀物中含 B，而 F 则留在上清液中。

(4) 微孔薄膜法：利用微孔薄膜减压抽滤分离 B 和 F。B 因分子大不能通过微孔（0.25～0.45 μm）而粘在膜上。放 80℃烘干，将膜投入用二甲苯配制的闪烁液中，即可在液闪仪上计算放射性。

七、固相放射免疫测定

1. 固相载体

固相放射免疫系预先将抗原或抗体联在固相载体（聚苯乙烯或硝酸纤维素）上，制成免疫吸附剂。竞争性和非竞争性免疫反应与分离 B 和 F 均在同一管内进行，操作简便快速，特别适合于制成标准试剂盒，便于推广到基层医疗单位应用。

固相载体通常以聚苯乙烯制成小管或小珠，反应在管壁或小珠表面进行。也可用薄型塑料压制成微量滴定板，反应后可将各孔剪下，分别测定脉冲数。

2. 试验方法

固相放射免疫测定法可分两大类，即竞争性和非竞争性。按其操作方法的不同又分为单层、多层，并由此而演变多种测定方法。

1）单层竞争法：预先将抗体联接在载体上，加入* Ag 和待检 Ag 时，二者竞争与固相抗体结合。若固相抗体和* Ag 的量不变，则加入 Ag 的量越多，*B*/*F* 值或 *B*%越小。根据这种函数关系，就可制备标准竞争性标准曲线。测定时操作简便，是一种常用的方法。

2）单层非竞争法：先将待测物与固相载体结合，然后加入过量相对应的标记物，经反应后，洗去游离标记物，测放射性量，即可测算出待测浓度。本法可用以测抗原，也可测抗体，方法虽简便，但干扰因素很多。

3）多层竞争法：先将抗原和载体结合，加入抗体与固相抗原结合，然后再加入* Ag和待测物，二者竞相与载体上的抗体结合，载体上的放射性量与待测物浓度成反比。此法手续繁杂，有时重复性不好。

4）多层非竞争法：预先制备固相抗体，加入待检抗原使之形成固相抗体-抗原复合物，然后加入过量的标记抗体，与上述复合物形成抗体-抗原-标记抗体复合物，洗去游离抗体，测放射性，便可测算出待测物的浓度。

5）双抗体固相法、双抗体法是多层竞争法的一种改良方法。其特点是以抗抗体为固相，然后将抗原、抗体和标记抗原混合温育，生成一定量的*Ag-Ab复合物。最后加入固相抗抗体，使成*Ag-Ab-抗抗体复合物。测固相载体上的放射性，即可算出待检物的浓度。

八、放射对流免疫电泳测定

放射对流免疫电泳是将放射免疫测定与对流电泳相结合，可检出微量抗原，其灵敏度与一般放射免疫测定相仿，并具有简便、快速等优点。一般放射免疫测定法需2～3天，而本法仅需2～3 h。电泳时电压必须稳定，否则将会影响结果的精确性。本法不需抗抗体或其他分离剂，不需离心与洗涤，只需一台电泳仪即可进行。因而特别适用于要求短时间内检测大量样品并得出结果的流行病学野外调查。具体操作方法有以下三种。

1. 竞争法

在载玻片上倾注1.2%巴比妥琼脂（pH 8.2），做成凝胶板。在其中心挖两长方形小孔，在其阳极端加抗血清，阴极端加待测抗原和标记抗原。然后以每块玻片3.2 mA电流，电泳60～90 min。电泳完毕，按每5 mm距离，将琼脂切下，分别置玻管中，测各管的放射性。实际测定时，并不需要测量全部琼脂，只需测定两孔之间及阴极的琼脂，即可测出B和F的脉冲数。反应带中的脉冲数（*B*）减少越多，抗原量越高。

2. 顺序加样法

在巴妥琼脂凝胶上打两列圆形小孔，先加待测样品（阴极端）和抗血清（阳极端），电泳15 min，然后加入一定浓度的标记抗原，再继续电泳105 min，这样让待测样品先有机会与抗体结合，因而可得到最佳的灵敏度。电泳后用刀片将结合区（B）与游离区（F）切下，分别测定放射性，即可按事先绘制的标准曲线查出待测样品的含量。

3. 抑制法

在琼脂凝胶上打3排反应孔，在3排反应孔之间再打2排较大的孔，后者在电泳时不加反应剂，仅作维持电泳平行之用。在阴极端小孔（A）加标记抗原，中间孔（B）加待测抗原，靠阳极孔（C）加抗血清，电泳90 min，分别测阳极端（F）和阴极端（B）的放射性，即可测出抗原的量。

九、其他放射免疫技术

1. 放射自显影

放射自显影系将同位素标记抗体（或抗原）技术与免疫扩散、免疫电泳等技术相结合，利用同位素放出的射线能使照相底片感光的原理，使带有同位素标记的沉淀线自行感光、显影，从而提高了免疫扩散和免疫电泳等技术的敏感性。但由于操作繁琐，工作周期长，在临床实验上应用不广，仅在某些研究中使用。

2. 原子核乳胶法

原子核乳胶法主要用于抗原或抗体的定位。原子核乳胶的化学成分与普通照相乳剂一样，但其溴化银晶粒要小得多，浓度却大得多。含有抗原的组织切片或涂片用标记抗体温育处理后，洗去未结合的标记抗体。干后在标本片上涂一层原子核乳胶，然后用黑纸包裹。样品上的放射性粒子使乳胶上的溴化银晶粒还原，经显像后乳胶片上即出现图像，如再用其他染料复染，即可在普通生物显微镜下观察，有黑色颗粒处即为抗原所在的部位。

实验三十三　放免法测定血清 cAMP

【实验目的】

通过本实验的学习和操作要求学会用放射免疫测定法测定淋巴细胞或血浆中 cAMP 的含量；掌握放射免疫测定的技术；学习异种抗血清的制备方法。

【实验原理】

cAMP 作为细胞的第二信使，日益受到人们的重视。体内和体外实验表明，淋巴细胞内 cAMP 含量的变化不仅影响其增殖和功能，而且还参与调节免疫反应。目前淋巴细胞内 cAMP 含量的测定已较广泛地用作研究淋巴细胞功能和鉴定免疫学生物制剂活性的指标之一。

cAMP 的放射免疫测定是基于［^{3}H］-标记和非标记 cAMP 与具有高度特异性亲和力的抗体之间的竞争结合，当反应体系内加入的抗体和［^{3}H］-cAMP 量一定时，若加入的非标记 cAMP 量多，则与抗体结合的［^{3}H］-cAMP 量就少，反之若加入的非标记的 cAMP 量少，则与抗体结合的［^{3}H］-cAMP 就多。在抗原抗体反应平衡后，用微孔滤膜分离游离的和与抗体结合的［^{3}H］-cAMP，在液体闪烁计数器上测定与抗体结合部分的放射性强度，用已知浓度 cAMP 作为标准曲线，即可根据样品管的放射性强度在标准曲线上查出样品中 cAMP 的含量。

【实验材料】

1. 器材

液体闪烁计数仪（FJ-2100 国营二六二厂），离心机，高压灭菌锅，兔子解剖台，显微镜，水浴锅，大研钵，5 mL 注射器，真空干燥仪，微量干燥仪，解剖用刀、剪、镊子等，三角瓶，常规玻璃仪器，家兔选 6 个月以上健康雄性家兔（1 只/组），小牛血清。

2. 试剂

1）琼脂糖。

2）淋巴细胞分层液（$d=1.077\pm0.002$）.

3）无钙镁 Hank's 液。

① 储存液：

氯化钠	80 g
氯化钾	4 g
磷酸氢二钠·$12H_2O$	1.52 g
磷酸氢二钾	0.6 g
葡萄糖	10 g

加双蒸水使各组分均溶解后，加入 4 g/L 酚红溶液 50 mL，再以双蒸水调至 1000 mL，4℃冰箱保存。

② 应用液：临用前将储存液用双蒸水 1∶10 稀释后，以 56 g/L 碳酸氢钠溶液调节 pH 至 7.2～7.4。

4）4 g/L 酚红：称取 0.4 g 酚红置玻璃研钵中，逐滴加入 0.1 mol/L 氢氧化钠溶液 11.28 mL，边加边研使酚红完全转变为钠盐而溶于水中，然后加双蒸水至 100 mL，滤纸过滤后 4℃保存。

5）羊毛脂。

6）液状石蜡。

7）卡介苗（75 mg/mL）。

8）0.05 mol/L，pH6.2 乙酸缓冲液：称取分析纯乙酸钠 13.61 g，加蒸馏水溶解后定容到 500 mL，加入茶碱 2.16 g，加热助溶后稀释到 1500 mL 备用。

9）1∶100 抗血清：取冻干 cAMP 血清一瓶，加入 1 mL 缓冲液溶解即为 1∶100 抗血清，将其按每次实验所需量分装后储于 4℃保存，临有前配成 1∶1600 溶液。

10）^{3}H-琥珀 cAMP：称取琥珀酸酐粉末 5 mg 置于^{3}H-cAMP 小瓶内，加水 100 μL 后，迅速加入三乙胺 10 μL，剧烈摇动 15 min 后加入缓冲液 2.39 mL，混匀。临用前取此混合液 1 mL 加同上缓冲液 4 mL，混合后应用。

11）三乙胺。

12）标准 cAMP：向标准 cAMP 小瓶内加入缓冲液 2 mL 稀释冰存可保存 2 周。

13）酰化剂：将 25 体积琥珀酸酐丙酮液（200 mg / mL）与 9 体积三乙胺混合即可。

14）闪烁液：称取 PPO（2，5-二苯基 唑）4 g，POPOP［1，4，-2，2（5-苯基 唑基-2）-苯］100 mg，二甲苯加到 1000 mL，可在水浴上加热溶解。

【实验方法】

1. 抗血清的制备

混合免疫法：此法综合足跖皮下、淋巴结和静脉途径进行免疫，其特点是抗原用量节省，抗血清效价上升快。具体步骤如下所述。

（1）不完全佐剂的制备

称取 10 g 优质羊毛脂置研钵中，逐滴加入液状石蜡油 40 mL，混匀后分装到10 mL 疫苗瓶（或试管）中，高压蒸汽灭菌后 4℃保存。

（2）抗原-福氏完全佐剂混悬液的制备

取抗原（小牛血清 5 mg/ mL）等量与上述不完全佐剂混合，再按每毫升加入 10 mg活卡介苗制成乳白色混悬液（此种混悬乳剂经较长时间放置后不应再分层）。

（3）免疫

选择 2.5～3 kg 白兔，首次于双足跖各注入 0.5 mL 抗原-福氏完全佐剂混悬液，2 周后于双侧后肢肿大的腘窝淋巴结内各注入 0.5 mL 同样制剂，第 3 周于耳静脉放血试测效价。如果效价不够高，可用不加佐剂的抗原（5 mg/ mL）通过耳静脉注射以加强免疫，1 周内注射 3 次，分别为 0.1 mL、0.3 mL、0.5 mL，1 周后试测效价。

2. 样品的制备

(1) 外周血淋巴细胞内 cAMP 的制备

取兔血 1 mL，EDTA-Na_2 抗凝，加 Hank's 液稀释 2 倍，然后加在淋巴细胞分离液上（稀释血：分离液＝2：1），2000 r/min 离心 30 min。收集界面处淋巴细胞，用低渗法除去残存的红细胞，再用 Hank's 液洗涤 3 次，配成淋巴细胞悬液。调整细胞浓度为 2×10^5/0.2 mL，装于优质离心管中，37℃水浴保温 15 min。取出立即置于 100℃水浴中 10 min，冷却、3000 r/min 离心 10 min，上清液置于优质小玻瓶中，70℃水浴蒸干，溶解于缓冲液中待用。

(2) 血浆样品

向离心管内加入 0.25 mol/L EDTA-Na_2 液 0.1 mL，37℃温箱烘干。取兔耳静脉血 3 mL 注入此离心管内混匀，离心分离出血浆后，取 900 μL 血浆与 100 μL 过氯酸混匀，3000 r/min 离心 15 min，吸取上清液 60 μL，加入 2 mol/L 氢氧化钾 100 μL，用精密 pH 试纸测定 pH 应为 6.5～8.0，否则应予调整。离心除去过氯酸钾后，取相当于 0.125 mL 血浆量的上清液于 1.2 cm×7.5 cm 试管内，每管除加入 50 μL 缓冲液代替标准 cAMP 外，样品管的其他操作均同标准管。计算出样品的 C_0/C_x（标准物质浓度与竞争浓度的比值）值，从标准曲线上查出样品管中 cAMP 的含量。

(3) 组织样品

动物处死后，立即取样置液氮或干冰中，称取 30～50 mg 加过氯酸或 50 g/L 的三氯乙酸做匀浆（1～2 mL），离心，取一定量上清液。若为过氯酸上清，用 2 mol/L 氢氧化钾中和后离心去沉淀，将全部上清在 70～75℃水浴蒸干。若为三氯乙酸上清，则加 5 倍体积水饱和乙醚洗 3 次，除去三氯乙酸，水相于 70～75℃水浴蒸干，重溶于适量缓冲液中测其 cAMP 的含量。

3. 标准曲线的制作及样品中 cAMP 含量的测定

(1) 标准曲线的制作

1) 取 6 支试管，按表 10-3 稀释标准 cAMP。

表 10-3　标准 cAMP 稀释程序

管号	1	2	3	4	5	6
缓冲液/μL	150	150	150	150	150	150
标准 cAMP 浓度/(pmol/50μL)	8	4	2	1	0.5	0.25
标准 cAMP 体积/μL	150	150	150	150	150	150
混匀后浓度/(pmol/μL)	4	2	1	0.5	0.25	0.125

2) 另取 1.2 cm×7.5 cm 小试管 16 支浸于冰水浴中，按表 10-4 加入试剂。

表 10-4　放射免疫法测定血清 cAMP 加样程序

管号	缓冲液 /μL	标准 cAMP /μL	酰化剂 /μL	^{3}H-ScAMP /μL	稀释抗血清 /μL
1、2 (C_0)	150	—	10	50	—
3、1 (C_0)	50	—	10	50	100
5、6 (C_x)	—	0.125 pmol (50 μL)	10	50	100
7、8 (C_x)	—	0.25 pmol (50 μL)	10	50	100
9、10 (C_x)	—	0.5 pmol (50 μL)	10	50	100
11、12 (C_x)	—	1.0 pmol (50 μL)	10	50	100
13、14 (C_x)	—	2.0 pmol (50 μL)	10	50	100
15、16 (C_x)	—	4.0 pmol (50 μL)	10	50	100
17、18 (C_x)	—	样品 50 μL	10	50	100

注：加入酰化剂后必须立即强力振摇该管 1～2 s。

3）各管混匀后置 0～4℃孵育 2 h 以上，然后补加缓冲液 1 mL，继续在 0～4℃孵育 15 min。

4）将反应液用滴管移至微孔滤膜上抽滤，用 2 mL 冰冷的缓冲液洗涤反应管及滤膜 2 次。

5）滤膜置 70～80℃烤 30 min，然后装入有加有 5 mL 4 g/L PPO，0.1 g/L POPOP 二甲苯闪烁液的计数瓶内，在液体闪烁计数器上计数 60 s。算出各管的平均计数率后，减去空白管（1 管、2 管）的平均计数率，算出各 cAMP 浓度下的 C_0/C_x 值。

6）浓度为横坐标，C_0/C_x 值为纵坐标，在普通坐标纸上作图应为一直线。在半对数坐标纸上，以结合百分数为纵坐标（等距离分度），以标准 cAMP 浓度为横坐标（对数），作标准曲线。

（2）样品中 cAMP 含量的测定

不同来源的样品中 cAMP 含量的测定，必须与标准曲线的制作同时进行。

第十一部分 蛋白质结构分析技术

蛋白质是构成生物体的一类十分重要的有机含氮化合物，是生命的物质基础。蛋白质是多种多样的，并且有着不同的功能。决定蛋白质功能的是其特定的结构。所有蛋白质不论功能来源如何，均由 20 种基本氨基酸组成。氨基酸按不同顺序排列，构成蛋白质的一级结构，并在此基础上建立起相应的二级、三级、四级结构。不同的蛋白质行使不同的功能，这也是通过其特定的结构来实现的。一级结构决定高级结构。蛋白质的功能归根结底是它们一级结构的反映。因此，弄清不同蛋白质的氨基酸顺序，阐明不同顺序与蛋白质的功能及其与生物进化、遗传变异的关系，是当代生物化学的重要组成部分。

在一个世纪前，有人曾提出蛋白质结构肽的假设，但长期以来，人们无从着手研究并真正了解它，直到 1955 年英国著名科学家 Sanger 发表了胰岛素的全部氨基酸排列顺序，从而开创了研究蛋白质一级结构的新纪元，Sanger 的这一贡献是分子生物学发展进程中的一个重要突破，因此获得诺贝尔化学奖。但由于受技术的限制，Sanger 当时采用的是比较简单的方法：如氨基酸组成分析是用纸层析法，N 端及 N 端顺序测定是用 DNP 法，不仅费时而且要消耗过多样品，尤其是非特异性裂解法，肽段的分离相当困难。Sanger 和他的同事用了上百克的胰岛素，整整花了 10 年时间才完成了胰岛素一级结构测定。尽管目前分析方法已完全改观，但 Sanger 当时的一些基本战略仍被广泛采用。

在 Sanger 开拓性工作的直接影响下，蛋白质顺序分析研究于 20 世纪 60 年代达到高峰。1963 年美国洛克菲勒研究所的 Moore Stanford 和 Stein Willam Howard 完成了第一个酶蛋白——核糖核酸酶的顺序分析。这是一条有 124 个氨基酸残基的单链，含有 4 个二硫键。他们对 Sanger 的方法有如下的发展：①发明了氨基酸自动分析仪；②用离子交换柱层析分离酶解后的肽段；③采用 Edman 顺序降解法。他们卓有成效的工作，大大加快了顺序分析的进程，推动了蛋白质顺序测定。最明显的例子是 60 年代初，美国和法国的两个实验室成功的测定了血红蛋白两种多肽链的氨基酸顺序。1968 年 Edman 和 Begg 研制的自动液相顺序仪和由 Laursen（1971 年）创建的自动固相顺序仪的问世，使蛋白质氨基酸顺序研究工作的面貌焕然一新。

自从胰岛素氨基酸顺序测定完成后的 40 多年来，蛋白质氨基酸顺序分析取得了飞速的发展，这些成就的获得与自动化仪器的出现以及技术、方法的不断改进密切相关，当前顺序研究总的趋向是快速化、微量化。

目前测定蛋白质顺序最基本和最常用的方法仍是 Edman 降解法。但近年来随着生命科学的飞速发展和蛋白质分析，分离纯化技术的不断改进与提高，要求顺序分析在技术方法上也要加以改进与创新，因此产生了许多新方法，气相顺序仪使测量灵敏度提高了两个数量级，达到皮摩尔水平。双向凝胶电泳和银染色法，以及灵敏、快速、高分辨的高效液相色谱仪用于分离、制备和分析鉴定，为生物微量样品分析开辟了道路。现在一次连续降解步数由原来的 40～60 步提高到 80 步，因此一次连续测定上百个氨基酸残基必将实现。

实验三十四 DNS-C1法测定蛋白质的N端氨基酸

【实验原理】

1956年Hartley和Masseys首先用1-二甲氨基萘-5-磺酰氯（Dansy1-C1，简称DNS-C1）作为荧光试剂标记α-胰凝乳蛋白酶的N端氨基酸的α-氨基及其他反应基团。此后建立了用DNS-C1测定蛋白质及肽的N端的氨基酸方法。

用荧光试剂1-二甲氨基萘-5-磺酰氯与蛋白质的N端氨基酸的α-氨基发生反应，得到二甲基萘-5-磺酰蛋白（简称DNS-蛋白），此蛋白质经酸水解，得到N端氨基酸的DNS-衍生物（DNS-氨基酸）及游离的各种氨基酸。

DNS-氨基酸在波长254 nm或265 nm的紫外光下显示绿色荧光。通过双向聚酰胺薄膜层析与标准DNS-氨基酸的层析图谱相比较即可确定蛋白质的N端氨基酸。

DNS-C1能专一地与蛋白质N端的α-氨基反应，形成的衍生物很稳定，在酸中不受破坏。并且水解后生成的DNS-氨基酸有荧光，灵敏度为DNFB法的100倍，并且水解后的水解物不需提取，相应的DNS-氨基酸可直接用电泳或色谱法鉴定。因此DNS方法是目前测定蛋白质（或多肽）N端氨基酸常用的方法之一。

用试剂DNS-C1测定蛋白质及肽N端氨基酸时，首先是在偏碱性（pH 9.5～10.5）条件下，使DNS-C1与蛋白质或肽的N端氨基酸结合，得到二甲基萘-5-磺酰蛋白，此DNS-蛋白在6 mol/L HCl中水解时，蛋白质中的肽键均发生断裂，得到游离的氨基酸，只有N端的氨基酸形成二甲氨基萘-5-磺酰氨基酸。对此DNS-氨基酸进行鉴定即可确定蛋白质的N端。

水解产生的DNS-氨基酸可通过电泳法和薄层层析法进行鉴定。用纸电泳法需样品量为1～5 nmol，而用薄层层析法只需0.2～1 nmol。目前最适合的方法是聚酰胺薄膜层析法。

聚酰胺薄膜层析是1966年以后发展起来的一种新层析技术。特别适合于分析氨基酸衍生物，如DNS-氨基酸、DNP-氨基酸及PTH-氨基酸等，具有灵敏度高、分辨力强、速度快、操作方便等优点。

聚酰胺薄膜是将锦纶涂于涤纶片上制成的。锦纶（亦称尼龙）是由乙二酸与己二胺聚合而成（锦纶66），故含有大量酰胺基团。

$$nHOOC(CH_2)_4COOH + nH_2N(CH_2)_6NH_2$$

$$\cdots-HN-\underset{\displaystyle O}{\underset{\|}{C}}-(CH_2)_4-\underset{\displaystyle O}{\underset{\|}{C}}-NH(CH_2)_6NH\quad \underset{\displaystyle O}{\underset{\|}{C}}-\cdots$$

聚酰胺薄膜具有特异的层析分辨能力，是由于它可与被分离的物质之间形成氢键，将极性物质吸附。而被分离物质与其形成氢键的能力不同，使不同的物质被吸附的强度亦不同。在层析时，展层溶剂与被分离物在聚酰胺薄膜表面竞相形成氢键。选择适当的溶剂，使被分离物在溶剂与聚酰胺表面之间的分配系数能有较大差异，经过吸附与解析的展层过程，使被分离物质彼此分开。因此选择适当的溶剂系统是层析分离的关键。

【实验材料】

1. 器材

紫外灯：波长 245 nm 或 265 nm；聚酰胺薄膜（7 cm×7 cm）；小层析缸 4 cm×9 cm×9 cm（或其他规格，方形、圆形均可）；真空干燥器；烘箱；吹风机；毛细管；透析袋。

2. 试剂

1）DNS-C1 溶液：取 25 mg DNS-C1 溶于 10 mL 丙酮中。

2）浓 DNS-C1 溶液：取 20 mg DNS-C1 溶于 1 mL 丙酮中。

3）0.2 mol/L $NaHCO_3$ 水溶液。

4）6 mol/L HCl 溶液。

5）8 mol/L 尿素溶液：用 0.5 mol/L 的 $NaHCO_3$ 溶液配制。

6）溶剂系统Ⅰ：甲酸（85%～90%）∶水=1.5∶100（V/V）。

7）溶剂系统Ⅱ：苯∶冰醋酸=9∶1（V/V）。

8）溶剂系统Ⅲ：乙酸乙酯∶甲醇∶冰醋酸=20∶1∶1（$V/V/V$）。

9）溶剂系统Ⅳ：0.05 mol/L 磷酸三钠∶乙醇=3∶1（V/V）。

10）溶剂系统Ⅴ：1 mol/L 氨水∶乙醇=1∶1（V/V）。

【实验方法】

1. 胰岛素 N 端氨基酸的测定

(1) 标准 DNS-氨基酸的制备

称取 0.2～0.3 mg 标准氨基酸溶于 0.5 mL、0.2 mol/L 的 $NaHCO_3$ 溶液中，取 0.1 mL 于细长的小试管中，加入 0.1 mL DNS-C1 丙酮溶液，用 1 mol/L 的 NaOH 溶液调 pH 至 9.5～10.5。用胶布封住试管口，于室温（20～25℃）放置 3～4 h。反应毕，用热吹风机除丙酮，用 1 mol/L 的 HCl 溶液调 pH 至 2.0～3.0，加入 0.2 mL 乙酸乙酯，摇匀，静止分层后，在上层的乙酸乙酯液中含有标准 DNS-氨基酸。在测定胰岛素的 N 端氨基酸时，可制备 DNS-Gly 及 DNS-Phe 作为标准氨基酸。

(2) DNS-胰岛素的制备

取 1 mg 胰岛素加入 0.5 mL、0.2 mol/L $NaHCO_3$溶液，加入 0.3 mL DNS-C1 丙酮溶液，用 1 mol/L HCl 溶液调 pH 至 9.5～10.5，用胶布封住试管口，于室温（20～25℃）放置 3～4 h。置于含有 P_2O_5 的真空干燥器中，将此干燥器置于 60℃水浴上，抽真空直至样品完全干燥。得到 DNS-胰岛素。

(3) DNS-胰岛素的水解及 DNS-氨基酸的抽提

将 0.5 mL、6 mol/L 的 HCl 溶液加入 DNS-胰岛素中，使 DNS-胰岛素充分溶解，将此溶液转移至水解管中，用煤气灯封口，于 110℃烘箱中水解 16 h，水解毕，开管，在水浴上蒸去 HCl，加入少量水，再蒸干。加入 0.5 mL 水，用 1 mol/L HCl 调 pH 至 2.0～3.0。加入 0.5 mL 乙酸乙酯，摇匀，则 DNS-氨基酸在上面的乙酸乙酯层内。

（4）DNS-氨基酸的层析

在聚酰胺薄膜（7 cm×7 cm）的左下角距离两边 1 cm 处划一点（C 点），在距 C 点 1 cm，距左边 2 cm，距下边 1 cm 处划一点（A 点），在左上角距左边 2 cm，距上边 1 cm处划一点（B 点）。

在 A 点处用毛细管点上样品 DNS-氨基酸，在 B 点处点上 DNS-Gly，其样品直径 2～3 mm。在溶剂系统Ⅰ中进行第一向展层，直到溶剂前沿距顶 1 cm，取出聚酰胺薄膜，吹干。在 C 点处点上 DNS-Phe，将聚酰胺薄膜转 90°，在第二种溶剂系统中进行第二向展层，直到溶剂前沿距顶 1 cm，取出聚酰胺薄膜，吹干。

将聚酰胺薄膜置于 254 nm 或 265 nm 的紫外灯下观察，将绿色的荧光点划好，将样品胰岛素的 N 端氨基酸与标准 DNS-Gly、DNS-Phe 的层析位置相比较，即可证明胰岛素的 N 端氨基酸是 Gly 及 Phe。

2. 较大蛋白质的 N 端氨基酸测定

（1）DNS-蛋白的制备

取 10 μmol 的蛋白质样品，溶解于 0.5 mL、8 mol/L 尿素溶液（此溶液用 0.5 mol/L $NaHCO_3$ 溶液配制），加入 0.5 mL 浓的 DNS-Cl 溶液（20 mg/mL，用丙酮配制），用 1 mol/L NaOH 溶液调 pH 9.5～10.5，此混合物在室温反应过夜或在 37℃反应 5 h。

（2）除盐，尿素及 DNS-OH

将反应液倒入透析袋中，用蒸馏水透析 8 h（2 h 换一次水）采用 Sephadex G-25 柱层析法除盐。并且用紫外灯照射此柱，观察蛋白质带流动情况，收集 DNS-蛋白流出液。

（3）DNS-蛋白的水解

将脱盐的 DNS-蛋白干燥，加入 0.5 mL，6 mol/L HCl 溶液，煤气灯上封口，在 105℃水解 18 h。小心割破水解管，倒入 10 mL 小烧杯中于水浴上蒸干。

（4）DNS-氨基酸的层析

将干燥好的样品溶于 10 μL 50％的吡啶中，将其点于聚酰胺薄膜的一角（距两边为 1 cm 处），样品的直径不得超过 3～4 mm，吹干。

首先将聚酰胺薄膜在第一种溶剂系统中展层，直到溶剂前沿距上端 0.5 cm，取出，吹干。

将聚酰胺薄膜转 90°，于溶剂系统Ⅱ中进行第二向展层，吹干。

【实验结果】

将聚酰胺薄膜于紫外灯（波长 254 nm 或 265 nm）下观察。可看到三个主要荧光点：一个是蓝色的荧光区，是由 DNS-OH 产生的；另一个是蓝-绿色荧光点，是由 DNS-NH_2 产生的；第三点即是蛋白质 N 端氨基酸的 DNS-衍生物（DNS-氨基酸）产生的，它呈现绿色的荧光。将它与标准 DNS-氨基酸的双向聚酰胺薄膜层析图谱比较，即可初步确定蛋白质 N 端氨基酸。

利用溶剂系统Ⅱ，可将疏水性氨基酸及某些中性氨基酸的 DNS-衍生物分离出来，而对于带电的及其他的中性氨基酸的 DNS-衍生物仍保留在聚酰胺薄膜的底部。

为了将 DNS-Gly 与 DNS-Asp、DNS-Thr 与 DNS-Ser、DNS-Ala 与 $DNS-NH_2$ 分开，应先在溶剂系统Ⅰ进行第一向层析，再转 90°在溶剂系统Ⅱ中展层，然后在同一方向用溶剂系统Ⅲ层析，只走 1/2 距离即可。与标准 DNS-氨基酸的层析图谱比较，即可确定。

对于 DNS-Arg 和 DNS-His 用上述溶剂系统很难鉴别。因为它们往往与 ε-DNS-Lys 混淆在一起，应用溶剂系统Ⅳ进行展层鉴别。

由于 DNS-Cys 往往被 DNS-OH 遮盖，若怀疑蛋白质 N 端氨基酸是 Cys 时，应用溶剂系统Ⅴ进行分离鉴定。

当肽或蛋白质的头两个氨基酸是 DNS-Val-X 或 DNS-Ile-X 时，在酸水解时往往有二肽存在，其 DNS-二肽的量可从微量（X＝Gly 或 Ser）到中量（X＝Ala、Asp、Glu、Leu、Lys 等）。而当 X＝Ile 或 Val 时，没有游离的 DNS-氨基酸释放，大部分是以二肽的形式存在。这些二肽生物在溶剂系统Ⅱ或Ⅲ的层析方向上往往位于 DNS-Phe 和 DNS-Val 之间的位置。因此，易错误地判断为 Phe 或 Val。

当蛋白质或肽的第一个氨基酸是疏水性的，第二个氨基酸是 Pro 时，在酸水解时也会产生二肽。

上述二肽 DNS-衍生物的判断并不困难，可通过与标准 DNS-二肽的层析图谱进行比较，即可确定。

DNS-Trp 在酸水解时被破坏，不能被鉴别，因此，若蛋白质或肽的 N 端氨基酸是 Trp 时，应将 DNS-蛋白用胰凝乳蛋白酶，将 DNS-氨基酸切割下来，再进行鉴定。

在酸水解时，由于 DNS-Gln 和 DNS-Asn 被水解成相应的 DNS-Glu 和 DNS-Asp，因此，若经 DNS-C1 法测得蛋白质的 N 端是 Glu 或 Asp 时，实际上应是 Glx 或 Asx。

值得注意的是，当 DNS-蛋白质在酸水解后会产生大量的 O-DNS-Tyr 和 ε-DNS-Lys，在层析图谱上往往与 DNS-Glu 及 DNS-Arg 的层析点相混淆。

当用 DNS-C1 法测定蛋白质 N 端氨基酸有困难时，可采用 FDNB 法进行测定，两种方法相互比较，最后可确定蛋白质的 N 端氨基酸。

实验三十五　蛋白质C端氨基酸的测定及顺序分析（羧肽酶法）

【实验原理】

对于蛋白质或多肽的C端测定比N端的测定困难。方法也较多，有化学法中的肼解法、以内酰硫脲法、C端选择性氚标记法、减数C端测定法和还原法，以及酶法中的羧肽酶法，但C端的化学测定法效果较差。

目前普遍采用羧肽酶法进行C端氨基酸残基的测定，羧肽酶法至今仍是测定肽链C端比较有效的手段。羧肽酶是一类外肽酶，这些酶与蛋白质或多肽作用时，能从C端氨基酸残基开始顺序降解，并逐个释放出游离C端氨基酸，其反应如下：

$$\underset{\displaystyle R_1}{H_2N-\underset{|}{CH}}-NH\cdots\cdots CO-NH-\underset{\displaystyle R_{n-1}}{\underset{|}{CH}}-CO-NH-\!\!\!\downarrow\!\!\!-\underset{\displaystyle R_n}{\underset{|}{CH}}-COOH$$

$$\xrightarrow{\text{羧肽酶}} \underset{\text{剩余多肽}}{H_2N-\underset{\displaystyle R_1}{\underset{|}{CH}}-CO-NH\cdots\cdots CONH-\underset{\displaystyle R_{n-1}}{\underset{|}{CH}}-COOH} + \underset{\text{游离氨基酸}}{H_2N-\underset{\displaystyle R_n}{\underset{|}{CH}}-COOH}$$

蛋白质或多肽在羧肽酶的作用下，被逐步降解及释放的氨基酸种类和数目随时间而发生变化，将经过一定间隔时间反应的样品分别取出，进行酸化活性处理后可用自动氨基酸分析仪或HPLC仪进行快速测定，根据不同时间取样的分析结果便能初步确定C端基为何种氨基酸。若以酶作用时间为横坐标，对所释放的各氨基酸量（mol/L）为纵坐标作图，然后根据氨基酸释放的动力学曲线即可进一步判断和确定肽链C段的氨基酸顺序。

对于C端氨基酸的判定，在实际应用时比较困难。首先，用羧肽酶测定C端基时，关键在于测出第一个释放的为何种氨基酸，如果C端第一个氨基酸残基降解的速率很慢，而第二个残基降解的速率则非常快时，很容易得出错误结论；其次，由于酶解反应是连续进行的，很难加以控制；再次，当若干个氨基酸以相近的速率释放或两个以上相同氨基酸相毗邻时，结果很难解释。这些都是羧肽酶法分析C端的缺点，还有待于进一步改进。

目前常用的羧肽酶有羧肽酶-A、羧肽酶-B、羧肽酶-C和羧肽酶-Y（分别简称CPA、CPB、CPC和CPY），其中CPA使用最广泛。也有将CPA与CPB混合作用，以此扩大酶解作用的范围，效果很好。CPA与CPB均可由动物胰脏制备，CPC则得于植物和微生物，而CPY是由面包酵母中分离得到。这几种羧肽酶对肽链C端基作用的专一性各不相同，CPA的专一性较广，但当C端基是Pro、HyPro、Arg和Lys残基时不作用。CPB的专一性较强，它与蛋白质或多肽作用时只释放C端Lys或Arg碱性氨基酸。CPC的专一性比CPA还广泛，除对HyPro无作用外，能使所有C端氨基酸残基释放。CPY则具有更广的作用范围，包括释放C端Pro的功能。因此，它适用于降解所有的氨基酸，在多肽或蛋白质的结构研究中是一种非常重要的工具酶。

CPY和CPA及CPB不同，它是一种非金属酸性糖蛋白，每分子CPY约含有16个氨基葡萄糖残基和15%的己糖，相对分子质量约为61 000，等点定位3.6。此酶易被二异丙基氟磷酸（DFP）强烈抑制，因而它是属于活性部位含有Ser残基的丝氨酸蛋白酶类，其作用机理与胰凝乳蛋白酶（内切酶）很相似。此外它可被一些金属离子如Fe^{3+}、Fe^{2+}、Mg^{2+}、Cu^{2+}、Hg^{2+}等抑制。但是CPY在某些蛋白质变性剂和有机溶剂存在下是相当稳定的。它在6 mol/L尿素或1% SDS溶液中，能够较长时间的保持酶的活性（如25℃保温1 h仍能保持80%的活性）。而在10%甲醇溶液中，25℃，pH5.5～8.0，8 h内酶活性不变。一般CPY水溶液在25℃，pH 5.5～8.0，它的活性在8 h内是稳定的；低于pH 3.0以下，60℃以上保温时，酶则迅速失活。此酶在饱和硫酸铵溶液中，−20℃下可以长期保存。1%的酶溶液（pH 7.0）与−20℃低温冰箱冰冻保存，2年内不失活，若稀释至0.1 mg/mL则迅速失活。酶溶液的反复冰冻和融化，以及室温长时间的放置，均可导致酶活性的丧失或自溶。

本实验为了练习和掌握用羧肽酶法进行C端氨基酸顺序分析的操作技术，采用CPY对已知一级结构的核糖核酸酶或其他蛋白质进行C端测定及顺序分析。牛胰核糖核酸酶A的C端6个氨基酸残基排列顺序为-His-Phe-Asp-Ala-Ser-Val-COO⁻，其C端为Val。

【实验材料】

1. 器材

带塞小试管，微量取样器，水浴锅，恒温水浴，恒温箱，低温冰箱，离心机，氨基酸分析仪（LKB4400型），冷冻干燥剂，秒表。

2. 试剂

1）羧肽酶Y（−20℃保存）。

2）牛胰核糖核酸酶A（RNase A）。

3）0.1 mol/L吡啶-乙酸缓冲液，pH 5.6（0℃保存）。

4）降解缓冲液（又称消化液）称取1 g纯SDS和1.312 mg正亮氨酸，定容于100 mL 0.1 mol/L吡啶-乙酸缓冲液中（pH 5.6）。

5）冰醋酸。

6）1 mol/L HCl溶液

【实验方法】

1. 酶液和样品溶液的制备

（1）酶液的配制

将1 mg CPY溶于0.5 mL 0.1 mol/L吡啶-乙酸缓冲液中（pH 5.6），每次均需临用前配制。

(2) 样品溶液的准备

按实际需要称取适量牛胰 RNase A 或其他蛋白质，加降解缓冲液溶液，配制成 0.1～0.2 μmol/L 蛋白质样品溶液。然后置于 60℃恒温水浴或恒温箱中保存 20 min，使蛋白质变性（小肽或肽片段无须进行变性处理），冷却至室温备用。

2. 样品的酶解

取上述蛋白质样品溶液 200 μL 放入干净的带塞小试管中，留下 25 μL 样品与另一干净小试管中作空白对照之用。然后向样品液中加入 5 μL CPY 酶液，迅速混匀并开始计算反应时间，盖上塞子后室温放置于 25℃恒温水浴中进行酶解反应。按一定时间间隔（如 1 min、2 min、5 min、10 min、20 min、30 min 及 1 h 等）分别快速取出 25 μL 酶解液放入小离心管中。为了终止酶解反应，立即加入 5 μL 冰醋酸到取出的样品液中，混匀。或用 1 mol/L HCl 溶液酸化至 pH 2.0，再加热 5 min（60℃以上），使 CPY 彻底失活。低温离心除去沉淀，上清液留待进行氨基酸分析。

3. 氨基酸分析

取上清液用自动氨基酸分析仪进行氨基酸定性或定量测定。若不能立即分析，必须将上清液样品冷冻干燥后，置于－20℃低温冰箱中保存。如果再取出上清液无需另作处理，可按氨基酸分析仪灵敏度配置溶液上样直接进行测定，样品含有少量 SDS 既不影响洗脱曲线的图形也不损害氨基酸分析仪。

在进行蛋白质或多肽 C 端氨基酸顺序分析时，鉴于操作上或其他原因，往往会出现被分析的各个氨基酸的实际释放量与测定值有偏差。为了比较准确测定在规定酶解时间内所释放的每个氨基酸摩尔数，通常在酶解液中加入一种已知量（mol/L）的非蛋白质氨基酸类似物作为内标，即用正亮氨酸来进行校正，可按下列公式进行计算：

$$\text{释放的氨基酸}_{\text{实际值}}=\text{释放的氨基酸}_{\text{测定值}}\times\frac{\text{正亮氨酸}_{\text{实际值}}}{\text{正亮氨酸}_{\text{测定值}}}$$

【实验结果】

(1) 动力曲线的绘制

依据自动氨基酸分析仪测定所提供的数据，以酶解时间为横坐标；对不同时间所释放的各氨基酸相应的量（mol/L）为纵坐标作图，绘制出氨基酸释放的动力学曲线。

(2) C 端分析结果

根据上述氨基酸释放的动力学曲线图形分析，判断和确定被测蛋白质的 C 端为何种氨基酸，并写出其 C 端氨基酸的排列序列。

实验三十六　蛋白质及多肽顺序分析（DABITC/PITC双偶合法）

【实验原理】

DABITC/PITC 双偶合法是近 10 年发展和使用的一种微量分析新技术，并已经成功地应用于蛋白质的微量顺序分析，无论液相或固相技术、手工或自动方法，都获得较满意的结果。

手工 DABITC/PITC 双偶合法简易、灵敏、快速，不需要昂贵的蛋白质顺序测定仪等专门仪器及同位素材料，一般实验室均可进行，特别适宜于小肽的研究。

DABITC（4-*N*，*N*-Dimethylaminoazobenzene-4’ isothiocyanate）是一种新型的有色 Edman 试剂，其化学名称为 4-*N*，*N*-二甲氨基偶氮苯-4′-异硫氰酸酯。

用 DABITC 与多肽或蛋白质作第一次偶合，反应产率只有 25%～50%，这对检测来说已足够，但未偶合的肽会在下一周期偶合，引起色点再现或重叠，造成测定误差，因此余下没有与 DABITC 偶合的氨基再用 PITC 作第二次偶合，由于 PITC 与多肽或蛋白质的偶合反应几乎是定量的，这样就保证了每个氨基酸残基都反应完全，使下一循环不受干扰，同时也不影响本循环的鉴定，然后再裂解、转化、鉴定有色的 DABTH-氨基酸。失去一个氨基酸残基后的肽或蛋白质再偶合、裂解、转化，依次循环测定多肽或蛋白质中氨基酸的排列顺序。测定过程中需要充氮避免 O_2 的干扰，尤其是偶合和裂解两步溶剂的 O_2 和过氧化物对于测定是有很大的危害性。

Edman 降解法迄今仍是最有效的测定顺序方法，自动液相仪及固相仪的设计与应用以及高效液相层析仪（HPLC）用于检测 PTH-氨基酸等，使顺序分析技术有了很大的发展，而 DABITC 试剂的引入，进一步提高 Edman 降解法的可靠性和灵敏性。它与 PITC 相比，主要的不同在于 DABTH-氨基酸在可见光区测定，而 PTH-氨基酸在紫外光区，后者在极低的浓度下无法消除一系列具有相似吸收波长的杂质背景。DABTH-氨基酸的光吸收波长可以大大提高降解下来的氨基酸衍生物在薄层（硅胶及聚酰胺薄膜）或 HPLC 仪上的检测灵敏度。

蛋白质或多肽的 N 端氨基酸顺序测定受被分析样品的性质、纯度、试剂的质量、反应条件的控制等因素的影响。故要求被测样品纯度高，至少经 N 端氨基酸分析无杂色斑点出现，使用试剂药品都要按顺序及要求处理。层析溶剂均应新鲜配制，保证层析的重复性。DABITC 在吡啶中不稳定，必须新鲜配制。对疏水性肽在用 2∶1 或 3∶1（庚烷：乙酸乙酯，*V/V*）抽提时易产生沉淀或薄膜，悬浮在有机相和水相中间，切勿吸去。

用聚酰胺薄膜检测，在膜上除可见到红色氨基酸衍生物外，还可见到一系列蓝色或紫色的斑点，这些有色斑点由于它们有不同的颜色与确定的位置，所以在鉴别各个 DABTJ-氨基酸时十分有用。

鉴别时需要注意下列几点。

1）Leu 与 Ile 重叠，可用硅胶板加以区别。

2）Leu（Ile）、Val、Met、Phe 几个斑点位置接近，需要根据它们与蓝色标记点 d 及 e 的相对位置细心鉴别。

3）Ser 一般有 4 个斑点，即 DABTH-Ser（S）、去氢产物（$S^{\triangle}$）、多聚产物（$S^{\square}$）及去氢水合物（$S^{@}$）。

4）Thr 有 3 个斑点，即 DABTH-Thr（T）与去氢产物（$T^{\triangle}$），通常能在蓝点 U 左边看到 T^{x}，这是 Thr 的特征点。

5）Gln 与 Asn 有 8%～15%水解成 Glu 和 Asp，因此在鉴定时会出现很淡的 Glu 和 Asp 斑点。

6）Lys 可出现 3 个不同颜色的衍生物，K_1（紫色）、K_2（蓝色）以及 K_3（红色）。

7）若样点重现（在下一循环中重复出现）应仔细观察新出现的斑点，尤其对于 Ser、Thr、Lys、Trp 等残基副反应多、回收率低、颜色反应较淡，更应小心注意分辨。

8）展层溶剂必须新鲜配制，使用时应不断更新，保证层析图谱的重现性。

【实验材料】

1. 器材

2 mL 带塞离心管，氮气钢瓶（99.99%），快速混合器，烘箱，恒温水浴，台式高速离心机，电吹风机，微量注射器，低温冰箱（－20℃），层析器皿，真空干燥器，真空油泵，聚酰胺薄层（2.5 cm×2.5 cm 或 3.0 cm×3.0 cm，黄岩化学实验厂），硅胶板 GF254（15 cm×5 cm，黄岩化学实验厂）。

2. 试剂

1）20 种标准氨基酸。

2）二乙胺。

3）乙醇胺。

4）冰醋酸。

5）三乙胺。

6）丙酮。

7）DABITC（用沸丙酮重结晶）。

8）氯化氢饱和的乙酸溶液。

9）无水乙醇。

10）n-正庚烷。

11）吡啶：用 KOH（10g/L）回流，蒸出，再用茚三酮（1g/L）回流，蒸出，最后用 KOH（1 g/L）回流，再蒸出，－20℃储存。

12）乙酸乙酯。

13）n-乙酸丁酯。

14）三氟乙酸（TFA）：用 CrO_3，处理重蒸，再用 $CaSO_4$，干燥重蒸，0～20℃保存；

15）硫代异氰酸苯酯（PITC）：在减压下通氮气重蒸。−20℃保存。

16）P_2O_5。

17）① 聚酰胺薄膜层析溶剂：Ⅰ向—乙醇∶水＝1∶2（V/V）Ⅱ向—甲苯∶正庚烷∶乙酸＝2∶1∶1（V/V）；

② 硅胶板层析溶剂（鉴定 Leu 和 Ile）：氯仿∶乙醇＝92∶2（V/V）；氯仿∶乙酸乙酯＝90∶10（V/V）；氯仿∶甲醇＝25∶1（V/V）。

18）胰岛素（A 链或 B 链）。

19）盐酸。

【实验方法】

1. 标记化合物的制备

向 0.5 mL 500 mL/L 吡啶中加入 30 μL 二乙胺，300 μL 乙醇胺，330 μg DABITC，在 55℃烘箱中保温 1 h，真空干燥，低温冰箱保存（−20℃），用时取少量溶于乙醇中。

2. DABTH-氨基酸的制备和聚酰胺薄膜层析

DABTH-氨基酸作薄层层析鉴定时需有标准 DABTH-氨基酸作对照，尤其使用极小的聚酰胺薄膜（2.5 cm×2.5 cm）时更是必须，但目前尚无商业标准品供应，因此需要自行制备。将 20 种天然氨基酸混合物（除 His、Arg、Asn、Gln、Thr、Asp、Glu 用 20 μmol 外，其余每种为 10 μmol）溶于 2 mL 缓冲液（2 mL 冰醋酸加 1.2 mL 三乙胺和 21.8 mL 双蒸水，再加丙酮 25 mL，混匀，pH 10.1）中，加入 2 mL DABITC 溶液（2 μmol/2 μL 丙酮溶液），在 50℃保温 1 h，真空干燥，然后加入 200 μL 水和 400 μL氯化氢饱和的乙酸溶液，再经 50℃保温 50 min，真空干燥，残渣中加入 4 mL 无水乙醇，滤去不溶物，即得 20 种混合 DABTH-氨基酸样品。取 0.1～1 μL 样品和标记物分别点于聚酰胺薄膜上，层析后，以盐酸蒸汽熏 DABTH-氨基酸数秒钟，颜色由紫→蓝→红。可观察到清晰的有色斑点呈现，借助蓝色标记物 d 和 e 可确定 DABTH-氨基酸位置。

3. 胰岛素 B 链（或 A 链）中氨基酸排列顺序的测定步骤

（1）双偶合

取 5～10 mL 样品置于 2 mL 带塞离心管中，加 80 μL 500 mL/L 吡啶双蒸水溶液，再加 40 μL DABITC 吡啶溶液（2.82 mg/mL，新鲜配制），通入干燥高纯氮（99.99%）10 s，盖好塞子，在 50℃加热 45 min。取出再加入 10 μL PITC，充 N_2，用混合器使 PITC 与乙酸乙酯反应（2∶1，V/V），抽提除去。例如，疏水性肽用 3∶1 抽提，用细颈滴管吸去上层有机相，下层水相在真空干燥器中，以高真空度泵蒸发干燥。

（2）裂解

干燥的残留物加 50 μL 无水 TFA，充 N_2 温和搅拌，混合后，在 50℃保温 15 min，真空干燥，如是 Pro-Pro、Pro-Ile、Pro-Val、Ile-Ile 或 Val-Val，则需要重复裂解 1 或 2 次，真空干燥后的产物加 30 μL 双蒸水，用 2×50 μL 乙酸丁酯抽提 DABTH-氨基酸，并真空干燥之。肽在水相中，真空干燥后，作第二次循环测定。

(3) 转化

将上述干燥后的乙酸丁酯提取物加 30 μL 400～500 mL /L TFA 溶液，充氮，在 50℃保温 50 min，真空干燥后可作鉴定。

【实验结果】

1. 聚酰胺薄膜层析鉴定

将上述真空干燥样品加 10～20 μL 无水乙醇溶解，取出 0.5～1.0 μL 点 2.5 cm×2.5 cm（或 3.0 cm×3.0 cm）聚酰胺薄膜上，然后再点上约 0.5 μL 标记化合物。点样直径不得超过 1 mm，要迅速吹干，以免样点扩散影响层析结果。在有盖的层析容器中展层，进行双向层析，以乙酸：水＝1：2（V/V）为Ⅰ向展层剂，甲苯：正己烷：乙酸＝2：1：1（V/V）为第Ⅱ向展层剂。注意第一向展层毕，必须用电吹风（冷风）吹尽膜上的溶剂，干燥后再进行第Ⅱ向展层。二向展层完毕，吹干后以盐酸蒸汽熏数秒钟，即可观察到清晰的紫、蓝和红色斑点出现。根据与标记物的相对位置，并对照标准 DABTH-氨基酸在聚酰胺薄膜上的层析图谱位置，即可判断为何种氨基酸。

2. 硅胶板层析鉴定

检测 Leu 和 Ile 需要硅胶板层析，分辨效果好。将 1～2 μL 样品点在硅胶（15 cm×5 cm）下方距离边缘约 1 cm 处基线上，同时在基线适当间隔的位置上再点上标准 DABTH-Leu 和 DABTH-Ile 样品。然后开始单向层析，所用展层剂为

氯仿：乙醇＝92：2（V/V）

氯仿：乙酸乙酯＝90：10（V/V）

氯仿：甲醇＝25：1（V/V）

任选一种均可。

展层完毕取出，吹干后，用盐酸蒸汽熏数分钟即显示出红斑点，容易检出和判断。

附　录

一、常用缓冲溶液的配制

由一定物质所组成的溶液，在加入一定量的酸或碱时，其氢离子浓度改变甚微或几乎不变，此种溶液称为缓冲溶液，这种作用称为缓冲作用，其溶液内所含物质称为缓冲剂。

缓冲剂的组成多为弱酸及这种弱酸与强碱所组成的盐，或弱碱及这种弱碱与强酸所组成的盐。调节二者的比例可以配制成各种 pH 的缓冲溶液。

例如，某一缓冲液由弱酸（HA）及基盐（BA）所组成，它的解离方程式如下：

$$HA \rightleftharpoons H^+ + A^-$$

$$BA \rightleftharpoons B^+ + A^-$$

若向缓冲液中加入碱（NaOH），则：

$$HA + NaOH = \underset{\text{弱酸盐}}{NaA} + H_2O$$

若向缓冲液中加入酸（HCl），则：

$$BA + HCl \rightarrow BCl + \underset{\text{弱酸}}{HA}$$

由此可见，向缓冲液中加酸或加碱，主要的变化就是溶液内弱酸（HA）的增加或减少。由于弱酸（HA）的解离度很小，所以它的增加或减少对溶液内氢离子浓度改变不大，因而起到缓冲作用。

实例一：乙酸钠（以 NaAc 表示）与乙酸（以 HAc 表示）缓冲液。

加入盐酸溶液，其缓冲作用：

$$HAc + NaAc + HCl \rightarrow 2HAc + NaCl$$

加入氢氧化钠溶液，其缓冲作用：

$$HAc + NaAc + NaOH \rightarrow 2NaAc + H_2O$$

实例二：磷酸钠与酸性磷酸钠缓冲液.

加入盐酸溶液，其缓冲作用：

$$NaH_2PO_4 + Na_2HPO_4 + HCl \rightarrow 2NaH_2PO_4 + NaCl$$

加入氢氧化钠溶液，其缓冲作用：

$$NaH_2PO_4 + Na_2HPO_4 + NaOH \rightarrow 2Na_2HPO_4 + H_2O$$

现将缓冲溶液及其配制方法整理如下，以供实际工作时参考。

1. 甘氨酸-盐酸缓冲液（0.05 mol/L，pH 2.2～3.6）

pH	X/mL	Y/mL	pH	X/mL	Y/mL
2.2	50	44.0	3.0	50	11.4
2.4	50	32.4	3.2	50	8.2
2.6	50	24.2	3.4	50	6.4
2.8	50	16.8	3.6	50	5.0

X mL 0.2 mol/L 甘氨酸＋Y mL 0.2 mol/L HCl，再加水稀释至 200 mL。

甘氨酸相对分子质量＝75.07；0.2 mol/L 甘氨酸溶液为 15.01 g/L。

2. 邻苯二甲酸-盐酸缓冲液（0.05 mol/L，pH 2.2～3.8）

pH（20℃）	X/mL	Y/mL	pH（20℃）	X/mL	Y/mL
2.2	5	4.670	3.2	5	1.470
2.4	5	3.960	3.4	5	0.990
2.6	5	3.295	3.6	5	0.597
2.8	5	2.642	3.8	5	0.263
3.0	5	2.032			

X mL 0.2 mol/L 邻苯二甲酸氢钾＋Y mL 0.2 mol/L HCl，再加水稀释至 20 mL。

邻苯二甲酸氢钾相对分子质量＝204.23；0.2 mol/L 邻苯二甲酸氢钾溶液为 40.85 g/L。

3. 磷酸氢二钠-柠檬酸缓冲液（pH 2.2～8.0）

pH	0.2 mol/L Na_2HPO_4/mL	0.1 mol/L 柠檬酸/mL	pH	0.2 mol/L Na_2HPO_4/mL	0.1 mol/L 柠檬酸/mL
2.2	0.40	19.60	5.2	10.72	9.28
2.4	1.24	18.76	5.4	11.15	8.85
2.6	2.18	17.82	5.6	11.60	8.40
2.8	3.17	16.83	5.8	12.09	7.91
3.0	4.11	15.89	6.0	12.63	7.37
3.2	4.97	15.06	6.2	13.22	6.78
3.4	5.70	14.30	6.4	13.85	6.15
3.6	6.44	13.56	6.6	14.55	5.45
3.8	7.10	12.90	6.8	15.45	4.55
4.0	7.71	12.29	7.0	16.47	3.53
4.2	8.28	11.72	7.2	17.39	2.61
4.4	8.82	11.18	7.4	18.17	1.83
4.6	9.35	10.65	7.6	18.75	1.27
4.8	9.86	10.14	7.8	19.15	0.85
5.0	10.30	9.70	8.0	19.45	0.55

Na_2HPO_4 相对分子质量＝141.98；0.2 mol/L 溶液为 28.40 g/L。

$Na_2HPO_4 \cdot 2H_2O$ 相对分子质量＝178.05；0.2 mol/L Na_2HPO_4 溶液为 35.61 g/L。

$C_6H_8O_7$ 相对分子质量＝210.14；0.1 mol/L 柠檬酸为 21.01 g/L。

4. 柠檬酸-氢氧化钠-盐酸缓冲液（pH 2.2～6.5）

pH	钠离子浓度 /(mol/L)	柠檬酸 $C_6H_8O_7 \cdot H_2O$	氢氧化钠/g NaOH (97%)	浓 HCl /mL	最终体积 /L*
2.2	0.20	210	84	160	10
3.1	0.20	210	83	116	10
3.3	0.20	210	83	106	10
4.3	0.20	210	83	45	10
5.3	0.35	245	144	68	10
5.8	0.45	285	186	105	10
6.5	0.38	266	156	126	10

* 使用时可于每升中加入 1 g 酚，若最后 pH 有变化，再用少量 50%氢氧化钠溶液或浓盐酸调节，冰箱保存。

5. 柠檬酸-柠檬酸钠缓冲液（0.1 mol/L，pH 3.0～6.6）

pH	0.1 mol/L 柠檬酸/mL	0.1 mol/L 柠檬酸钠/mL	pH	0.1 mol/L 柠檬酸/mL	0.1 mol/L 柠檬酸钠/mL
3.0	18.6	1.4	5.0	8.2	11.8
3.2	17.2	2.8	5.2	7.3	12.7
3.4	16.0	4.0	5.4	6.4	13.6
3.6	14.9	5.1	5.6	5.5	14.5
3.8	14.0	6.0	5.8	4.7	15.3
4.0	13.1	6.9	6.0	3.8	16.2
4.2	12.3	7.7	6.2	2.8	17.2
4.4	11.4	8.6	6.4	2.0	18.0
4.6	10.3	9.7	6.6	1.4	18.6
4.8	9.2	10.8			

柠檬酸 $C_8H_8O_7H_2O$ 相对分子质量 210.14；0.1 mol/L 溶液为 21.01 g/L。

柠檬酸钠 $Na_3C_6H_5O_7 \cdot 2H_2O$ 相对分子质量 294.12；0.1 mol/L 溶液为 29.41 g/L。

6. 乙酸-乙酸钠缓冲液（0.2 mol/L，pH 3.6～5.8）

pH (18℃)	0.2 mol/L NaAc/mL	0.2 mol/L HAc/mL	pH (18℃)	0.2 mol/L NaAc/mL	0.2 mol/L HAc/mL
3.6	0.75	9.25	4.8	5.90	4.10
3.8	1.20	8.80	5.0	7.00	3.00
4.0	1.80	8.20	5.2	7.90	2.10
4.2	2.65	7.35	5.1	8.60	1.40
4.4	3.70	6.30	5.6	9.10	0.90
4.6	4.90	5.10	5.8	9.40	0.60

$NaAc \cdot 3H_2O$ 相对分子质量＝136.09；0.2 mol/L HAc 溶液为 27.22 g/L。

7. 磷酸盐缓冲液

(1) 磷酸氢二钠-磷酸二氢钠缓冲液（0.2 mol/L，pH 5.8～8.0）

pH	0.2 mol/L Na_2HPO_4/mL	0.2 mol/L NaH_2PO_4/mL	pH	0.2 mol/L Na_2HPO_4/mL	0.2 mol/L NaH_2PO_4/mL
5.8	8.0	92.0	7.0	61.0	39.0
5.9	10.0	90.0	7.1	67.0	33.0
6.0	12.3	87.7	7.2	72.0	28.0
6.1	15.0	85.0	7.3	77.0	23.0
6.2	18.5	81.5	7.4	81.0	19.0
6.3	22.5	77.5	7.5	84.0	16.0
6.4	26.5	73.5	7.6	87.0	13.0
6.5	31.5	68.5	7.7	89.5	10.5
6.6	37.5	62.5	7.8	91.5	8.5
6.7	43.5	56.5	7.9	93.0	7.0
6.8	49.0	51.0	8.0	94.7	5.3
6.9	55.0	45.0			

$Na_2HPO_4 \cdot 2H_2O$ 相对分子质量＝178.05；0.2 mol/L 溶液为 35.61 g/L。

$Na_2HPO_4 \cdot 12H_2O$ 相对分子质量＝358.22；0.2 mol/L 溶液为 71.64 g/L。

$NaH_2PO_4 \cdot H_2O$ 相对分子质量＝138.01；0.2 mol/L 溶液为 27.60 g/L。

$NaH_2PO_4 \cdot 2H_2O$ 相对分子质量＝156.03；0.2 mol/L 溶液为 31.21 g/L。

(2) 磷酸氢二钠-磷酸二氢钾缓冲液（1/15 mol/L，pH 4.92～8.18）

pH	1/15 mol/L Na_2HPO_4/mL	1/15 mol/L KH_2PO_4/mL	pH	1/15 mol/L Na_2HPO_4/mL	1/15 mol/L KH_2PO_4/mL
4.92	0.10	9.90	7.17	7.00	3.00
5.29	0.50	9.50	7.38	8.00	2.00
5.91	1.00	9.00	7.73	9.00	1.00
6.24	2.00	8.00	8.04	9.50	0.50
6.47	3.00	7.00	8.34	9.75	0.25
6.64	4.00	6.00	8.67	9.90	0.10
6.81	5.00	5.00	8.18	10.00	0
6.98	6.00	4.00			

$Na_2HPO_4 \cdot 2H_2O$ 相对分子质量＝178.05；1/15 mol/L 溶液为 11.786 g/L。

$KH_2PO_4 \cdot 2H_2O$ 相对分子质量＝136.09；1/15 mol/L 溶液为 9.078 g/L。

8. 磷酸二氢钾-氢氧化钠缓冲液（0.05 mol/L，pH5.8～8.0）

pH（20℃）	*X*/mL	*Y*/mL	pH（20℃）	*X*/mL	*Y*/mL
5.8	5	0.372	7.0	5	2.963
6.0	5	0.570	7.2	5	3.500
6.2	5	0.865	7.4	5	3.950
6.4	5	1.260	7.6	5	4.280
6.6	5	1.780	7.8	5	4.520
6.8	5	2.365	8.0	5	4.680

X mL 0.2 mol/LKH_2PO_4＋*Y*mL 0.2 mol/L NaOH 加水稀释至 20 mL

KH_2PO_4 相对分子质量＝136.09；0.2 mol/L 溶液为 27.22 g/L。

NaOH 相对分子质量＝40；0.2 mol/L NaOH 溶液为 8 g/L。

9. 巴比妥钠-盐酸缓冲液（18℃，pH 6.8～9.6）

pH	0.04 mol/L 巴比妥溶液/mL	0.2 mol/L HCl /mL	pH	0.04 mol/L 巴比妥溶液/mL	0.2 mol/L HCl /mL
6.8	100	18.4	8.4	100	5.21
7.0	100	17.8	8.6	100	3.82
7.2	100	16.7	8.8	100	2.52
7.4	100	15.3	9.0	100	1.65
7.6	100	13.4	9.2	100	1.13
7.8	100	11.47	9.4	100	0.70
8.0	100	9.39	9.6	100	0.35
8.2	100	7.21			

巴比妥钠盐相对分子质量＝206.18；0.04 mol/L 溶液为 8.25 g/L。

10. Tris-盐酸缓冲液（0.05 mol/L，pH 7.0～9.0）

pH		0.2 mol/L Tris/mL	0.1 mol/L HCl/mL	pH		0.2 mol/L Tris/mL	0.1 mol/L HCl/mL
23℃	37℃			23℃	37℃		
9.10	8.95	25	5	8.05	7.90	25	27.5
8.92	8.78	25	7.5	7.96	7.82	25	30.0
8.74	8.60	25	10.0	7.87	7.73	25	32.5
8.62	8.48	25	12.5	7.77	7.63	25	35.0
8.50	8.37	25	15.0	7.66	7.52	25	37.5
8.40	8.27	25	17.5	7.54	7.40	25	40.0
8.32	8.18	25	20.0	7.36	7.22	25	42.5
8.23	8.10	25	22.5	7.20	7.05	25	45.0
8.14	8.00	25	25.0				

X mL 0.2 mol/L 三羟甲基氨基甲烷＋*Y* mL 0.1 mol/L HCl 加水稀释至 100 mL。

三羟甲基氨基甲烷

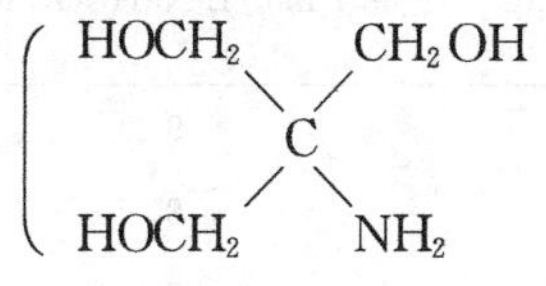

相对分子质量＝121.14；0.2 mol/L Tris 溶液含 24.23 g/L。

11. 硼酸缓冲液（0.2 mol/L，pH7.4～9.0）

pH	0.05 mol/L 硼砂/mL	0.2 mol/L 硼酸/mL	pH	0.05 mol/L 硼砂/mL	0.2 mol/L 硼酸/mL
7.4	1.0	9.0	8.2	3.5	6.5
7.6	1.5	8.5	8.4	4.5	5.5
7.8	2.0	8.0	3.7	6.5	3.5
8.0	3.0	7.0	9.0	8.0	2.0

硼砂 $Na_2B_4O_7 \cdot 10H_2O$ 相对分子质量＝381.43；0.05 mol/L 溶液（＝0.2 mol/L 硼砂）为 19.07 g/L。

硼酸相对分子质量=61.84；0.2 mol/L 溶液为 12.37 g/L。

硼砂易失去结晶水，必须放带塞的瓶中保存，硼砂溶液也可以用半中和的硼酸溶液代替。

12. 甘氨酸-氢氯化钠缓冲液（0.05 mol/L，pH 8.6～10.6）

pH	X/mL	Y/mL	pH	X/mL	Y/mL
8.6	50	4.0	9.6	50	22.4
8.8	50	6.0	9.8	50	27.2
9.0	50	8.8	10.0	50	32.0
9.2	50	12.0	10.4	50	38.6
9.4	50	16.0	10.6	50	45.5

X mL 0.2 mol/L 甘氨酸+*Y* mL 0.2 mol/L NaOH 加水稀释至 200 mL。

甘氨酸相对分子质量=75.07；0.2 mol/L 溶液为 15.01 g/L。

13. 硼砂-氢氧化钠缓冲液（0.05 mol/L，pH 9.3～10.1）

pH	X/mL	Y/mL	pH	X/mL	Y/mL
9.3	50	6.8	9.8	50	34.0
9.4	50	11.0	10.0	50	43.0
9.6	50	23.1	10.1	50	46.0

X mL 0.05 mol/L 硼砂+YmL 0.2 mol/L NaOH 加水稀释至 200 mL。

硼砂 $Na_2B_4O_7 \cdot 10H_2O$ 相对分子质量=381.43；0.05 mol/L 溶液（=0.2 mol/L 硼砂）为 19.07 g/L。

硼酸相对分子质量=61.84；0.2 mol/L 溶液为 12.37 g/L。

14. 碳酸钠-碳酸氢钠缓冲液（0.1 mol/L，pH 9.1～10.08）

pH		0.1 mol/L Na_2CO_3/mL	0.1 mol/L $NaHCO_3$/mL
20℃	37℃		
9.16	8.77	1	9
9.40	9.12	2	8
9.51	9.40	3	7
9.78	9.50	4	6
9.90	9.72	5	5
10.14	9.90	6	4
10.28	10.08	7	3
10.53	10.28	8	2
10.83	10.57	9	1

$Na_2CO_3 \cdot 10H_2O$ 相对分子质量=268.2；0.1 mol/L 溶液为 28.62 g/L（Ca^{2+}、

Mg^{2+}存在时不得使用)。

$NaHCO_3$ 相对分子质量＝84.0；0.1 mol/L 溶液为 8.40 g/L。

15. 磷酸氢二钠-氢氧化钠缓冲液（pH 11.0～11.9）

pH（25℃）	X mL 0.1 mol/L NaOH	pH（25℃）	X mL 0.1 mol/L NaOH
11.00	4.1	11.5	11.1
11.10	5.1	11.6	13.5
11.20	6.3	11.7	16.2
11.30	7.6	11.8	19.4
11.40	9.1	11.9	23.0

50 mL 0.5 mol/L Na_2HPO_4（7.10 g/L）加 X mL 0.1 mol/L NaOH，用蒸馏水稀释至 100 mL。

16. 氯化钾-氢氧化钠缓冲液（pH12.0～13.0）

pH（25℃）	X mL 0.2 mol/L NaOH	pH（25℃）	X mL 0.2 mol/L NaOH
12.00	6.0	12.60	25.6
12.10	8.0	12.70	32.2
12.20	10.2	12.80	41.2
12.30	12.2	12.90	53.0
12.40	16.8	13.00	66.0
12.50	20.4		

25 mL 0.2 mol/L KCl（14.91 g/L）＋X mL 0.2 mol/L NaOH，用水稀释至 100 mL。

17. 挥发性缓冲液（pH1.9～8.9）

pH	组　分
1.9	87 mL 冰醋酸，25 mL 88%甲酸用水稀释至 1 L
2.1	25 mL 88%甲酸，用水稀释至 1 L
3.1	5 mL 吡啶，100 mL 冰醋酸，用水稀释至 1 L
3.5	5 mL 吡啶，50 mL 冰醋酸，用水稀释至 1 L
4.7	25 mL 吡啶，25 mL 冰醋酸，用水稀释至 1 L
6.5	100 mL 吡啶，4 mL 冰醋酸，用水稀释至 1 L
7.9	0.03 mol/LNH_4HCO_3
8.9	$(NH_4)_2CO_3$（20 g/L）溶液

18. 挥发性缓冲液（高压电泳用）

pH	系　统
接近 2	乙酸-甲酸
2.3～3.5	吡啶-甲酸
3.5～6.0	吡啶-甲酸
3.0～6.0	三甲胺-甲酸（或乙酸）
5.5～7.0	三甲基吡啶-乙酸
7.0～12.0	三甲胺-二氧化碳

续表

pH	系　　统
6.0～10.0	氨水-甲酸（或乙酸）
6.5～11.0	单（或三）乙醇胺-盐酸
8.0～9.5	碳酸氢铵-氨水

19. 氯化钾-盐酸缓冲液（pH 1.0～2.2）

pH（25℃）	*X* mL 0.2mol/L HCl
1.00	67.0
1.10	52.8
1.20	42.5
1.30	33.6
1.40	26.6
1.50	20.7
1.60	16.2
1.70	13.0
1.80	10.2
1.90	8.1
2.00	6.5
2.10	5.1
2.20	3.9

25 mL 0.2 mol/L KCl（14.919 g/L），加 *X* mL 0.2 mol/L HCl，用蒸馏水稀释至100 mL。

20. 广泛缓冲液（pH2.6～12.0）

pH	*X* mL 0.2 mol/L NaOH	pH	*X* mL 0.2 mol/L NaOH	pH	*X* mL 0.2 mol/L NaOH
2.6	2.0	5.8	36.5	9.0	72.7
2.8	4.3	6.0	38.9	9.2	74.0
3.0	6.4	6.2	41.2	9.4	75.9
3.2	8.3	6.4	43.5	9.6	77.6
3.4	10.1	6.6	46.0	9.8	79.3
3.6	11.8	6.8	48.3	10.0	80.8
3.8	13.7	7.0	50.6	10.2	82.0
4.0	15.5	7.2	52.9	10.4	82.9
4.2	17.6	7.4	55.8	10.6	83.9
4.4	19.9	7.6	58.6	10.8	84.9
4.6	22.4	7.8	61.7	11.0	86.0
4.8	24.8	8.0	63.7	11.2	87.7
5.0	27.1	8.2	65.6	11.4	89.7
5.2	29.5	8.4	67.5	11.6	92.0
5.4	31.8	8.6	69.3	11.8	95.0
5.6	34.2	8.8	61.0	12.0	99.6

每1000 mL混合液内含：柠檬酸6.008 g，磷酸二氢钾3.893 g，硼酸1.769 g，巴比妥5.266 g。

每100 mL混合液滴加 X mL 0.22mol/L NaOH至所需要pH（18℃）。

21. 二甲基戊二酸-氢氧化钠缓冲液（pH 3.2～7.6）

pH	0.1 mol/L β，β′-二甲基戊二酸	0.2 mol/L NaOH/mL	水/mL	pH	0.1 mol/L β，β′-二甲基戊二酸	0.2 mol/L NaOH/mL	水/mL
3.2	50	4.15	45.85	5.6	50	27.90	22.10
3.4	50	7.35	42.65	5.8	50	20.85	20.15
3.6	50	11.0	39.00	6.0	50	32.50	17.50
3.8	50	13.7	36.30	6.2	50	32.25	14.75
4.0	50	16.65	33.35	8.4	50	37.75	12.25
4.2	50	18.40	31.60	6.6	50	42.35	7.65
4.4	50	19.60	30.40	6.8	50	44.00	6.00
4.6	50	20.85	29.15	7.0	50	45.20	4.80
4.8	50	21.95	27.05	7.2	50	46.05	3.95
5.0	50	23.10	26.90	7.4	50	46.60	3.40
5.2	50	24.50	25.50	7.6	50	47.00	0.00
5.4	50	26.00	24.00				

本系统适用于要求紫外吸收值较低的酶学研究工作。

0.1 mol/L β，β′-二甲基戊二酸：含β，β′-二甲基戊二酸16.02 g/L。

22. 丁二酸-氢氧化钠缓冲液（pH 3.8～6.0）

pH（25℃）	0.2 mol/L 丁二酸	0.2 mol/L NaOH/mL	水/mL	pH（25℃）	0.2 mol/L 丁二酸	0.2 mol/L NaOH/mL	水/mL
3.8	25	7.5	67.5	5.0	25	26.7	48.3
4.0	25	10.0	65.0	5.2	25	30.3	44.7
4.2	25	13.3	61.7	5.4	25	34.2	40.8
4.4	25	16.7	58.3	5.6	25	37.5	37.5
4.6	25	20.0	55.0	5.8	25	40.7	24.3
4.8	25	23.5	51.5	6.0	25	43.5	22.5

0.2 mol/L丁二酸：含 $C_4H_6O_4$ 23.62 g/L。

23. 邻苯二甲酸氢钾-氢氧化钠缓冲液（pH 4.1～5.9）

pH (25℃)	0.1 mol/L NaOH（X mL）	pH (25℃)	0.1 mol/L NaOH（X mL）	pH (25℃)	0.1 mol/L NaOH（X mL）
4.10	1.3	4.80	16.5	5.40	34.1
4.20	3.0	4.90	19.4	5.50	36.6
4.30	4.7	5.00	22.6	5.60	38.8
4.40	6.6	5.10	25.5	5.70	40.6
4.50	8.7	5.20	28.8	5.80	42.3
4.60	11.1	5.30	13.6	5.90	43.7
4.70	13.6				

50 mL 0.1 mol/L 邻苯二甲酸氢钾（20.42 g/L）＋X mL 0.1 mol/L NaOH，加水稀释至 100 mL。

24. 2，4，6-三甲基吡啶-盐酸缓冲液（pH 6.4～8.3）

pH		0.2 mol/L 三甲基吡啶/mL	0.2 mol/L HCl/mL	水/mL
23℃	37℃			
6.4	6.4	25	22.50	52.50
6.6	6.5	25	21.25	53.75
6.8	6.7	25	20.00	55.00
6.9	6.8	25	18.75	56.25
7.0	6.9	25	17.50	57.50
7.1	7.0	25	16.25	58.75
7.2	7.1	25	15.00	60.00
7.3	7.2	25	13.75	61.25
7.4	7.3	25	12.50	62.50
7.5	7.4	25	11.25	63.75
7.6	7.5	25	10.00	65.00
7.7	7.6	25	8.75	66.25
7.8	7.7	25	7.50	67.50
7.9	7.8	25	6.25	68.75
8.0	7.9	25	5.00	70.00
8.2	8.1	25	3.75	71.25
8.3	8.3	25	2.50	72.50

0.2 mol/L 2，4，6-三甲基吡啶：含 $C_8H_{11}N$ 24.24 g/L。

25. 硼酸-氯化钾-氢氧化钠缓冲液（pH 8.0～10.2）

pH	0.1 mol/L $KCl\text{-}H_3BO_4$/mL	0.1 mol/L NaOH/mL	水/mL
8.0	50	3.9	46.1
8.1	50	4.9	45.1
8.2	50	6.0	44.0

续表

pH	0.1 mol/L $KCl-H_3BO_4$/mL	0.1 mol/L NaOH/mL	水/mL
8.3	50	7.2	42.8
8.4	50	8.6	41.4
8.5	50	10.1	39.9
8.6	50	11.8	38.2
8.7	50	13.7	36.3
8.8	50	15.8	34.2
8.9	50	18.1	31.9
9.0	50	20.8	29.2
9.1	50	23.6	26.4
9.2	50	26.4	23.6
9.3	50	29.3	20.7
9.4	50	32.1	17.9
9.5	50	34.6	15.4
9.6	50	36.9	13.1
9.7	50	38.9	11.1
9.8	50	40.6	9.4
9.9	50	42.2	7.8
10.0	50	43.3	6.7
10.1	50	45.0	5.0
10.2	50	46.2	4.8

0.1 mol/L $KCl-H_3BO_4$ 混合液各含 KCl 7.455 g/L 和 H_3BO_4 9.184 g/L。

26. 二乙醇胺-盐酸缓冲液（pH 8.0～10.0）

pH（25℃）	0.2 mol/L HCl/mL	pH（25℃）	0.2 mol/L HCl/mL
8.0	22.95	9.1	10.20
8.3	21.00	9.3	7.80
8.5	18.85	9.5	5.55
8.7	16.35	9.7	3.45
8.9	13.55	10.0	1.80

25 mL 0.2 mol/L 二乙醇胺（21.02 g/L）+X mL 0.2 mol/L HCl，加水至 100 mL。

27. 离子强度恒定的缓冲液（pH2.0～12.0）

按下表配制 0.1I 或 0.2I 的缓冲液，加蒸馏水至 2000 mL，适于电泳。

pH	5 mol/L NaCl/mL		1 mol/L 甘氨酸-1 ml/L HCl/mL	2 mol/L HCl/mL	2 mol/L NaOH /mL	2 mol/L NaAc /mL	8.5 mol/L HAc /mL	0.5 mol/L NaH_2PO_4 /mL	4 mol/L Na_2HPO_4 /mL	0.5 mol/L 二乙基巴比妥钠 /mL
	配成 0.11	配成 0.21								
2.0	32	72	10.6	14.7						
2.5	32	72	22.8	8.6						
3.0	32	72	31.6	4.2						
3.5	32	72	36.6	1.7						
4.0	32	72				20.0	33.7			
4.5	32	72				20.0	11.5			
5.0	32	72				20.0	3.7			
5.5	32	72				20.0	1.2			
6.0	32	72						9.2	6.6	
6.5	32	72						16.6	3.7	
7.0	32	72						22.7	1.6	
7.5	32	72						24.3	0.5	
8.0	32	72		10.4						80.0
8.5	32	72		5.3						80.0
9.0	32	72		2.0						80.0
9.5	32	72	34.5		2.7					
10.0	32	72	28.8		5.6					
10.5	32	72	23.2		8.4					
11.0	32	72	19.6		10.2					
11.5	32	72	17.6		11.2					
12.0	32	72	15.2		12.4					

注：I为离子强度。

二、易变质及需要特殊方法保存的试剂

注意事项		试剂名称举例
需要密封	易潮解吸湿	氧化钙、氢氧化钠、氢氧化钾、碘化钾、三氯乙酸
	易失水风化	结晶硫酸钠、硫酸亚铁、含水磷酸氢二钠、硫代硫酸钠
	易挥发	氨水、氯仿、醚、碘、麝香草酚、甲醛、乙醇、丙酮
	易吸收 CO_2	氢氧化钾、氢氧化钠
	易氧化	硫酸亚铁、醚、醛类、酚、抗坏血酸和一切还原剂
	易变质	丙酮酸钠、乙醚和许多生物制品（常需冷藏）
需要避光	见光变色	硝酸银（变黑）、酚（变淡红）、氯仿（产生光气）、茚三酮（变淡红）
	见光分解	过氧化氢、氯仿、漂白粉、氰氢酸
	见光氧化	乙醚、醛类、亚铁盐和一切还原剂

续表

注意事项		试剂名称举例
特殊方法保管	易爆炸	苦味酸、硝酸盐类、过氯酸、叠氮化钠
	剧毒	氰化钾（钠）、汞、砷化物、溴
	易燃	乙醚、甲醇、乙醇、丙醇、苯、甲苯、二甲苯、汽油
	腐蚀	强酸、强碱

三、离心机和转数的换算

1. 公式法

$RCF=11.18\times(N/1000)^2\times r$

RCF为相对离心力，单位为重力加速度g；N为转头旋转速度（转数）用r/min表示（revolution per minute）；r为转头半径，为离心管中轴底部内壁到离心机转轴中心的距离，单位为厘米（cm）。

2. 离心机线列图的用法

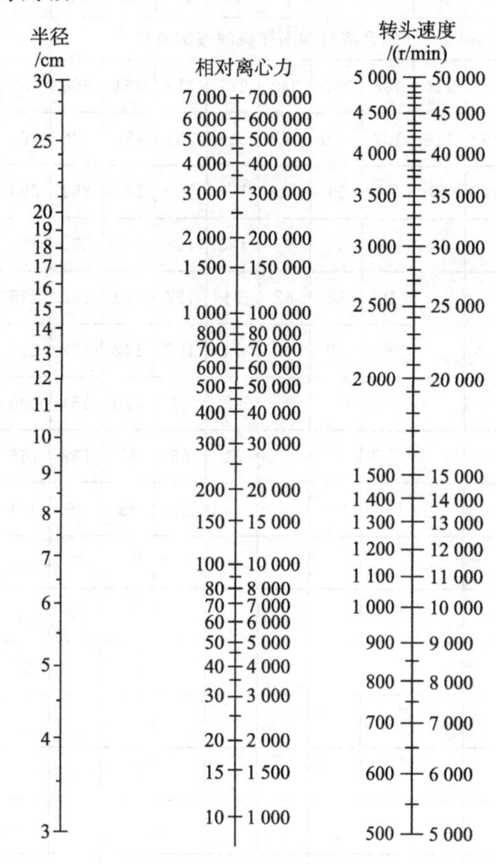

计算离心力的列线图

为了从半径和转头速度来计算相对离心力，先以外侧标尺上的半径和转头速度的值连成直线。这一条直线与中间标尺上的交点数值，就是相对离心力。注意，离心力标尺右边数据和转头速度直线右边的数据相对应，而左边的和左边的相对应

1）在半径轴上标出本次离心使用转头的半径数。

2）将得到的离心力（g）标记在 RCF 轴上。

3）将半径轴上标记点与 RCF 轴上标记点用直线连接，其延长线与 N 轴的交叉点，即表示应设定的转数。

4）如已设定好转数应将半径轴的标记点与 N 轴转数标记点连接成直线。该线与 RCF 轴的交叉点即为该转数情况下所得到的相对离心力。

注意 RCF 轴和 r/min 轴左右两侧各有数字，如 RCF 轴标记使用左侧数字，r/min 轴也应该使用左侧数字；反之，也一样。

四、硫酸铵饱和度常用表

25℃和 0℃调整硫酸铵溶液饱和度计算分别见附表-1 和附表-2。

附表-1　调整硫酸铵溶液饱和度计算表（25℃）

		硫整硫酸铵终浓度，%饱和度																
		10	20	25	30	33	35	40	45	50	55	60	65	70	75	80	90	100
		每升溶液加固体硫酸铵的克数[①]																
	0	56	114	144	176	196	209	243	277	313	351	390	430	472	516	561	662	767
	10		57	86	118	137	150	183	216	251	288	326	365	406	449	494	592	694
	20			29	59	78	91	123	155	190	225	262	300	340	382	424	520	619
	25				30	49	61	93	125	158	193	230	267	307	348	390	485	583
	30					19	30	62	94	127	162	198	235	273	314	356	449	546
	33						12	43	74	107	142	177	214	252	292	333	426	522
	35							31	63	94	129	164	200	238	178	319	411	506
	40								31	63	97	132	168	205	245	285	375	469
硫酸铵初浓度，%饱和度	45									32	65	99	134	171	210	250	339	431
	50										33	66	101	137	176	214	302	392
	55											33	67	103	141	179	264	353
	60												34	69	105	143	227	314
	65													34	70	107	190	275
	70														35	72	153	237
	75															36	115	198
	80																77	157
	90																	79

①在 25℃下，硫酸铵溶液由初浓度调到终浓度时，每升溶液所加固体硫酸铵的克数。

附表-2 调整硫酸铵溶液饱和度计算表（0℃）

		在0℃硫酸铵终浓度，%饱和度																
		20	25	30	35	40	45	50	55	60	65	70	75	80	85	90	95	100
		每100 mL溶液加固体硫酸铵的克数①																
	0	10.6	13.4	16.4	19.4	22.6	25.8	29.1	32.6	36.1	39.8	43.6	47.6	51.6	55.9	60.3	65.0	69.7
	5	7.9	10.8	13.7	16.6	19.7	22.9	26.2	29.6	33.1	36.8	40.5	44.4	48.4	52.6	57.0	61.5	66.2
	10	5.3	8.1	10.9	13.9	16.9	20.0	23.3	26.6	30.1	33.7	37.4	41.2	45.2	49.3	53.6	58.1	62.7
	15	2.6	5.4	8.2	11.1	14.1	17.5	20.4	23.7	27.1	30.6	34.3	38.1	42.0	45.0	50.3	54.7	59.2
	20	0	2.7	5.5	8.3	11.3	14.3	17.5	20.7	24.1	27.6	31.2	34.9	38.7	42.7	46.9	51.2	55.7
	25		0	2.7	5.6	8.4	11.5	14.6	17.9	21.1	24.5	28.0	31.7	35.5	39.5	43.6	47.8	52.2
	30			0	2.8	5.6	8.6	11.7	14.8	18.1	21.4	24.9	28.5	32.3	36.2	40.2	44.5	48.8
	35				0	2.8	5.7	8.7	11.8	15.1	18.4	21.8	25.4	29.1	32.9	36.9	41.0	45.3
	40					0	2.9	5.8	8.9	12.0	15.3	18.7	22.2	25.8	29.6	33.5	37.6	41.8
	45						0	2.9	5.9	9.0	12.3	15.5	19.0	22.6	26.3	30.2	34.2	38.3
硫酸铵初浓度，%饱和度	50							0	3.0	6.0	9.2	12.5	15.9	19.4	23.0	26.8	30.8	34.8
	55								0	3.1	6.2	9.5	12.9	16.4	19.7	23.5	27.3	31.3
	60									0	3.1	6.3	9.7	13.2	16.8	20.1	23.1	27.9
	65										0	3.1	6.3	9.7	13.2	16.8	20.5	24.4
	70											0	3.2	6.5	9.9	13.4	17.1	20.9
	75												0	3.2	6.6	10.1	13.7	17.4
	80													0	3.3	6.7	10.3	13.9
	85														0	3.4	6.8	10.5
	90															0	3.4	7.0
	95																0	3.5
	100																	0

①在0℃下，硫酸铵溶液由初浓度调到终浓度时，每100 mL溶液所加固体硫酸铵的克数。

五、某些物质燃烧时应用的灭火剂

燃烧物质	应用灭火剂	燃烧物质	应用灭火剂
苯胺	泡沫、二氧化碳	松节油	喷射水、泡沫
乙炔	水蒸气、二氧化碳	火漆	水
丙酮	泡沫、二氧化碳、四氯化碳	磷	砂、二氧化碳、泡沫、水
硝基化合物	泡沫	赛璐珞	水
二氯乙烷	泡沫、二氧化碳	纤维素	水
钾、钠、钙、镁	砂	橡胶	水
松香	水、泡沫	煤油	泡沫、二氧化碳、四氯化碳
苯	泡沫、二氧化碳、四氯化碳	漆	泡沫
重油		蜡	泡沫

续表

燃烧物质	应用灭火剂	燃烧物质	应用灭火剂
润滑油		石蜡	喷射水、二氧化碳
植物油	喷射水、泡沫		
石油		二硫化碳	泡沫、二氧化碳
醚类（高沸点175℃以上）	水	醇类（高沸点175℃以上）	水
醚类（低沸点175℃以下）	泡沫、二氧化碳	醇类（低沸点175℃以下）	泡沫、二氧化碳

六、几种常用实验动物的采血量和采血方法

实验动物种类	采血量	采血方法
小鼠	多量（全血）	心脏穿刺、断头
	中量（0.1～0.2 mL）	眼窝静脉丛穿刺
	少量（数滴）	剪断一小截鼠尾
大鼠	多量（全血）	心脏穿刺、后大静脉穿刺
	中量（1.0～1.5 mL）	眼窝静脉丛穿刺
	少量（0.3～0.5 mL）	尾静脉剪断一截
田鼠	多量（全血）	心脏穿刺、断头
	中量（0.5～1.0 mL）	眼窝静脉丛穿刺
	少量（数滴）	足静脉穿刺
豚鼠	多量（全血）	心脏穿刺
	中量（3～5 mL）	心脏穿刺
	少量（数滴）	足静脉穿刺
兔	多量（全血）	颈动脉切断
	中量（10～15 mL）	心脏穿刺
	少量（3～5 mL）	耳静脉穿刺

七、干燥器内常用的干燥剂

干燥剂名称	能除去的水分、酸、气体及残存的溶剂
无水氯化钙 $CaCl_2$	水、醇水
浓硫酸 H_2SO_4	水、醇水、乙酸
钠石灰（soda lime）	二氧化碳
硅胶（silica gel）	水
氧化钙 CaO	水、乙酸、盐酸
五氧化二磷 P_2O_5	水、醇
氢氧化钠 NaOH（粒状）	水、乙酸、盐酸、酚、醇、胺类
氢氧化钾 KOH（粒状，融熔）	水、氨及胺类物质
石蜡薄片（paraffin）	多种有机溶剂
橄榄油（olive oil）	多种有机溶剂

八、测定蛋白质浓度的方法

方法	蛋白质用量/μg	蛋白质回收	参比蛋白质	主要干扰物	所需仪器
重量法	5 000～20 000	不能	不需要	其他溶质	精密天平
双缩脲	500～5 000	不能	需要	Tris、NH_4、甘油、蔗糖	分光光度计
280 nm 光吸收	100～1 000	能	不需要	核酸、有色基团、如血色素	分光光度计
远紫外	5～10	能	不需要	在远紫外有吸收的物质	分光光度计
氨基酸分析	10～200	不能	不需要	有其他杂蛋白	氨基酸分析仪
Lowry	5～100	不能	需要	某些氨基酸、兼性离子缓冲液、非离子表面活性剂、蔗糖、含硫化合物	分光光度计
考马斯亮蓝结合	5～50	不能	需要	Triton、SDS	分光光度计
o-邻苯二醛	0.1～2	不能	需要	Tris、NH_4、甘氨酸	荧光分光光度计
bicinchoninic acid（BCA）	5～100	不能	需要	葡萄糖、NH_4、EDTA	分光光度计

九、SDS-PAGE 中通常选用的标准蛋白质的分子质量

名　称	来　源	相对分子质量（*D*）	一般应用
肌球蛋白（myosin）	兔骨骼肌	200 000	高相对分子质量标准
β-半乳糖苷酶（β-galactosidase）	大肠杆菌	116 250	高相对分子质量标准
磷酸化酶 B（phosphorylase B）	兔肌肉	97 400	高、低相对分子质量标准
血清白蛋白（serum albumin）	牛	66 200	高、低相对分子质量标准
卵清蛋白（ovalbumin）	鸡蛋清	45 000	高、低相对分子质量标准
碳酸酐酶（carbonic anhydrase）	牛	31 000	低相对分子质量标准
磷酸丙糖异构酶（triosephosphate isomerase）	兔	26 625	肽相对分子质量标准
胰蛋白酶抑制剂（trypsin inhibitor）	大豆	21 500	低相对分子质量标准
肌红蛋白（myoglobin）	马	16 950	肽相对分子质量标准
α-乳清蛋白（α-lactalbumin）	牛	14 437	肽相对分子质量标准
溶菌酶（lysozyme）	鸡蛋清	14 400	低相对分子质量标准
牛胰蛋白酶抑制剂（aprotinin）	牛脾	6 500	肽相对分子质量标准
氧化的胰岛素 b 链（oxidized insulinb chain）	牛	3 496	肽相对分子质量标准
杆菌肽（bacitracin）		1 423	肽相对分子质量标准

主要参考文献

奥斯伯 F W，金斯顿 R E，塞德曼 J G，等. 2006. 精编分子生物学实验指南. 4版. 马学军，舒跃龙译. 北京：科学出版社.

本杰明·卢因. 2005. 基因 VIII. 余龙，江松敏译. 北京：科学出版社.

何忠效，张树政. 1999. 电泳. 2版. 北京：科学出版社.

刘松财，张明军，李莉. 2010. 生物化学实验技术. 长春：吉林大学出版社.

莎姆布鲁克 J. 2005. 分子克隆实验指南. 3版. 黄培堂译. 北京：科学出版社.

赵永芳. 2008. 生物化学技术原理及应用. 3版. 北京：科学出版社.